JN026720

さわって学ぶクラウドインフラ

# docker

## 基礎からのコンテナ構築

大澤文孝、浅居尚 著

日経BP

# はじめに

近年、システム開発・運用の現場には、Dockerをはじめとするコンテナ技術が急速に取り入れられています。その理由は、システムを動かすための環境整備が、とても簡素化されるからです。

コンテナとは、端的に言うと、アプリケーションの実行に必要なプログラムやライブラリ、各種設定ファイルなどをワンパッケージにし、隔離して実行するための仕組みです。ワンパッケージにされたコンテナは、いつでもどこでも簡単な操作で実行できます。

コンテナのメリットは、それをコピーして別のコンピュータで動かすのが容易なことです。システム開発・運用の現場では、「開発者が作ったプログラム一式を検証機にコピーする」「検証機で動作確認して問題なければ本番機にコピーする」「冗長性や負荷分散のために、同じ構成のものコピーして多数台用意する」というように、そのコピーを作りたいことが、よくあります。コンテナ技術を使えば操作が容易になり、コピーや設定漏れを防げます。またシステムのアップデートも、コンテナを差し替えるだけで済むようになります。

本書は、コンテナの代表的な技術であるDockerについて、基礎から運用までを網羅した書です。Dockerを使う場合、次の3つのパターンがあります。

1. 誰かが作ったコンテナを使う
2. 自分でコンテナを作る
3. コンテナを運用する

何をしたいかによって、知らなければならない範囲が異なります。Dockerを習得するには、自分の立場と目的を理解することが大事です。本書は広範囲に網羅していますが、すべてが必要なわけではありません。特に開発者なら、上記「1.」の前半を習得するだけでも、相当、役立つはずです。

Dockerは、すべてを理解しないと使えないツールではありません。さすがに運用は、システム停止やセキュリティ、データ消失などのリスクがあるからともかくとして、もしあなたが開発者なら、ちょっと触って理解して、さっさとDockerを取り入れるべきです。Dockerの導入は、開発環境の構築に伴う、さまざまな面倒を大きく改善します。その典型的な例が、3章で説明している「5分でWebサーバーを起動する」といった類いです。

本書は多数の実際の手順を記述し、手を動かしながら体験できる構成にしています。是非、皆さん、Dockerの便利さを体験してください。本書が少しでも、開発・運用のお役に立てれば幸いです。

著者を代表して

2020年5月　**大澤文孝**

# 目次

## 第1章 コンテナの仕組みと利点



## 第2章 Dockerを利用できるサーバーを作る

# 第3章 5分でWebサーバーを起動する



# 第4章 Dockerの基本操作

# 第5章　コンテナ内のファイルと永続化

## 第8章　イメージを自作する

# 目次



［注］　本書は執筆時点の情報に基づいており、お読みになったときには変わっている可能性があります。最新情報をご確認ください。また、本書を発行するにあたって、内容に誤りのないようできる限りの注意を払いましたが、本書の内容を適用した結果生じたこと、また、適用できなかった結果について、著者、出版社とも一切の責任を負いませんのでご了承ください。

**ファイルダウンロード**

本書に記載しているコマンドなどをコピー・アンド・ペーストして利用できるように、ファイルを用意しました。次の URL をご参照ください。

https://nkbp.jp/ncdocker

# 01

## 第1章
# コンテナの仕組みと利点

コンテナは、隔離した環境でプログラム一式を実行できる仕組みです。仮想サーバー技術と比べてパフォーマンスがよいことから、近年、注目を集めています。では、コンテナを使うと、何がうれしいのでしょうか。この章では、コンテナの特徴、そして、最も使われるコンテナ技術である「Docker」の構成、利点、主な用途を説明します。

# 1-1 隔離された実行環境を提供する

コンテナについて語るとき、「仮想サーバー技術がどうこう」という話から始まることが多いのですが、そうしたことは忘れてください。コンテナは、もっとシンプルで簡単な技術です。ひと言で表現すると、コンテナとは「互いに影響しない隔離された実行環境を提供する技術」にすぎません。

## 1-1-1 複数のシステムが同居するときの問題

1台のサーバーで複数のシステム(プログラムやアプリケーション)を実行させることはよくありますが、このとき、互いに影響し合って調整が必要となる場面があります。

*memo* ここでは便宜的にサーバーについて説明していますが、サーバーに限った話ではなく、クライアントPCでも同じです。

### ディレクトリの競合

すぐに思いつくのが、インストールディレクトリの重複です。例えば、あるシステムAを「/usr/share/myapp」というディレクトリにインストールしたとき、別のシステムBも同じ「/usr/share/myapp」ディレクトリにインストールすることはできません。システムAかシステムBのインストール先を変更する調整が必要です(**図表1-1**)。

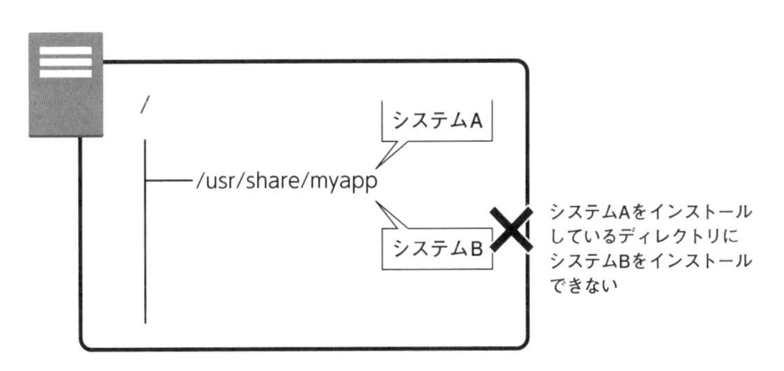


図表1-1　同じ場所に別のシステムをインストールできない

プログラミング言語の実行エンジン（PHPやRuby、Javaなどのインタプリターやランタイム）やフレームワーク、ライブラリについても同様です。例えば、システムAとシステムBが共通のフレームワークMを使っているとします。ここで、システムA側の都合でフレームワークMをアップデートし、バージョンアップしなければならなくなったとします。

このとき同じフレームワークを使っているシステムBは、アップデートによって動かなくなる恐れがあります。そのため、アップデートしてもシステムBが正しく動くかどうかを、事前に確認しなければなりません。もしくは、フレームワークの古いバージョンを残して、別の場所に新しいバージョンをインストールするなどの調整が必要です（**図表1-2**）。

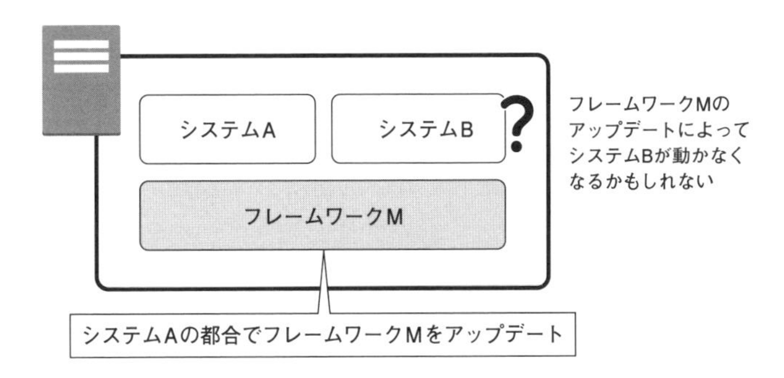


図表1-2　フレームワークをアップデートしたとき、別のシステムが動かなくなる恐れがある

## 1-1-2 環境の隔離で解決するコンテナ

このような競合を解決するのが「コンテナ」という考え方です。コンテナとは、システムの実行環境を隔離した空間のことです。それぞれのコンテナは、独自のディレクトリツリーを持ち、互いに影響を及ぼしません。例えば、システムAを格納したコンテナの/usr/share/myappディレクトリは、システムBを格納したコンテナの/usr/share/myappディレクトリとは別の場所にあり、独立しています。互いに、その中身が見えることもないので、セキュリティ面でも優れます（**図表1-3**）。

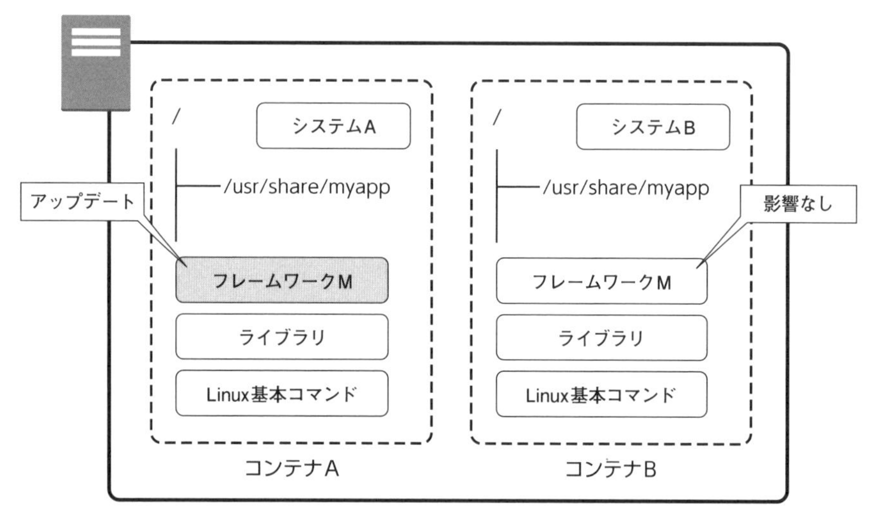


図表1-3　環境を隔離するコンテナ

## 1-1-3 コンテナにはポータビリティ性がある

コンテナを使えば、それぞれの環境を隔離して互いに影響を与えないようにできます。つまり、1台のサーバーに複数のシステムを同居させても、競合問題が起きないのです。コンテナの特徴は「独立」している点です。ここで独立とは、「それ単体で完結している」ということです。コンテナ内で動作するシステムが動くのに必要なすべてのファイルは、そのコンテナ内に含まれています。

具体的には、ライブラリやフレームワーク、コマンドなど、それらすべてがコンテナの中にあります。つまり、コンテナ内のプログラムを実行した場合、コンテナ外の何かが参照されることはありません。このような特性を「ポータビリティ性」（持ち出すことができる）と言います。ポータビリティ性があるため、コンテナを別のサーバーにコピーして動かすのも容易です。（**図表1-4**）。

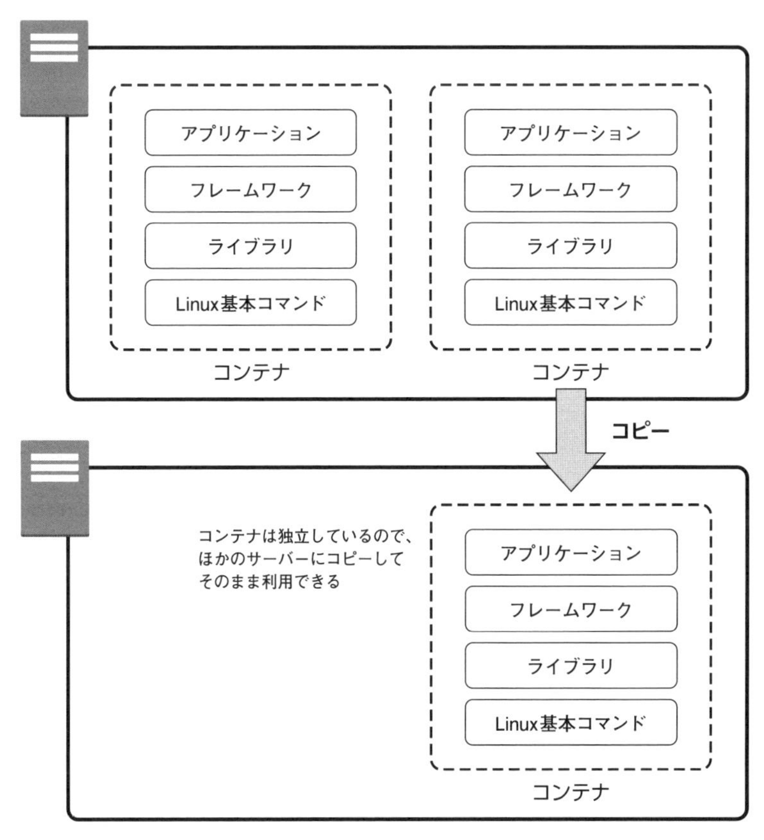


図表1-4　コンテナをコピーして別のサーバーでも動かせる

***memo*** 図表1-4の「Linux基本コマンド」とは、/bin/ディレクトリにインストールされているような、シェル（/bin/shや/bin/bash）、ls、cd、chmodなど、各種Linux操作をする基本的なコマンドのことです。

# 1-2 Dockerを構成する要素

コンテナを実現するソフトの代表が「Docker」です。ここでは、Dockerを取り巻く環境を見ていきましょう。

## 1-2-1 DockerコンテナをDocker Engine

DockerはLinux上で動作するソフトです。Linuxに「Docker Engine」をインストールすると、Dockerのコンテナ（以下、「Dockerコンテナ」）を実行できるようになります。Docker Engineをインストールしたコンピューター（＝Dockerコンテナを動かすコンピューター）のことを「Dockerホスト」と呼びます（**図表1-5**）。

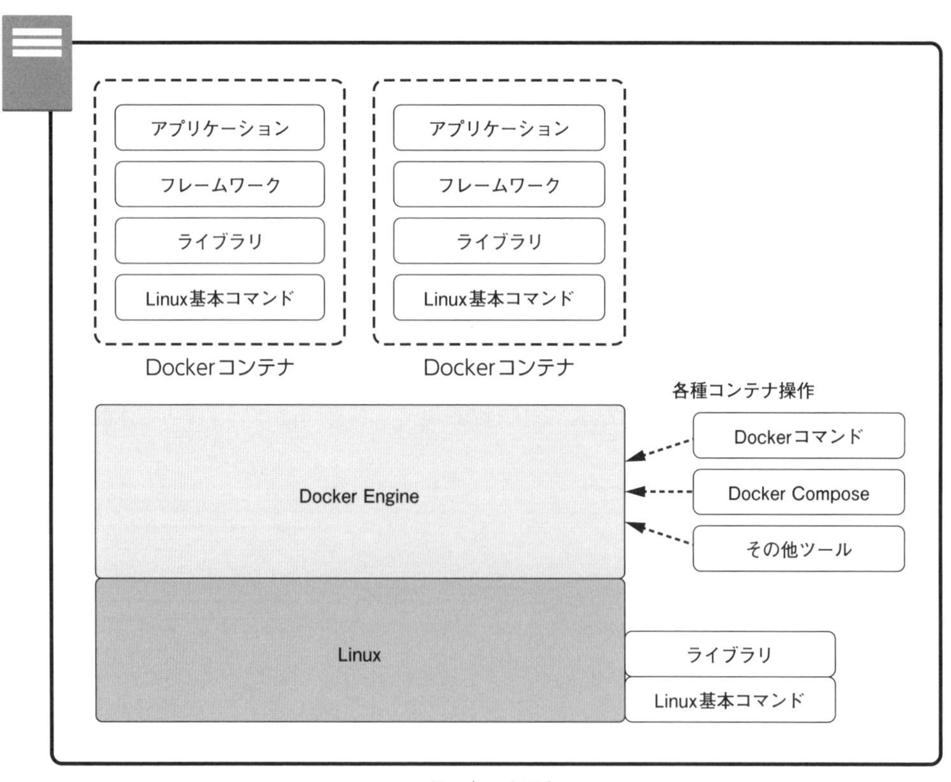


図表1-5　DockerホストとDockerコンテナ

図表1-5に示したように、Dockerホストが動作するために必要なライブラリやLinux基本コマンドがありますが、これらはDockerコンテナから参照されることはありません。Dockerホストが動くためだけに必要なものです。

*memo* DockerはLinux環境で動かす以外に、Windows環境やMac環境において「Docker Desktop」というソフトを動かす方法もあります。これらはWindowsやMacにLinuxサブシステムをインストールして利用します。詳細は、「1-2-4 クライアント環境のDocker」（p.25）で説明します。

### Dockerを操作するdockerコマンド

Docker Engineには、コンテナを操作するさまざまなインターフェースが備わっています。例えば、外部からDockerコンテナを起動・停止したり、Dockerコンテナにログインしたりするインターフェースです。こうしたインターフェースの標準コマンドが「dockerコマンド」で、Dockerの利用者（Dockerの管理者）は、dockerコマンドを使ってコンテナを操作します。

### 統合的な操作をするDocker Composeコマンド

Docker Engineのインターフェースは、標準のdockerコマンド以外からも使えます。よく使われるのが「Docker Compose」というツールです。dockerコマンドはコンテナを1つひとつ操作するのに対し、Docker Composeは複数のコンテナを同時に操作し、その連携設定もできます。Docker Composeは標準機能ではないものの、dockerコマンドとともによく使われ、事実上の標準と言っても過言ではありません。

## 1-2-2 DockerコンテナとDockerイメージ

次に、Dockerコンテナを見ていきましょう。

### 「コンテナの元」となるDockerイメージ

Dockerコンテナは、それぞれが独立したシステム実行環境です。すでに説明したように、コンテナの中にはシステムの実行に必要なライブラリやフレームワーク、基本コマンドなどがすべて入っています。逆に言うと、コンテナを使うなら、こうしたすべてのものをあらかじめコンテナに入れておかなければなりません。

ただ、まっさらの状態から、必要なものをすべて入れたコンテナを作るのは意外と手間がかかります。なぜなら、Linuxの基本的なコマンドやライブラリから作り込んでいかなければならないからです。

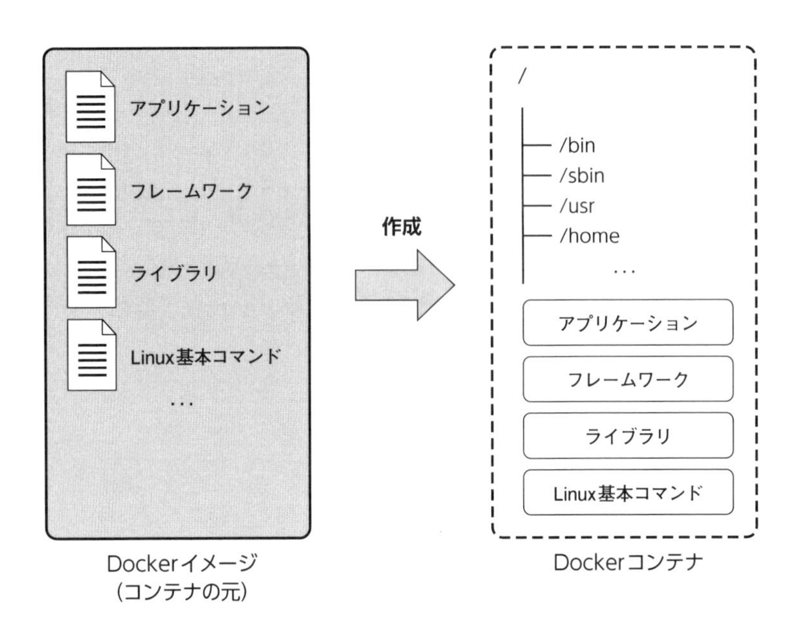


図表1-6 DockerコンテナはDockerイメージから作る

そこでDockerでは、コンテナ作りを支援するために、基本的なソフトやアプリケーションをインストールした「コンテナの元」が提供されています。このようなコンテナの元のことを「Dockerイメージ」と言います。Dockerイメージとは、必要なファイルをすべて固めたアーカイブパッケージです（**図表1-6**）。

## Dockerイメージを提供するレジストリ

Dockerイメージは、Docker社が運営している「Docker Hub（https://hub.docker.com/）」で公開されています（**図表1-7**）。Docker Hubのように、Dockerイメージを管理しているサーバーを「Dockerレジストリ」と言います。Dockerレジストリは、「Dockerリポジトリ」という単位でイメージを管理します。Dockerでは、Dockerレジストリ上で管理されているDockerリポジトリに登録されているDockerイメージをダウンロードし、ダウンロードしたDockerイメージからDockerコンテナを作成します（**図表1-8**）。

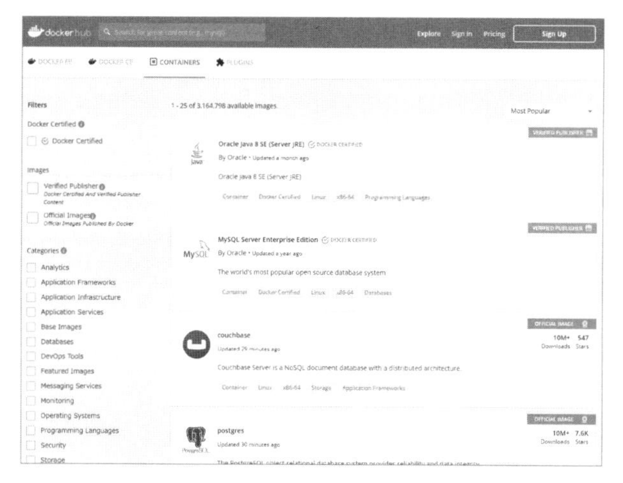


図表1-7　Docker Hubサイト

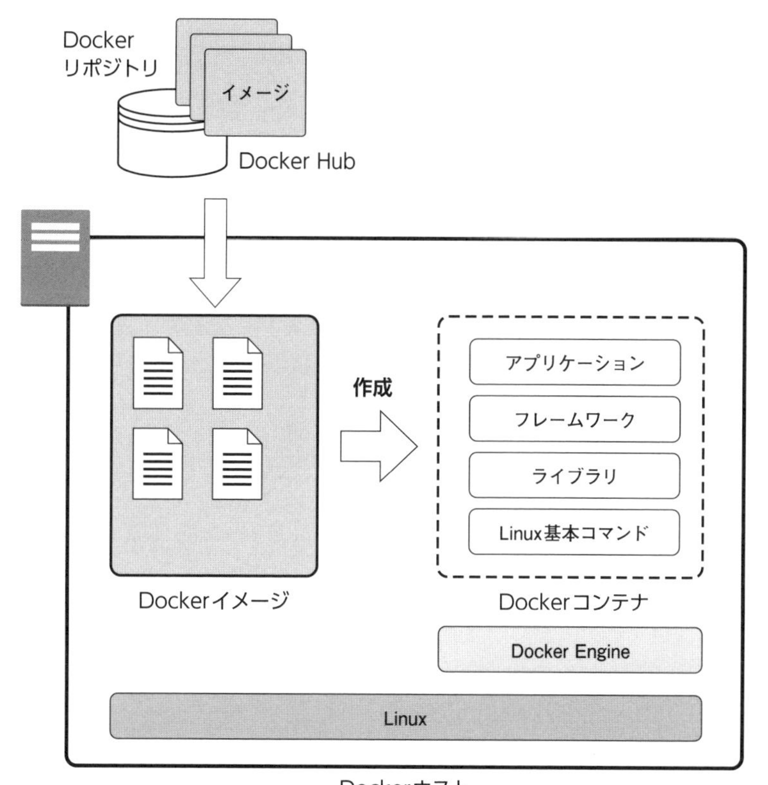


図表1-8　Docker HubからDockerイメージをダウンロードして使う

***memo*** Dockerイメージのダウンロード作業は、dockerコマンドで実行できます。そのため、事前に別途ダウンロードしておく必要はありません。具体的な手順については、第3章で説明します。

### アプリケーション入りのDockerイメージ

Dockerイメージには2種類あります。それは、「(1) 基本的なLinuxディストリビーションだけのDockerイメージ」と、「(2) アプリケーション入りDockerイメージ」です。

「(1) 基本的なLinuxディストリビーションだけのDockerイメージ」(以下、「LinuxのみDockerイメージ」)は、UbuntuやCentOSなど、Linuxディストリビューションだけで構成している基本的なDockerイメージです。Linuxシステムしか入っておらず、ここに必要なものを追加でインストールするなどして使います。独自のコンテナを自由に作る場合には、この「LinuxのみDockerイメージ」からコンテナを作成します(詳細は、第8章で説明します)。

「(2) アプリケーション入りDockerイメージ」は、すでにアプリケーションが入っているので、すぐに使えるDockerイメージです。例えば、「Webサーバー(ApacheやNginxがインストールされ、設定済みのイメージ)」「データベースサーバー(MySQLやMariaDB、PostgreSQLなど)」といった、よく使われるサーバーシステムが入ったDockerイメージのほか、ブログシステムの「WordPress」、チケット駆動システムの「Redmine」、Webメールソフトの「Roundcube」など、さまざまなものがあります。

こうしたDockerイメージを使えば、自分でソフトをインストールする必要がなく、すぐに活用できます。用途に合わせてDockerイメージを選び、Dockerコンテナを作成するだけです。

コンテナを使わない場合、例えばブログシステムのWordPressを使いたいなら、Webサーバーを構築し、PHPをインストールし、WordPressをインストールし、さらに、データベースをインストールし、それらを適切に設定する必要があります。実際にサーバー構築をした経験がある人ならわかりますが、これらの作業は煩雑です。しかし「アプリケーション入りのDockerイメージ」なら、WordPressのコンテナと、コンテンツを保存するデータベース(DB)のコンテナをダウンロードするだけで、すぐに使えるのです(**図表1-9**)。

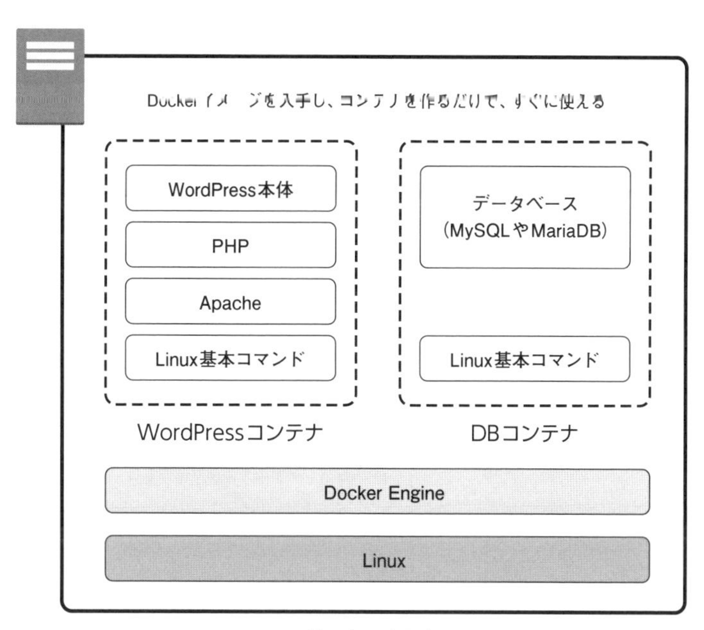


図表1-9　アプリケーションがインストールされたコンテナを使う

## コラム　なんでもDockerイメージで配布する

Dockerコンテナは、「なんでもひとまとめにし、Docker Engineさえあればすぐに実行できる」という特徴があります。こうした特徴を生かして、最近は「プログラミングの学習環境」「講演で説明されたサンプルプログラム」「機械学習の開発環境」などのDockerイメージを配布するケースがあります。Dockerイメージとして提供されれば、利用者はDocker EngineをインストールしたPCを用意し、それを基にコンテナを作るだけでよいからです。1つひとつをインストールする手間がなく、環境の違いによって動かないということもなくなります。今後Dockerがさらに普及すれば、「配布はDockerイメージで」が常識になるかもしれません。

### 1-2-3 カスタムのDockerイメージを作る

業務システムでDockerを使う場合、「LinuxのみDockerイメージ」を使ってコンテナを作り、そこに自社開発したシステムをインストールして使うことがほとんどでしょう。詳しくは第7章で説明しますが、Dockerは、コンテナを起動してから内部でコマンドを実行したり、外部からファイルをコピーしたりできるので、そうした方法でDockerコンテナに手を加えられます（**図表1-10**）。

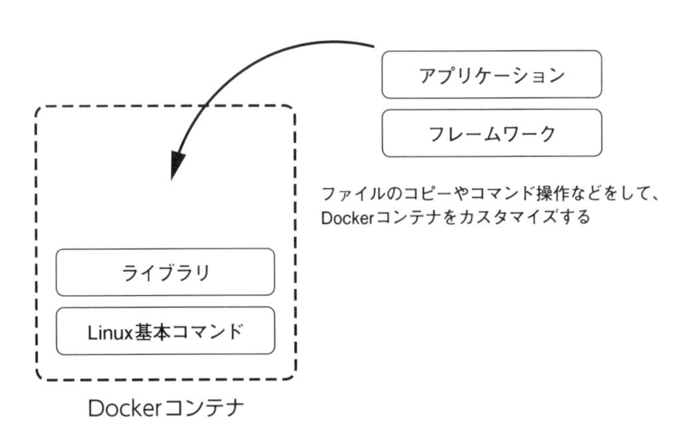


図表1-10　Dockerコンテナに手を加える

***memo*** Dockerイメージに手を加えるときは、「アプリケーション入りDockerイメージ」ではなく、「LinuxのみDockerイメージ」をベースとするほうがやりやすいです。「アプリケーション入りDockerイメージ」は、イメージの大きさを小さくするために、必要最低限のコマンドやライブラリしか入っていなかったり、特殊な初期起動設定がされていたりすることがあるためです。

ただ、そうしたカスタマイズは手間で、１つひとつ手作業をしていると作業漏れが起こる可能性が少なくありません。そこで、コンテナに手を加えたあと、そのコンテナを「カスタムDockerイメージ」に変換します。そうすれば、そのDockerイメージからコンテナをまとめて作ることができます（**図表1-11**）。

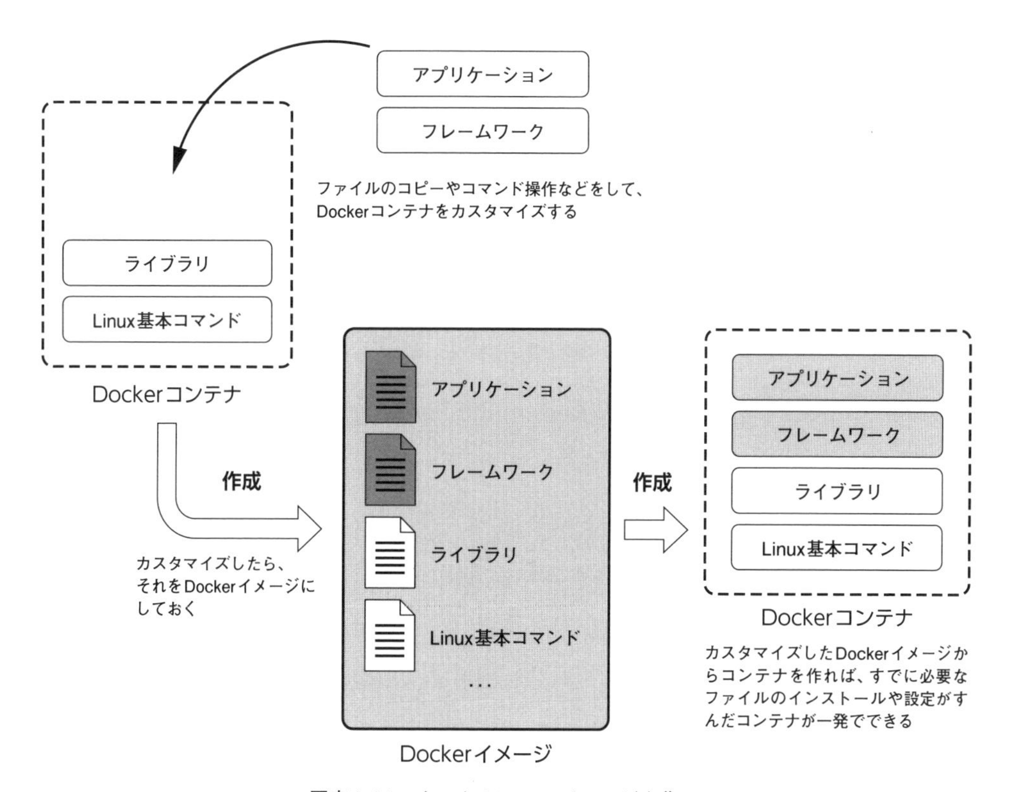


図表1-11　カスタムDockerイメージを作る

***memo*** カスタムのDockerイメージを作るときは、手作業でファイルコピーやコマンド実行をするのではなく、Dockerfileと呼ばれる設定ファイルにファイルコピーや実行したいコマンドなど一連の設定を記述し、そのファイルを適用して作るのが一般的です。そうすれば、あとから見たときに、元となるイメージにどのような変更を加えたのかが一目瞭然です。詳細は、第8章で説明します。

カスタムDockerイメージは、Docker HubのようなDockerレジストリに登録できます。登録すれば、ほかのコンピューターからも、そのDockerイメージを使えるようになります（**図表1-12**）。

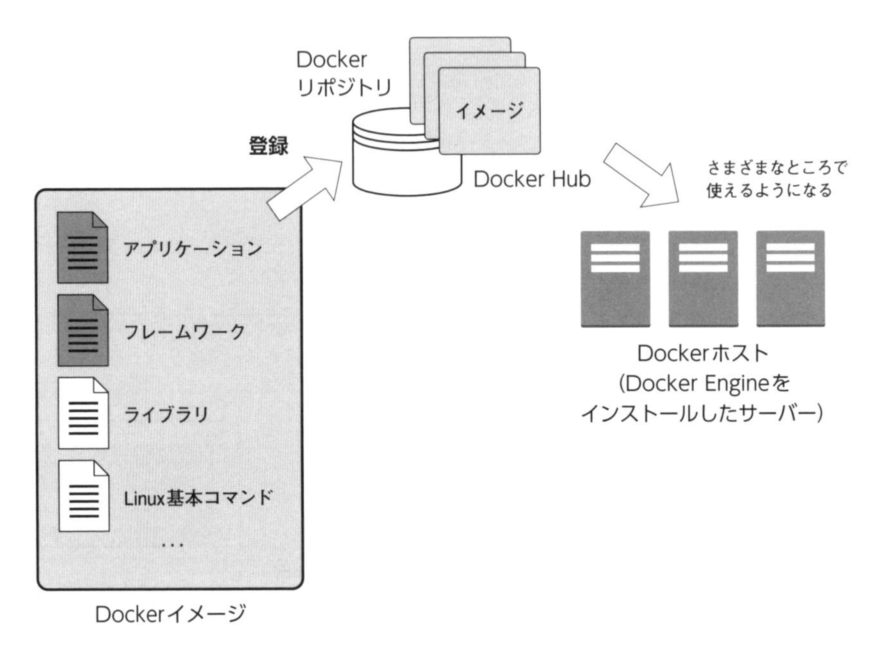


図表1-12　作成したDockerイメージをDockerレジストリに登録する

> ***memo*** Docker Hubに「公開」として登録すると、全世界に公開され、誰でもそのイメージを入手できるので注意してください。社内で作成したシステムなどは「非公開（プライベート）」として登録することになるでしょう。もしくは、Docker Hubを使うのではなく、社内でプライベートなDockerレジストリのサーバーを構築し、そちらに登録する方法もあります（AWSには、Amazon ECRという、まさに、プライベートなDockerレジストリサービスがあります）。詳細は、第8章で説明します。

## 1-2-4 クライアント環境のDocker

DockerはLinux環境の技術であると説明しました。しかし実際には、WindowsやMacでも利用できます。

### Docker Desktop

Docker社は、「Docker Desktop」というソフトウエアを配布しています。これは、WindowsやmacOSにおいて、Dockerを動かすためのソフトウエアです。Docker Desktopの内部にはLinuxカーネルが含まれており、WindowsやmacOSでありながらも、Linuxを実行することで、その上で、Dockerが使えるようにしたものです（**図表1-13、図表1-14**）。この説明からわかる通り、Docker Desktopは、WindowsやmacOS環境において、Linuxアプリケーションを動かすためのものです。WindowsやmacOSのアプリケーションが動くわけではありません。

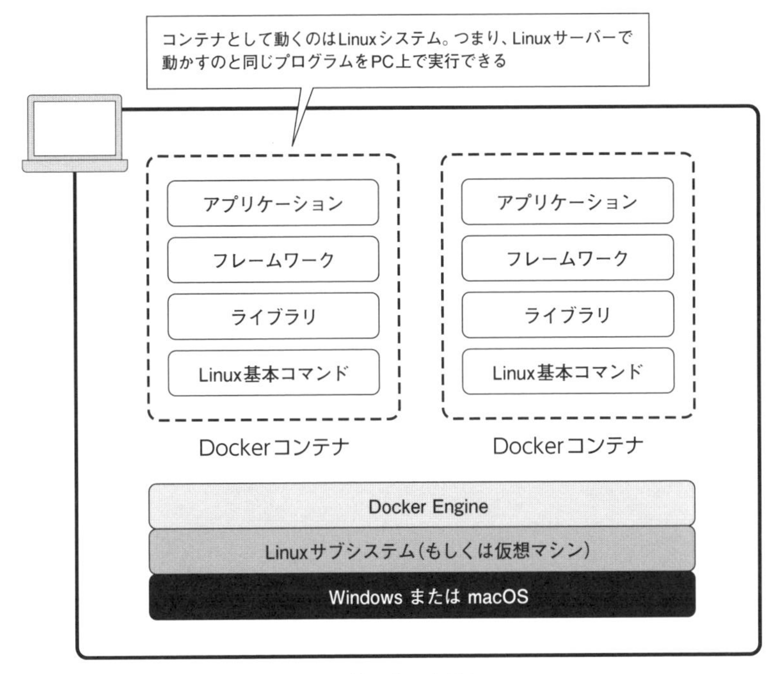


図表1-13　Docker Desktop

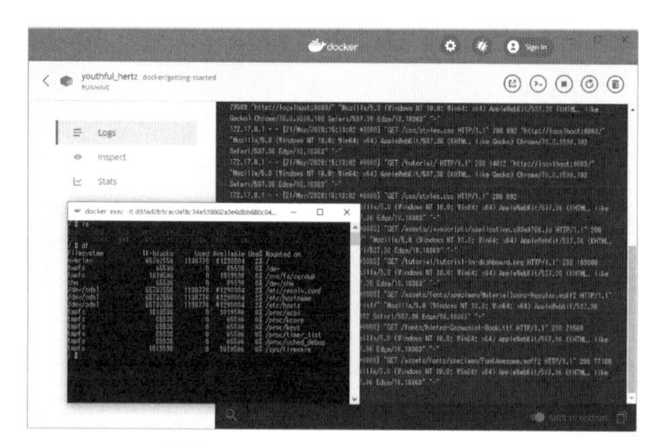

図表1-14　Docker Desktopの画面

## コラム　Docker DesktopとDocker Toolbox、そして、仮想マシンでの利用

WindowsでDockerを使いたい場合、「Docker Desktop」と「Docker Toolbox」の2つの選択肢があります。最新版は前者の「Docker Desktop」で、Docker社はこちらを推奨していますが、WindowsのHyper-Vと呼ばれる機能を用いているため、Hyper-Vの機能を有効にした環境でなければ動きません。Hyper-Vは、Windows 10 ProやWindows 7 Professional以上でなければ使えず、Home Editionで使うことはできません。

またHyper-Vを有効にすると、VirtualBoxやVMwareなどの仮想マシンと同居できないという問題もあります。後者の「Docker Toolbox」は、仮想マシンで構成したDocker環境です。Home Editionでも使えますが、レガシー版という扱いのため、サポート面が心配かもしれません。

Hyper-Vが使えない（もしくは、使いたくない）なら、VirtualBoxなどで仮想マシンを作り、そこにUbuntuなどをインストールしてDocker環境を作る方法があります。この方法なら、Ubuntu上のDocker Engineを使うことになるので最新版を使えます。皆さんの環境がHyper-Vを有効にして支障がないなら、Docker Desktopを使うのがよいでしょう。そうでないときは、Docker Toolboxを使うか、仮想マシンでLinux環境を作るかのどちらかの方法になります。

なお、この状況は、提供が予定されている「Windows 10 バージョン2004」で改善される見込みです（執筆時点では未提供）。同バージョンに含まれる「WSL2（Windows Subsystem for Linux 2）」は、WindowsにLinuxのサブシステムを提供する機能で、Windows 10 ProだけでなくHome

Editionにも搭載されます。

すでにDocker DesktopはWSL2に対応しており、「Windows 10 バージョン2004」の正式版が登場すれば、Hyper-Vに伴う問題は解消されるはずです。

### サーバーと同じコンテナを実行できる

Docker Desktopの利点は、サーバーで動かすのと同じDockerコンテナを実行できる点です。つまり、自分のPCにサーバー環境を作ることができるのです（図表1-15）。その利点を生かし、本来ならネットワーク越しにサーバー開発をしなければならない場合でも、自分のPCにサーバー環境を構築してローカルに開発することが可能です。Docker Desktopは、Docker EngineをインストールしたLinux環境と完全互換です。インフラ担当者がサーバーで実際に試す前に、自分のPCで動作検証したい場合にも活用できます。

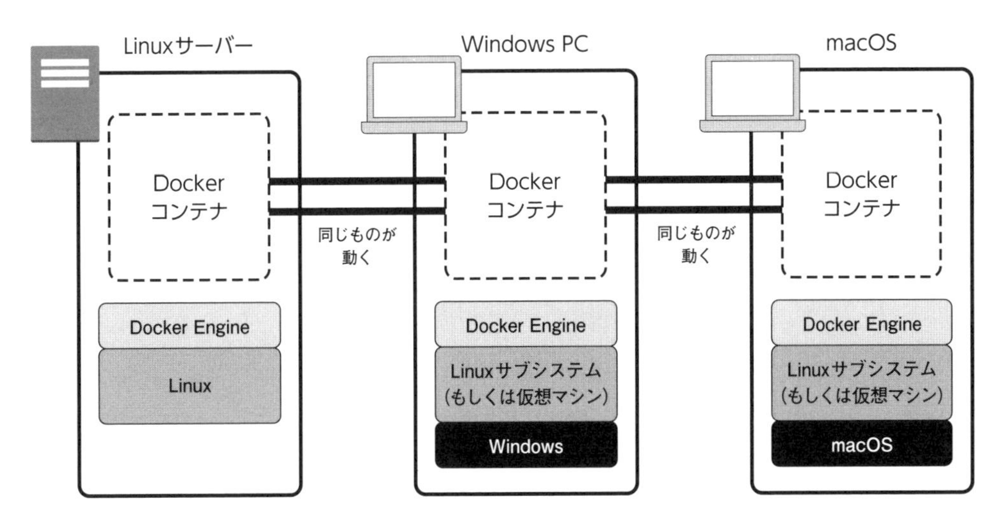


図表1-15　Docker Desktopでサーバーと同じ環境を整える

## 1-2-5 Dockerを構成する要素のまとめ

少し話が長くなったので、ここで、Dockerについて大事なことをまとめておきます。

(1)Docker EngineをインストールしたLinux環境で動作する

Dockerは、Docker EngineをインストールしたLinux環境で動作します。この環境を「Dockerホスト」と言います。

(2)DockerコンテナはDockerイメージから作る

Dockerコンテナは、Dockerイメージから作ります。Dockerイメージは、Docker HubなどのDockerレジストリに登録されていて、ダウンロードして使います。

(3)Dockerイメージには基本的なディストリビューションとアプリケーション入りのものがある

Dockerイメージには、Linuxのみとアプリケーション入りの2種類があります。カスタマイズするなら前者を使います。

(4) カスタマイズしたDockerイメージはDockerレジストリに登録できる

既存のDockerイメージは、カスタマイズして、そのイメージをDocker HubなどのDockerレジストリに登録できます。登録すると、ほかのPC(サーバー) でも使えるようになります。

(5)Docker Desktopを使うとPCで動かせる

Docker Desktopを使うと、Linuxサーバーで使っているのと同じDockerイメージを、自分のPCで動かせます。

# 1-3 Dockerの利点と活用例

これまで話してきたDockerの構成から、次のような利点と欠点、そして、活用例が導かれます。

## 1-3-1 Dockerの利点

利点を以下に列挙します。

### (1) 隔離して実行されるのでほかのシステムと同居しやすい

コンテナは隔離した実行環境なので、ほかのシステムに影響を与えません。そのため1台のサーバーに、複数システムを構成できます。

### (2) アプリケーション入りDockerイメージを使えば、システム構築が簡単

Docker Hubでコンテナの元となるイメージが提供され、アプリケーション入りDockerイメージを使えば、複雑なインストールや設定をすることなく簡単にシステムを構築できます。

### (3) 複製を作りやすい

カスタムDockerイメージを作っておけば、それを基にいくつでも同じコンテナを作ることができます。すなわち、複製を作る場合、同じ設定作業をしなくて済むのです。ほかのサーバーへのコピーも容易です。

## 1-3-2 Dockerの欠点

もちろん欠点もあります。以下に2つ挙げますが、これらの欠点は、Dockerの導入理由が「1つのサーバーに互いに影響なく、さまざまなアプリケーションを載せたい」ということなら、大きな障害とはならないはずです。

### (1) Linuxシステムでしか動かない

DockerはLinuxの仕組みを使って動作しているため、Linux以外の環境で動かすことができません。

### (2) 完全な分離ではない

Dockerは、隔離した空間でプログラムを実行する技術にすぎません。似たソリューションである仮想サーバーを使うのと違い、ハードウエアをエミュレートしているわけではありません。DockerにはそれぞれのコンテナのCPU利用率やメモリー消費量を制限し、ほかのコンテナに影響を与えない仕組みがありますが、完璧ではありません。もし、Docker Engineにセキュリティホールがあれば、そもそも隔離した部分に抜け穴が生じてしまう恐れも（原理的には）あります。

### コラム 仮想サーバーとコンテナとの違い

コンテナとよく似た技術に「仮想サーバー」がありますが、この２つの技術は根本的な考え方がまったく違います。

仮想サーバーは、１台の物理的なサーバーの中に複数の仮想的なサーバーを作り、物理的なサーバーを仮想的なサーバーが分割して使います。それぞれの仮想サーバーにはOSがインストールされ、そこにシステムが構成されます。

一方のコンテナは、サーバーを分割する技術ではありません。サーバーはあくまでも1台で、そ

の中に、たくさんのアプリケーションが隔離して実行されているのにすぎません。つまりコンテナでは、それを制御するOSは1つしかなく、複数のプログラムがDocker Engineの下で動いているだけです（**図表1-16**）。プログラムを実行しているのはDockerホストです。管理者のパスワードも、Dockerホストのもの1つしかありません。

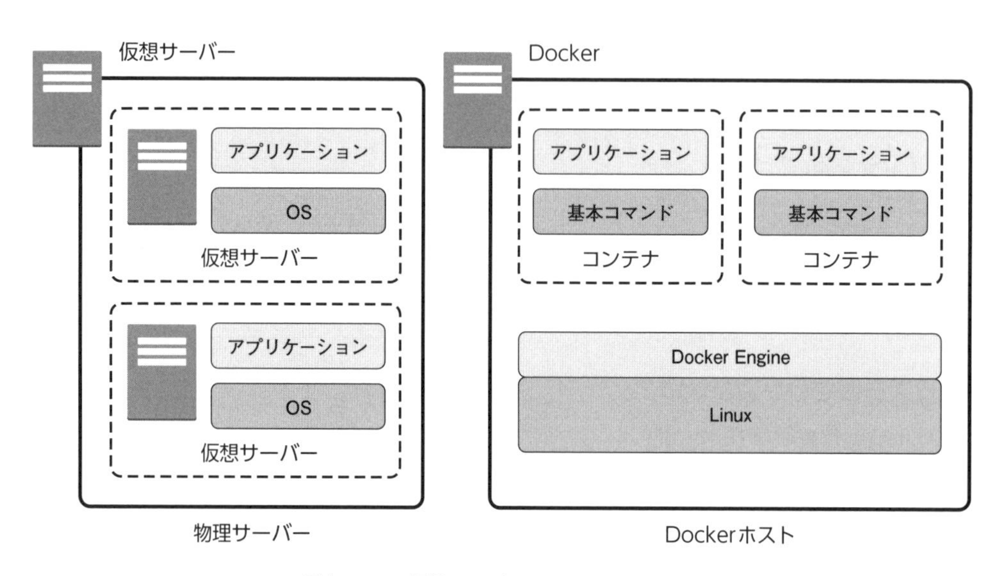


図表1-16　仮想サーバーとコンテナとの違い

## 1-3-3 Dockerの活用例

Dockerの利点は、コンテナの中に必要なものをまとめて、自在に実行できる点です。この利点を考えたとき、次のような活用例が考えられます。

### (1) 試作・実験・運用ツールのインストール

Docker Hubでは、たくさんのDockerイメージが提供されています。WebサーバーやDBサーバーなどを構築する際に、こうしたDockerイメージを使えば、手早く簡単に始められます。プログラマが自分の開発環境を整えたり、試作したりするのにもってこいです。

**memo**　インフラ担当者なら、Muninなどのサーバー管理・監視ツールをDockerで構成すれば手間がなく、時短につながるはずです。

### (2) 開発環境での利用

もちろんDockerは、開発現場でも重宝します。まず取り上げたいのが、開発環境の構築にかかる手間を省く活用です。開発チームでDockerに詳しい開発者が、チームみんなのために開発環境を模したDockerイメージを作ります。そうすることで開発者は、それぞれ自分のPCで、そのDockerイメージを展開してローカルで開発・テストできるようになります（**図表1-17**）。

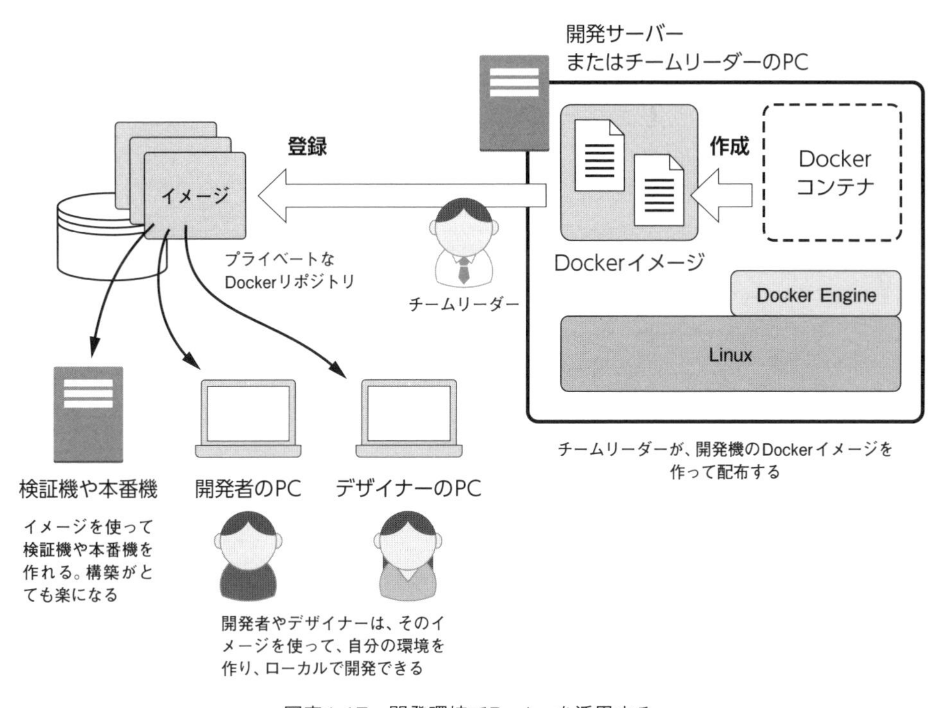


図表1-17　開発環境でDockerを活用する

こうした使い方をするのは、いまはまだ開発者が主ですが、Dockerを使うこと自体は難しくないので、今後は、デザイナーも、こうした開発環境で作業することが考えられます。

### (3) 本番環境での利用

多くの場合、開発成果物は検証機でテストし、動作確認が済んでから本番機で動作させます。検証機の実行環境（ライブラリやフレームワークなど）と同じ環境を本番機に用意する必要がありますが、ライブラリやフレームワークの依存関係を間違えてしまうと、環境の違いから本番機では動作しないという事故が起きます。

Dockerを使っていれば、こうした事故が起きにくくなります。なぜなら、検証機で確認した内容をDockerイメージにしておけば、本番機ではそれを展開するだけで済むからです。コンテナには、依存するものすべてが入っていますから、安全確実、そして、迅速なデプロイが可能になります（**図表1-18**）。また万一、サーバーが故障したときなども、Docker Engineをインストールした別のサーバーを用意すれば、すぐに復旧できます。

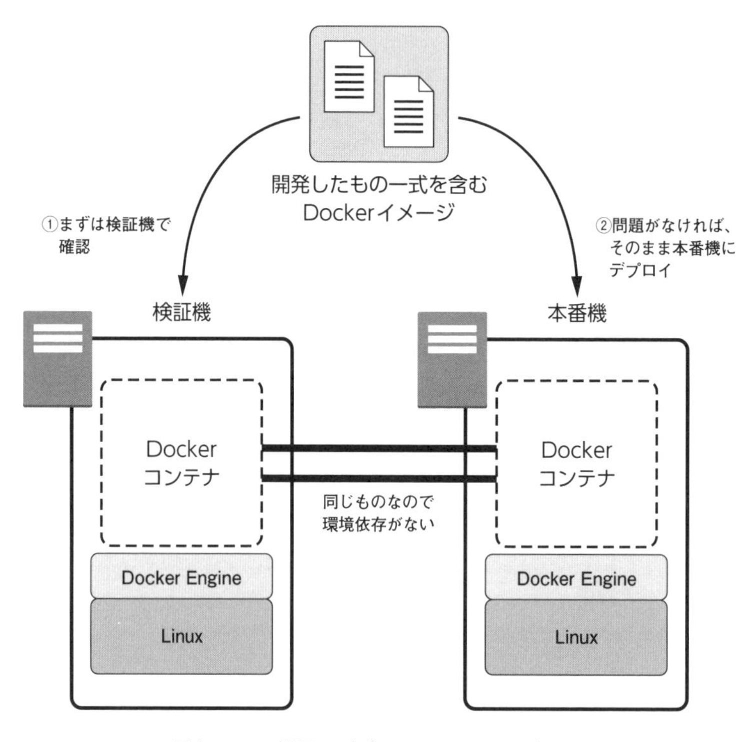


図表1-18　検証やデプロイにDockerを活用する

***memo*** 復旧する際、「ユーザーのデータ復旧」については、別途、検討する必要があります。

# 1-4 Dockerの本格運用

コンテナを本番機に使う場合、「不具合や過剰負荷でも停止しない」ことが求められます。本書はDockerの入門書なので、本格的な運用には踏み込みませんが、将来を見据えて、どのような運用になるのか、簡単に見ておきましょう。

## 1-4-1 堅牢なDockerホストを検討する

Dockerコンテナを実行するのは、Docker EngineをインストールしたDockerホストです。安定運用には、Dockerホストの安定稼働が必要です。Dockerホストは、サーバー（AWSの場合は仮想サーバーであるEC2）を使って自分で作ると、そのDockerホスト自体の保守運用・管理が手間です。

そこで本番機の運用では、Dockerホストをマネージドサービスにして、ある程度、任せてしまうのが無難です。AWSには、「Amazon ECS」というコンテナを運用するマネージドサービスがあります。ECSは、負荷分散機能もあり、必要に応じてスケーリングされます。

***memo*** マネージドサービスとは、「管理された（Managed）サービス」という意味で、運用管理をクラウドに任せることができるサービスのことを言います。仮想サーバーのEC2は、自分で管理するサービスなので「アンマネージド（Unmanaged：管理されていない）サービス」と言います。

## 1-4-2 クラスターを構成するKubernetes

さらなるスケーリングや堅牢性が必要なら、Kubernetesというオーケストレーションソフトがよく使われます。Kubernetesは、Googleが開発したオープンソースの分散Dockerホスト環境です。複数台のサーバーでクラスターを構成し、負荷に応じて、必要なだけのコンテナを自動生成できます。AWSには、「Amazon EKS」という、Kubernetes互換のマネージドサービスが提供されています。これを使えば、もっと大規模な環境でも、Dockerコンテナを安定して運用できます。

### 1-4-3 コンテナの作り方は変わらない

Amazon ECSやAmazon EKSは、コンテナを実行する環境（＝Docker Engineをインストールしたホスト）の代わりにすぎません。実行するのは、普通のDockerコンテナです。ですから、まずは、こうした大規模な環境ではなく、「1台のサーバーでDockerコンテナを作り、それを実行するまで」を知ればよいのです。そのあと、Amazon ECSやAmazon EKSの使い方を習得すれば、作ったDockerコンテナを、そのまま、より堅牢に実行できます。

## 1-5 本書の構成

この章では、コンテナの仕組みとDockerの基本を説明しました。以降の章では、次の流れで、Dockerの使い方を具体的に説明します。

(1)Docker Engineのインストール

まずは、Dockerホストを用意しなければなりません。本書では、AWSのEC2インスタンス（仮想サーバー機能）に、Ubuntuディストリビューションを構成し、そこにDocker EngineをインストールすることでDockerホストを構成します。第2章で説明します。

(2)Dockerコンテナの基本操作

次に知らなければならないのは、Dockerコンテナの起動や停止など、コンテナ周りの基本操作です。第3章と第4章で説明します。

(3)Dockerコンテナにおけるデータの扱い方

Dockerでは、コンテナの差し替えが容易になるよう、データをコンテナの外に置いて扱います。第5章では、こうしたデータの扱い方について説明します。

(4) ネットワークとコンテナの連携

WebサーバーとDBサーバーを連携するなど、コンテナ同士が通信したいこともあります。第6章ではネットワークの基礎について説明します。そして、第7章では、WordPressサーバーの作り方を見ながら、DBサーバーとなるコンテナと通信する方法を説明します。

(5)Dockerイメージの作成

Dockerに慣れてきたら、Dockerイメージを作ってみましょう。第8章では、簡単なDockerイメージの作り方を説明します。

(6)Dockerの運用

本番環境で使うには、Dockerコンテナの運用に関する知識が必要です。第9章では、オーケストレーションツールである「Kubernetes」を使ったコンテナの運用の基礎を説明します。

# 02

## 第2章

# Dockerを利用できるサーバーを作る

本書では、AWS上にDockerを利用できる環境を整備して、実際に手を動かしながら、Dockerの使い方を習得します。この章では、そのための事前準備として、Dockerをインストールした仮想サーバーを構成します。

# 2-1 Dockerを使うための構成

Dockerを利用するには、Linuxをインストールしたコンピューターを用意し、そこにDocker Engineをインストールします。

## 2-1-1 DockerをサポートするLinux

Dockerは比較的新しい技術なので、古いLinuxでは利用できないことがあります。Dockerが利用できるLinuxディストリビューションと、そのバージョンを示します（**図表2-1**）。

| ディストリビューション | バージョン |
|---|---|
| CentOS | CentOS 7 以降 |
| Debian | Debian 9（stretch）以降 |
| Fedora | Fedora 30 以降 |
| Ubuntu | Ubuntu 16.04 以降 |

図表2-1　Dockerが動作するLinuxディストリビューションとそのバージョン

どのディストリビューションを使っても基本的な使い方は同じですが、本書では、Ubuntu 18.06を利用します。なお、Dockerには無償版と有償版がありますが、本書では無償版を対象にします。詳しくはコラムを参照してください。

***memo*** ディストリビューションとは、CentOSやDebianなど、Linuxパッケージの種類のことです。

## コラム Dockerの無償版と有償版

Docker Engineには、無償版のCommunity Edition（以下、Docker CE）と、有償版のEnterprise Edition（以下、Docker EE）の2種類があります。

Docker CEは、さまざまなLinuxにインストールして利用できる無償版です。

Docker EEは、認証済みのインフラやプラグインの提供、セキュリティ検査機能などを提供する商用版です。有償のクラウドサービスやOracle Linux、Red Hat Enterprise Linux、Windows Serverのような有償のLinuxにおいても提供されます（Windows ServerではHyper-V機能を使ってLinuxのサブセットを動かし、その上で実行しています）。

本書ではDocker CEを用います。以降、特に断りのない限り、Docker Engineとだけ記した場合は、Docker CEを指すものとします。

### 2-1-2 ディストリビューション付属のパッケージとDocker提供のパッケージ

Docker Engineは、ディストリビューションに含まれています。ですから、yumコマンドやaptコマンドなどでインストールできます。それとは別に、Docker社もDocker Engineのパッケージを提供しています。

**memo** yumコマンドはRed Hat Enterprise LinuxやCentOS系におけるパッケージのインストールコマンド、aptコマンドはUbuntuやFedoraなど、Debian系のパッケージのインストールコマンドです。

ディストリビューション付属のものを利用する場合、メリットは、yumコマンドやaptコマンドなどで簡単にインストールできることです。アップデートも容易です。デメリットは、ディストリビューションによって、インストールされているDockerのバージョンがまちまちなことです。

一方で、Docker提供のパッケージを利用する場合、メリットは、常に最新版を利用できることです。ディストリビューションが違っても、バージョンを統一できます。デメリットは、ディストリビューションの一部ではありませんので、アップデートは自分で追わなければならない点です。

保証やセキュリティアップデートなど運用上の問題を考えると、本番運用では、ディストリビューション付属のものを利用するのが望ましいでしょう。一方で、自分のコンピューターで利用する場合や学習目的の場合は、最新版を使うのがよいので、Docker提供のパッケージがよいでしょう。

本書では、Docker提供のパッケージを使う方法で説明します。

# 2-2 AWS上でEC2を使ったDocker環境を用意する

本書では、AWS上にDockerを利用できる環境を整備し、実際に手を動かしながら、Dockerを習得していきます。

## 2-2-1 Amazon EC2にLinux環境を用意する

AWS上には、「Amazon EC2（Amazon Elastic Compute Cloud 。以下、EC2）」という仮想サーバーサービスがあります。本書では、この仮想サーバーサービスを使って、Ubuntuのサーバーを作ります。そして、この仮想サーバーに、Docker Engineをインストールします（**図表2-2**）。AWSの世界では、EC2を使って作った仮想サーバーのことを「EC2インスタンス」と呼びます。

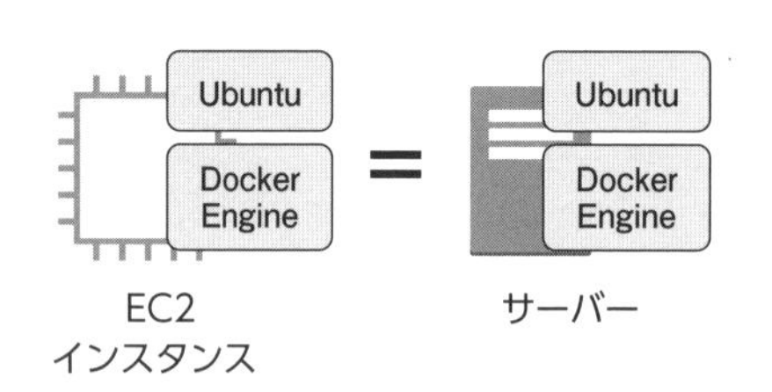


図表2-2　EC2インスタンス

**memo** AWSの世界では、AWSの各種サービスをアイコンで示す文化があります。図示で使われるアイコンは、「AWSシンプルアイコン」と呼ばれます。
（https://aws.amazon.com/jp/architecture/icons/）

## 2-2-2 EC2をSSHで操作する

AWSを少し触ったことがある人にとっては既知ですが、EC2インスタンスを操作するには、SSHを使って通信します。具体的には、Windowsであれば「Tera Term」や「PuTTY」、macOSであればシェルに付属の「sshコマンド」を使って接続します。接続すると表示されるターミナル画面から文字入力することで、EC2インスタンスを操作できます（**図表2-3**）。

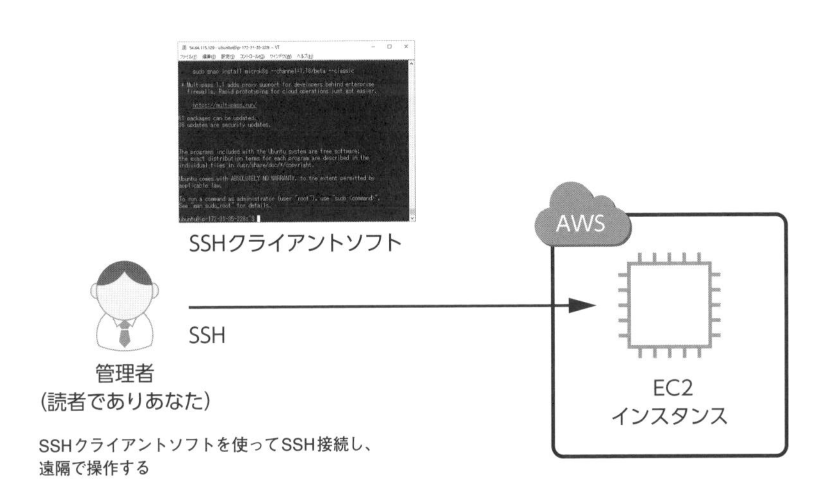


図表2-3　EC2をSSHで操作する

## 2-2-3 EC2とファイアウォール

EC2には望ましくない通信を遮断するファイアウォール機能があります。この機能を、「セキュリティグループ」と言います。

デフォルトではすべての入力方向の通信（インバウンド。インターネット→EC2の方向）が通らないように構成されていますので、SSHで操作するには、SSHの通信ポートである「ポート22」の許可設定が必要です。

さらに追加で、必要な通信を許可する設定をします。本書では、Dockerを使った実例として、Webサーバーを取り上げます。そこでWebサーバーの通信ポート「ポート80」（http://）と「ポート443」（https://）を通します。

また本書では、複数のWebサーバーを構成するとき、「ポート8080」「ポート8081」「ポート8082」

を実験的に使うことにします。そして第9章では、オーケストレーションツールのKubernetesを用いるとき、動作テストで「ポート30000」を使います。そこで、**図表2-4**に示す通信ポートを許可する設定を施すことにします。

| ポート番号 | 用途 |
|---|---|
| 22 | SSH。リモートから操作するのに使う |
| 80 | Webの通信用ポート(http://)。本書では、Docker上でWebサーバーを動かす例を扱うので、その確認用 |
| 443 | Webの通信用ポート (https://) |
| 8080 ～ 8082 | 実験用 |
| 30000 | Kubernetes 実験用 |

図表2-4　本書において通信を許可するポート

## 2-2-4 Dockerが使えるEC2インスタンスを作るまでの流れ

この章では、以下の流れで、Dockerが使えるEC2インスタンスを作成します。

(1)EC2インスタンスの準備

Ubuntuがインストールされた EC2インスタンスを用意します。このときセキュリティグループ(ファイアウォール)も合わせて設定します。

(2)EC2インスタンスへのSSH接続

Tera TermやPuTTY、sshコマンドなどを使って、EC2インスタンスに接続します。

(3)Docker Engineのインストール

SSH接続したあと、いくつかのコマンドを入力して、Docker Engineをインストールします。

### コラム Dockerのマネージドサービス

クラウド環境におけるDockerについて調べたことがあるなら、「AWS ECS」や「AWS EKS」などのマネージドサービスを知っているかもしれません。本書では、ECSやEKSを使わず、EC2を使いますが、これは別に、学習用だからというわけではありません。ECSやEKSは、Dockerコンテナを運用するためのサービスです。

これらのサービスでは、Dockerイメージを作ったり、カスタマイズしたりするような修正操作をすることはできません。あくまでも完成後のDockerイメージを実行するものです。Dockerイメージを作ったり、カスタマイズしたりするときは、Docker Engineをインストールしたコンピューターを使います（EC2である必要はなく、自分のパソコンにDocker Engineをインストールしてもかまいません）。

---

# 2-3 EC2インスタンスを起動する

では、早速、始めましょう。まずは、EC2インスタンスを起動します。

***memo*** 本書では、AWSアカウントは取得済みであることを前提とします。あまり詳しくない人は、AWSの入門書を適時、参照してください。

---

## コラム リージョンの確認

AWSは、「リージョン」と呼ばれる単位で操作します。リージョンとは、簡単に言えば、「どの国にあるのか」という意味です。右上の地域が記載されたところから切り替えられます。どのリージョンで操作してもよいですが、本書では、東京リージョンを使うことにします。右上で［アジアパシフィック（東京）］を選択しておいてください（**図表2-5**）。

図表2-5　東京リージョンを選択しておく

---

## 手順 UbuntuをインストールしたEC2インスタンスを起動する

### [1] EC2コンソールを起動する

「EC2」を検索して選択することで、EC2コンソールを起動します（**図表2-6**）。

図表2-6　EC2コンソールを起動する

### [2] インスタンスを作り始める

左の［インスタンス］メニューをクリックして開きます。［インスタンスの作成］―［インスタンスの作成］を選択して、インスタンスを作り始めます（**図表2-7**）。

図表2-7　インスタンスを作り始める

### [3] UbuntuのAMIを選択する

本書では、Ubuntuを利用します。［Ubuntu Server 18.04 LTS (HVM), SSD Volume Type］の［64ビット (x86)］を選択してください（**図表2-8**）。

図表2-8　Ubuntu Server 18.04を選択する

### [4] インスタンスタイプを選ぶ

インスタンスタイプを選びます。ここでは、［t2.micro］を選択し、［次のステップ：インスタンスの詳細の設定］をクリックします（**図表2-9**）。インスタンス詳細の設定画面が表示されたら、さらに［次のステップ：ストレージの追加］をクリックします（**図表2-10**）。

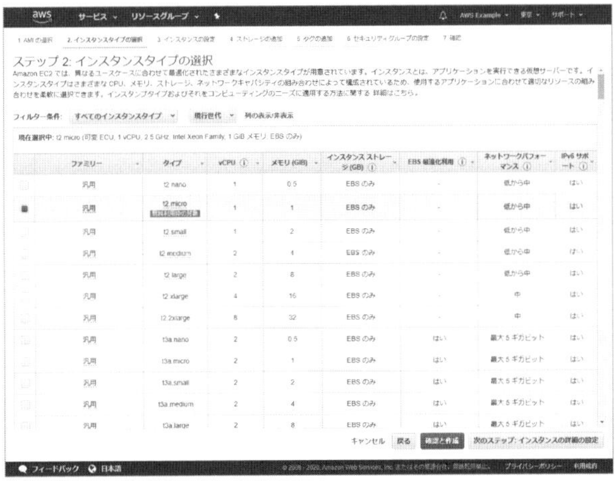

図表2-9　インスタンスタイプを選ぶ

**memo** インスタンスタイプとは、EC2インスタンスの性能（CPUやメモリー）のことです。性能が高いほど費用がかかります。ここで選択しているt2.microは、AWSに加入してから1年間、1台を無償で利用できます（本書の執筆時点）。

図表2-10　インスタンス詳細の設定

## [5]　ストレージの追加

ストレージを設定します。既定では8GBのストレージが追加されるのですが、DockerやKubernetesの学習では、少ないため、20GBに変更します。［サイズ］の部分に「20」と入力し、［確認と作成］ボタンをクリックします（**図表2-11**）。

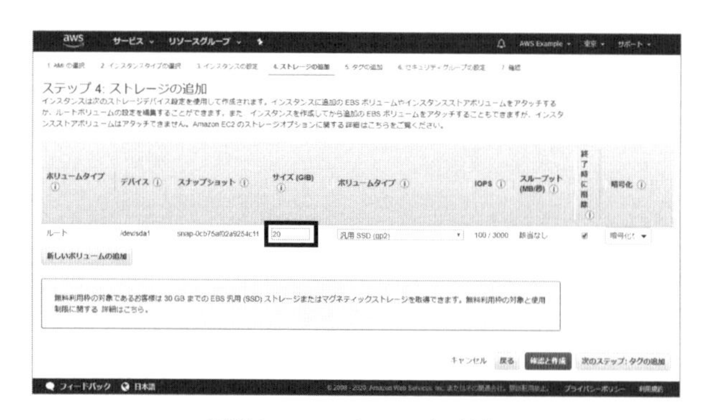


図表2-11　ストレージの追加

## [6]　セキュリティグループの編集を始める

EC2インスタンスが構成されます。ファイアウォールの設定を変更したいので、［セキュリティグループの編集］をクリックしてください（**図表2-12**）。

図表2-12　セキュリティグループの編集を始める

### ［7］　必要な通信を通す

デフォルトでは、SSHが通過するように構成されています。［ルールの追加］ボタンをクリックしてください（**図表2-13**）。

図表2-13　［ルールの追加］ボタンをクリックする

すると追加の設定ができるので、［HTTP］を追加してください（**図表2-14**）。同様にして、［HTTPS］も追加します（**図表2-15**）。ポート8080～8082については、［カスタムTCP］を選択し、［ポート範囲］には、「8080-8082」（「-」は半角のマイナス）と入力します（**図表2-16**）。さらにポート30000を追加し、最後に、［確認と作成］ボタンをクリックします（**図表2-17**）。

図表2-14　HTTPを追加した

図表2-15　HTTPSを追加した

図表2-16　カスタムTCPとして、「8080-8082」を追加した

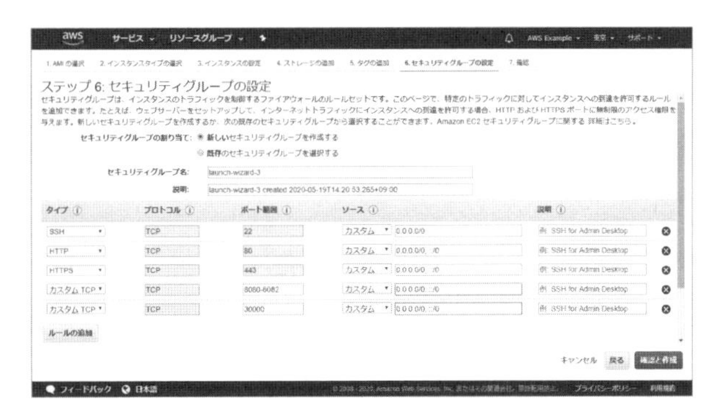


図表2-17　カスタムTCPとして、「30000」を追加した

## [8]　起動する

先の画面に戻ります。セキュリティグループに、いまの設定が追加されたことを確認してください。そして［起動］ボタンをクリックします（**図表2-18**）。すると、起動待ちの画面になります。

図表2-18　起動する

## [9]　キーペアの作成

あとでSSH接続するときに必要となるキーペアを用意します。キーペアとは、いわゆる、パスワードのようなものです。EC2を使うのが初めての人は、［新しいキーペアの作成］を選択し、適当なキーペア名を入力してください。ここでは、「docker_ec2」という名前にします（**図表2-19**）。

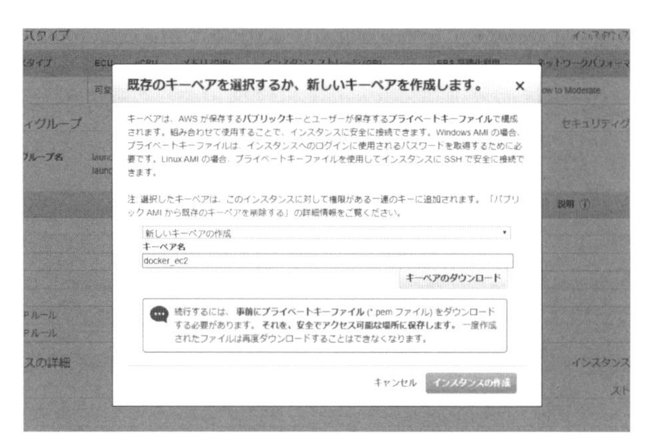


図表2-19　キーペアのダウンロードとインスタンスの作成

そして［キーペアのダウンロード］をクリックしてください。すると、キーペアファイルのダウンロードが始まります。ファイル名は、「キーペア名.pem」です。ダウンロードしたファイルは、なくさないようにしてください。なくしてしまうと、このEC2インスタンスにアクセスすることができなくなってしまいます。

またダウンロードしたキーペアファイルは、第三者に漏洩しないように注意してください。キーペアファイルを持っていれば、このEC2インスタンスにログインし、すべての操作ができてしまうからです。

キーペアファイルのダウンロードが完了したら、［インスタンスの作成］をクリックしてください。すると、インスタンスの作成が始まります。

**memo** キーペアのダウンロードは、この画面に限ります。この画面外でダウンロードすることはできず、また、再発行もできません。なくしてしまうと本当にアクセスできなくなるので注意してくだい。万一、なくした場合は、EC2インスタンスを作り直すしか手段がありません。

**memo** すでにEC2インスタンスを使うのが2台目以降のときは、［既存のキーペアを選択］を選ぶと、すでに持っているキーペアファイルを使うことができます（この場合は、すでに使ったキーペアファイルを使うので、［キーペアのダウンロード］をクリックして、キーペアファイルをダウンロードすることはできません。手持ちのキーペアファイルを使うという意味です）。

## ［10］ インスタンスの起動

すると**図表2-20**に示す画面に切り替わり、インスタンスの起動が始まります。インスタンスの起動には数分かかります。[インスタンスの表示]をクリックしてください。インスタンスの一覧画面に移動します。

図表2-20　インスタンスの起動

# 2-4 EC2インスタンスにSSH接続する

EC2インスタンスが起動したら、SSHで接続して操作します。

## 2-4-1 IPアドレスの確認

まずは、起動したEC2インスタンスのIPアドレス（またはホスト名）を確認します。EC2コンソールの[インスタンス]メニューをクリックすると、作成したEC2インスタンス一覧が表示されます。ここで、いま作成したEC2インスタンスをクリックして選択すると、その下に情報が表示されます。

表示された情報のうち、「IPv4パブリックIP」（または「パブリックDNS(IPv4)」）が、接続先のアドレスです。SSHで接続するときに必要な情報になるので、控えておいてください（**図表2-21**）。

図表2-21　IPアドレスを確認する

## 2-4-2　SSHで接続する

SSHを使って、EC2インスタンスに接続します。

### Windowsの場合

Tera TermやPuTTYなどのターミナルソフトを使って接続します。ここでは、Tera Termを使います。下記からTera Termをダウンロードしてインストールしてください。

【Tera Term】
https://ja.osdn.net/projects/ttssh2/

### 手順 Tera Termを使って接続する

#### [1]　接続先を指定する

Tera Termを起動すると、接続先が尋ねられます。[ホスト] の部分に、先の図表2-20で確認したIPアドレス（またはホスト名）を入力します。[サービス] の部分は [SSH] を指定し、TCPポートは「22」とします。これらを入力したら、[OK] ボタンをクリックします（**図表2-22**）。

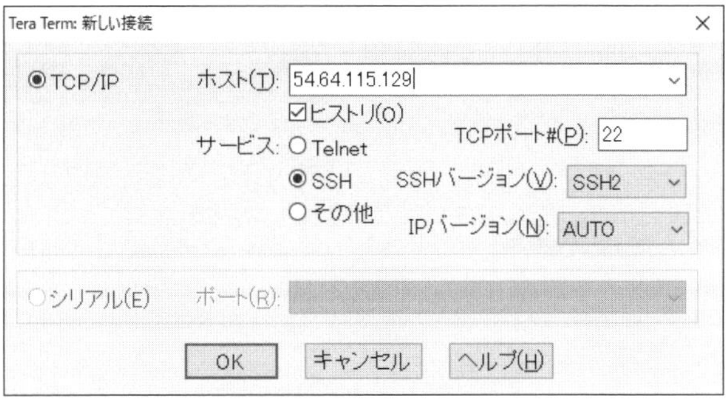

図表2-22　接続先を指定する

## [2]　セキュリティの警告に回答する

初回に限り、意図する接続先かどうかを確認するための、セキュリティの警告画面が表示されます。[このホストをknown hostsリストに追加する] にチェックを付け、[続行] をクリックします (**図表2-23**)。

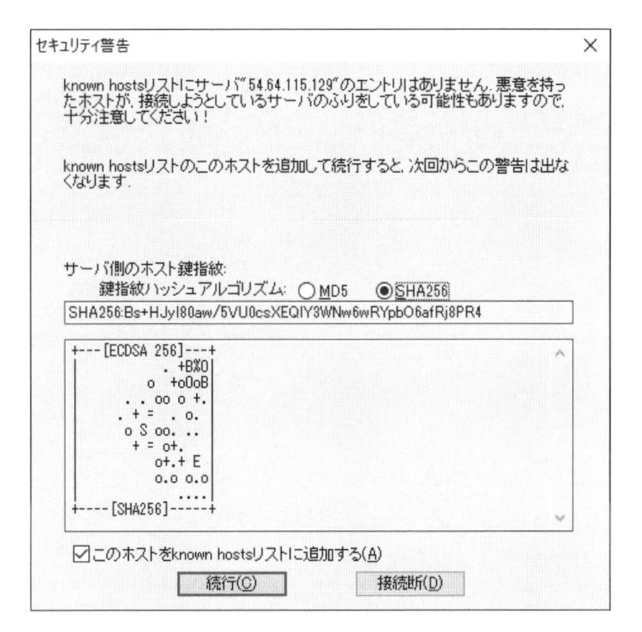


図表2-23　セキュリティの警告

***memo*** この画面は、接続先が差し替えられていないかを確認することが目的です。[このホストをknown hostsリストに追加する] にチェックを付けておくと、この情報が登録され、内容が同じである限りは、このメッセージは表示されません。しかしその後、サーバーの差し替えや改ざんなどがされて

情報が変わると、再びこのメッセージが表示されるので、「接続先が差し替えられたのではないか」と気づくことができます。

### [3] 認証情報（キーペア）を選択する

接続するユーザー名とキーペアを設定します（図表2-24）。

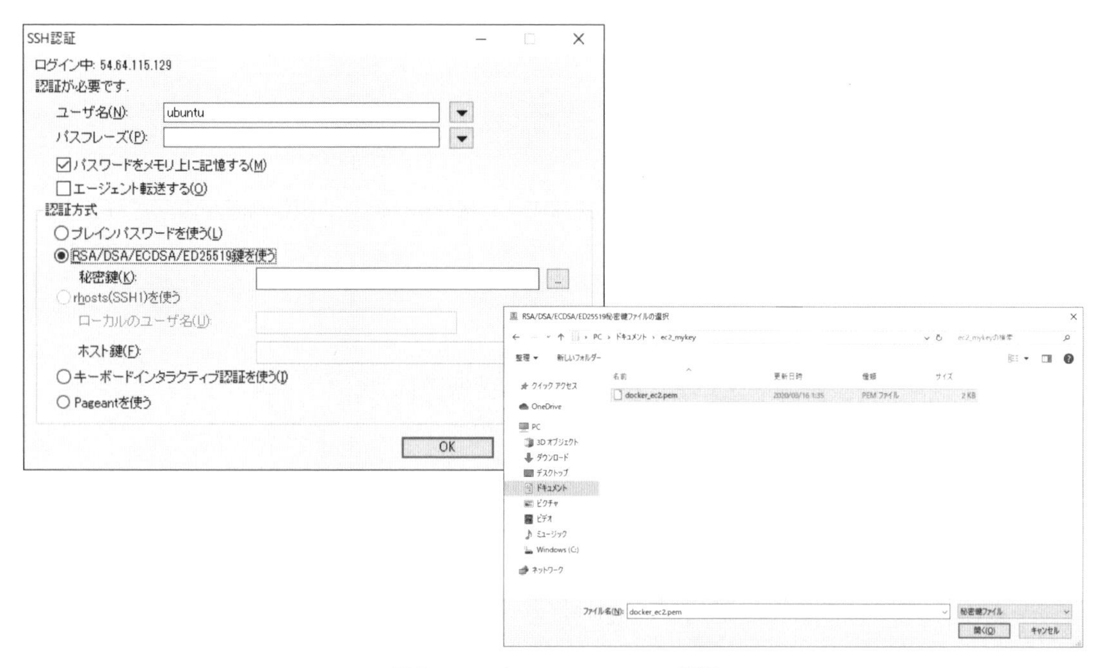


図表2-24　キーペアファイルの選択

①ユーザー名に「ubuntu」と入力してください。

②認証方式で［RSA/DSA/ED25519鍵を使う］を選択してください。

③［秘密鍵］の横の［...］ボタンをクリックします。

④図表2-24右のようにファイルの選択画面が表示されるので、ダウンロードしておいたキーペアファイルを選択します。

⑤図表2-24左に戻ったら、［OK］ボタンをクリックして接続します。

**memo** ユーザー名は「ubuntu」である点に注意してください。AWSでよく使う「ec2-user」ではありません。「ec2-user」は、Amazon Linuxの場合です。本書では、Ubuntuを使っているので、ユーザー名は「ubuntu」です。また、一連の操作において、途中離席するなど、あまりに時間がかかると、途中で切断されることがあります。その場合は、接続からやり直してください。

### [4] 接続の完了

接続が完了しました。一番下に、次に示す行が表示され、ここにコマンドを入力できます（**図表2-25**）。

```
ubuntu@ip-XXX-XXX-XXX-XXX-:~$
```

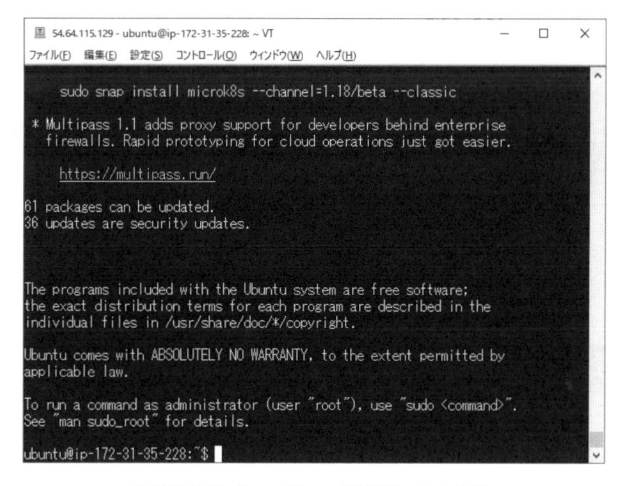


図表2-25　Tera Termで接続したところ

***memo*** XXX-XXX-XXX-XXXは、インスタンスに設定されたプライベートIPアドレスです。環境によって異なります。終了するには、「exit」と入力します。もしくは、このウィンドウの［×］ボタンをクリックして閉じます。

## macOSの場合

macOSの場合は、ターミナルから操作します。

## 手順 macOSから接続する

### [1] 鍵ファイルのパーミッションを変更する

macOSのターミナルを開きます。ダウンロードした鍵のパーミッションを読み取り専用に変更します。例えば、書類フォルダ（Documentsフォルダ）に「docker_ec2.pem」というファイル名で置いた場合は、次のように入力します。

```
$ chmod 400 ~/Documents/docker_ec2.pem
```

### [2] 接続する

次のように入力して接続します。XXX.XXX.XXX.XXXの部分は、図表2-20で確認しておいたEC2インスタンスのIP（またはホスト名）です。

```
$ ssh ubuntu@XXX.XXX.XXX.XXX -i ~/Documents/docker_ec2.pem
```

初回のみ、次のように尋ねられるので、「yes」と入力します。すると接続され、利用できるようになります（図表2-26）。

```
Are you sure you want to continue connecting (yes/no)?
```

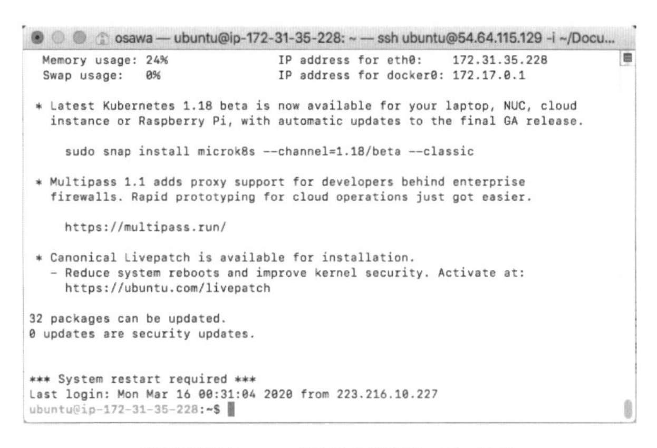


図表2-26 macOSから接続したところ

**コラム　課金を抑えるには**

AWSのEC2インスタンスは、起動している間、課金されます。課金を抑えるには、利用していない間、停止するとよいでしょう。停止するには、EC2インスタンスをクリックして選択してから、[アクション] — [インスタンスの状態] — [停止] を選択します（**図表2-27**）。

再度、実行する場合、同様に [開始] を選択します。再開したときには、IPv4パブリックIPおよびパブリックDNS (IPv4) が変わります。ですから、SSHで接続するときは、これらの値を再確認するようにしてください。

図表2-27　インスタンスの状態を [停止] にする

# 2-5 Docker Engineをインストールする

これでUbuntuのサーバーができ、操作できるようになりました。このサーバーに、Docker Engineをインストールしてみましょう。

## 2-5-1 Docker Engineインストールの手順

Docker Engineのインストール手順は、公式ドキュメントに記載されているので、これにならいます。本書では、Ubuntuのパッケージに含まれているDocker Engineではなく、Docker公式から提供されている最新版を使います。

**【Docker Engineのインストール概要】**
https://docs.docker.com/install/

## 2-5-2 UbuntuにDocker Engineをインストールする

Ubuntuサーバー上で、次の操作をすることで、Docker Engineをインストールします。

*memo* 下記の手順は、公式ドキュメントにならっています。最新版は、「Get Docker Engine - Community for Ubuntu」などのドキュメントを参照してください。
（https://docs.docker.com/engine/install/ubuntu/）

### 手順 Ubuntu環境にDocker Engineをインストールする

#### [1] パッケージをアップデートする

下記のコマンドを入力して、Ubuntuのパッケージをアップデートします。

```
$ sudo apt-get update
```

#### [2] 必要なパッケージをインストールする

Docker Engineの実行に必要なパッケージをインストールします。次のコマンドを入力します。

```
$ sudo apt-get -y install apt-transport-https ca-certificates curl gnupg-agent software-properties-common
```

#### [3] DockerのオフィシャルGPGキーを追加する

以降の手順で、Dockerのオフィシャルサイトからパッケージをインストールします。それに先立ち、DockerオフィシャルサイトのGPGキーをダウンロードし、登録しておきます。

*memo* GPGキーはファイルが改ざんされていないことを確認するために使われる鍵のファイルです。

```
$ curl -fsSL https://download.docker.com/linux/ubuntu/gpg | sudo apt-key add -
```

### [4]　Dockerダウンロードサイトをaptリポジトリに追加する

Dockerの公式サイトからDocker Engineをダウンロードできるよう、Dockerダウンロードサイトをaptリポジトリに追加します。

```
$ sudo add-apt-repository \
   "deb [arch=amd64] https://download.docker.com/linux/ubuntu \
   $(lsb_release -cs) \
   stable"
```

### [5]　Docker Engine一式をインストールする

まずは、パッケージをアップデートします。

```
$ sudo apt-get update
```

次に、Docker Engineほか一式をインストールします。

```
$ sudo apt-get install -y docker-ce docker-ce-cli containerd.io
```

### [6]　ubuntuユーザーでdockerを利用できるようにする

Ubuntuの場合、デフォルトでは、rootユーザーしかdockerを利用できません。いちいち、rootユーザーに切り替えるのは煩雑なので、次のコマンドを入力し、ubuntuユーザーでも、Dockerを利用できるようにしておきます。

```
$ sudo gpasswd -a ubuntu docker
```

### [7]　ログオフする

いったん切断し、SSHで再接続してください。切断するには「exit」と入力します。

```
$ exit
```

## 2-5-3　Dockerの確認

以上でインストールは完了です。Docker Engineをインストールすると、「docker」というコマンドが使えるようになります。dockerコマンドに「--version」というオプションを付けると、バージョン番号が表示されます。実行したとき、次のようなメッセージが表示されれば、Docker Engineがインストールされています。

```
$ docker --version
Docker version 19.03.8, build afacb8b7f0
```

***memo*** バージョン番号は、著者が執筆した時点でのものです。本書が発刊された頃は、より新しいバージョンになっていることでしょう。

これでDockerのインストールは完了です。次章から、このサーバーを使って、Dockerを学んでいきましょう。

# 03

## 第3章

# 5分でWebサーバーを起動する

Dockerを使うことは、とても簡単です。あれこれと説明するよりも、まず、やってみるのが一番です。この章では、Apacheがインストールされたコンテナを実行し、Webサーバーを動かすまでの操作をやってみましょう。

# 3-1 DockerでWebサーバーを作る

Dockerの使い方は千差万別ですが、この章では、WebサーバーソフトであるApacheがインストールされたコンテナを実行します（もちろんコンテナを実行するのは、第2章で作成したEC2インスタンスです）。このコンテナを起動することで、EC2インスタンスがWebサーバーとして機能するようになります（**図表3-1**）。

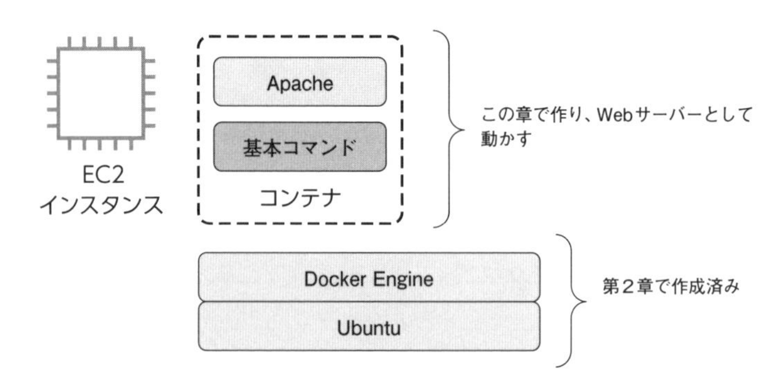


図表3-1　DockerでWebサーバーを作る

第1章で説明してきたように、Dockerコンテナは隔離された環境であり、Dockerホスト（ここではEC2インスタンス）に何か影響を与えることはありません。コンテナを破棄してしまえば、そのWebサーバーは完全になくなります。これがコンテナの大きなメリットであり、EC2インスタンス自体にApacheをインストールする場合と比べた大きな違いです。

### 3-1-1 Docker操作の基本的な流れ

この章では、下記の流れで、Dockerを操作します。

(1) イメージを探す

Docker Hubから、目的のコンテナの元となるイメージを探します。

(2) 起動する

dockerコマンドを入力して起動します。これでWebサーバーが起動します。

(3) コンテンツを作る

Webサーバーで見せたいコンテンツとしてindex.htmlを作ります。それがブラウザでアクセスしたときに表示されることを確認します。

(4) コンテナの停止と再開

コンテナはいつでも停止することができ、また再開できます。停止中はWebサーバーとして機能しないことを確認し、再開すれば、また動き出すことを確認します。

(5) ログの確認

運用する上では、ログを確認することも必要でしょう。起動したWebサーバーのアクセスログを参照する方法を説明します。

(6) コンテナを破棄する

実験が終わったら、コンテナを破棄します。

(7) イメージを破棄する

ディスクを消費するので、最後に、ダウンロードしたイメージを削除しておきます。

Webサーバーの起動は(2)の時点で完了しています。慣れれば5分とかからないはずです。

# 3-2 Dockerイメージを探す

まずは、起動したいDockerイメージを探します。第1章で説明したように、Dockerイメージの大多数は、Docker社が運用しているDockerレジストリであるDocker Hubにあります。Docker Hubで目的のイメージを見つけ、イメージ名と簡単な使い方を確認します。

**【Docker Hub】**
https://hub.docker.com/

## 手順 イメージ名を確認する

### [1] イメージを検索する

Docker Hubの左上の検索ボックスから、ソフトウエア名などを入力して検索します。例えば、「apache」や「webserver」などです。Apacheがインストールされたイメージは、「apache」で検索すると、「httpd」という名前で見つかるはずです（**図表3-2**）。

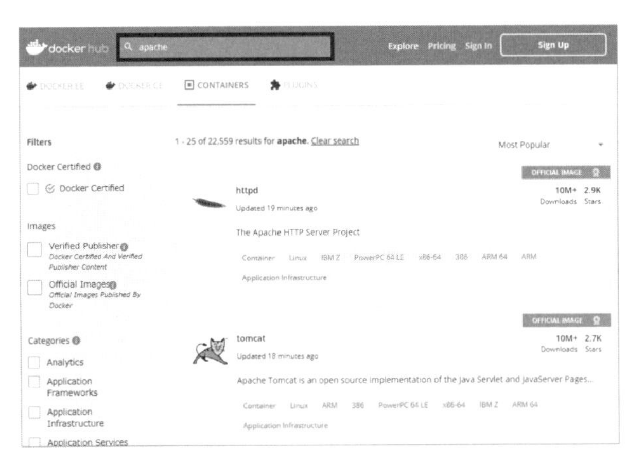


図表3-2 イメージを検索する

### [2] 詳細ページを確認する

見つかった項目をクリックして、詳細ページを開きます。詳細ページには、概要と使い方のドキュメントが書かれています（**図表3-3**）。

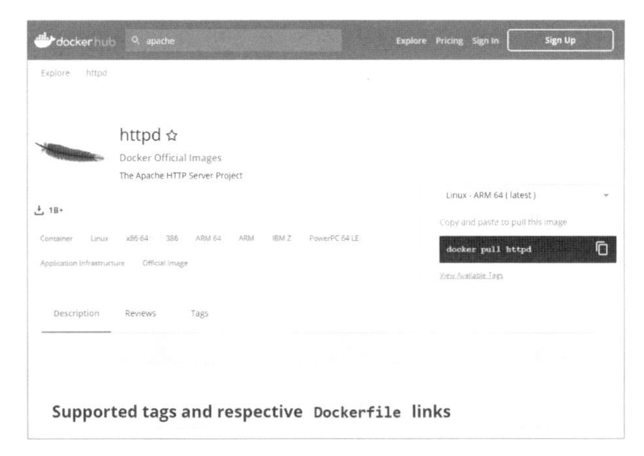


図表3-3　詳細ページを確認する

ここで、次の2つのことを確認しておきます。

(1) イメージ名
大きく「httpd」と書かれているのがイメージ名です。この名前は、右側の「docker pull」というところにも記載されています。

(2) オフィシャルイメージ
ページには、「Docker Official Images」と記載されており、このイメージが、公式イメージであることがわかります。つまり、個人などが勝手に作ったイメージではないということです。

## 基本的な使い方や起動方法

下のほうにドキュメントがあります。多くのドキュメントには、使い方が書かれています。このhttpdコンテナの場合は、**図表3-4**に示すように、次の表記があります。

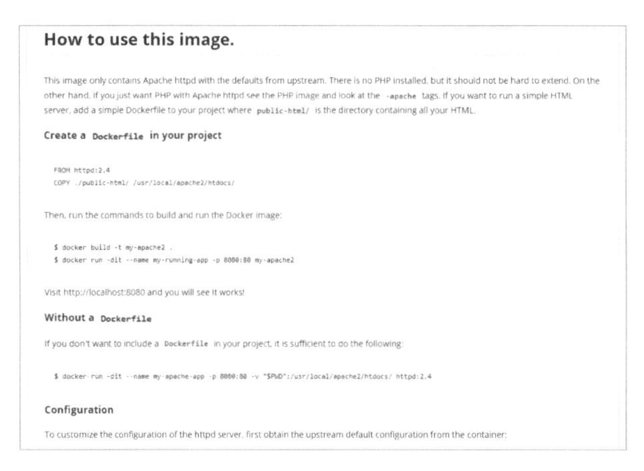


図表3-4　実行方法について記載された箇所

【ドキュメントより抜粋】
Without a Dockerfile
If you don't want to include a `Dockerfile` in your project, it is sufficient to do the following:

```
$ docker run -dit --name my-apache-app -p 8080:80 -v "$PWD":/usr/local/apache2/htdocs/ httpd:2.4
```

**memo**　Dockerfileとは、Dockerコンテナを管理するための設定ファイルです。しばらくの間、本書では、Dockerfileを使いません。Dockerfileについては、第8章で説明します。

実際にすぐあとに試しますが、Dockerコンテナを起動するときは、こうしたドキュメントの内容を参考にして実行します。

## コラム　オフィシャルイメージ

Docker Hubには公式のオフィシャルイメージと、個人や団体などが自由に登録できる非オフィシャルイメージの2種類があります。オフィシャルイメージはイメージ名が「httpd」のような名称です。対して非オフィシャルイメージ名は、「配布しているユーザー名/イメージ名」のように、「/」で区切られて配布しているユーザー名が付くので、名称の違いからも区別できます。

非オフィシャルなイメージを使うときは、その内容をきちんと確認するようにしてください。最終的には自己判断となりますが、どのぐらいの人が利用しているのか（Pull数）を確認したり、更新頻度を確認したりすることで、ある程度、信用できるイメージかどうかの予想が付きます。非オフィシャルイメージがすべて危険という意味ではありません。実際、非オフィシャルイメージにも便利なものがたくさんあり、業務でも、しばしば利用されます。

# 3-3 Dockerコンテナを起動する

Dockerを操作するにはdockerコマンドを使います。dockerコマンドは、次のような書式を採ります。

```
docker コマンド 操作 オプション
```

コマンドとは、何をするのかを指定するもののことです。詳しくは、第4章で説明しますが、「run」というコマンドを指定すると、Dockerコンテナを起動できます。

## 3-3-1 docker runで起動する

Dockerのことをまったく知らなくても、docker runというコマンドさえ知っていれば、すぐに使えます。実際、先ほどのドキュメントには、次の例がありました。

```
$ docker run -dit --name my-apache-app -p 8080:80 -v "$PWD":/usr/local/apache2/htdocs/ httpd:2.4
```

実際にやってみましょう。

第2章で作成したEC2インスタンスにSSHで接続し、このコマンドを入力してみましょう。すると、次のように、いくつかのコマンドが表示されて、実行が完了します。

**memo** 初回は、DockerイメージをDocker Hubからダウンロードして実行するため、実行完了には、しばらく時間がかかります。また、実行時に「docker: Error response from daemon: Conflict.」というエラーが表示された場合、--nameオプションで指定したのと同じ名前のDockerコンテナが存在するのが理由です。これは、2回、3回と同じコマンドを実行したときに起こります。その場合、後述するdocker rmコマンドで、コンテナを破棄してから試すか、--nameオプションで指定する名前（my-apache-app）を、別の名前にしてみてください。

```
$ docker run -dit --name my-apache-app -p 8080:80 -v "$PWD":/usr/local/apache2/htdocs/ httpd:2.4
Unable to find image 'httpd:2.4' locally
2.4: Pulling from library/httpd
68ced04f60ab: Pull complete
35d35f1e0dc9: Pull complete
8a918bf0ae55: Pull complete
d7b9f2dbc195: Pull complete
d56c468bde81: Pull complete
Digest: sha256:946c54069130dbf136903fe658fe7d113bd8db8004de31282e20b262a3e106fb
Status: Downloaded newer image for httpd:2.4
6f26110b71ad4f2e80764b7a2a7b22e02224699f26c5af4431abc4b033ae4e10
```

## 3-3-2 実行状態の確認

これでもう、Apacheが入ったDockerコンテナが動いています。つまり、Webサーバーとして機能しています。実行されているかどうかは、docker psコマンドで確認できます。

「docker ps」と入力すると、実行中のコンテナの一覧が表示されます。実際に確認すると、「my-apache-app」という名前のコンテナが存在することがわかるはずです。ここでは「STATUS」の部分に「Up」と表示されていることを確認しましょう。これは、稼働中であることを示します。

*memo* CONTAINER IDは、コンテナに割り当てられるランダムな番号です。そのため、環境によって異なります。

```
$ docker ps
CONTAINER ID    IMAGE        COMMAND               CREATED          STATUS          PORTS                  NAMES
6f26110b71ad    httpd:2.4    "httpd-foreground"    5 minutes ago    Up 5 minutes    0.0.0.0:8080->80/tcp   my-apache-app
```

### コラム 「docker container」というコマンド

実行中のコンテナを参照する方法には、本文で説明している「docker ps」のほか、「docker container ls」というコマンドもあります。どちらも結果は同じです。docker psは古くからあるコマンドで、docker container lsは、書式の統一のために生まれた、比較的新しい書き方です。

近年dockerコマンドは、できるだけ次のような書式に統一しようとしています。ここで言う「コマンド」は、対象物（イメージやコンテナ、ネットワークなど）のことです。docker psという書式は、この書式に合わないので、「コンテナに対するls（一覧）」という意味で、docker containerというコマンドが、追加されたのです。

```
docker コマンド 操作 オプション
```

本書では、Dockerコンテナを起動するのに「docker run」と書いていますが、これも実は、「docker container run」と書けます（対象がコンテナ（container）だからです。この章の後半で登場する「docker start」「docker stop」「docker logs」なども、それぞれ、「docker container start」「docker container stop」「docker container logs」と書けます）。

本書では、長いコマンドを書くのが煩雑なので、「docker ps」「docker　run」という書き方をしますが、「docker container コマンド」とも書けることは、知っておいてください。

## 3-3-3 ブラウザで確認する

Webブラウザのアドレス欄に、「http://EC2インスタンスのIPアドレス:8080/」のように入力して参照しましょう。すると、ApacheのWebページが表示されるはずです。Webページでは、docker runを実行したときのディレクトリの内容が表示されるはずです（**図表3-5**）。

図表3-5 Webブラウザで確認したところ

***memo*** EC2インスタンスのIPアドレスは、SSHの接続先のIPアドレスです。EC2コンソールで確認できます（第2章の図表2-20（p.52）を参照）。図表3-5で表示される内容は、docker runを実行したときのカレントディレクトリの内容であるため、掲載の画面と皆さんの画面とは一致しないかもしれません。

### コラム 本番ではカレントディレクトリの公開は御法度

ここでは話を簡単にするために、Dockerホストのカレントディレクトリを、Webページとして公開しています。このようにすると、カレントディレクトリの内容がインターネットに漏洩してしまうので、本来、こうした使い方は、すべきではありません。正しく使うには、Webで公開する専用ディレクトリを作り、そこをWebサーバーが公開するように構成すべきです。具体的には、第5章で説明するマウント機能を使います。

# 3-4 index.htmlを作る

図表3-5は、自分のカレントディレクトリの内容を表示しています。ですから、例えば、index.htmlファイルを置けば、それが表示されます。やってみましょう。

## 手順 index.htmlを置く

### [1] nanoエディタを起動する

Ubuntuには、nanoエディタというテキストエディタが付属しています。次のように起動して、index.htmlを編集します。

**memo** ここではnanoエディタを使いますが、viエディタなどに慣れているのであれば、そうしたエディタを使ってもかまいません。

```
$ nano index.html
```

### [2] HTMLファイルの内容を入力する

HTMLファイルの内容を入力します。例えば、**リスト3-1**に示す内容を入力します（**図表3-6**）。

リスト3-1　index.html

```
<html>
<body>
<div>Hello Container</div>
</body>
</html>
```

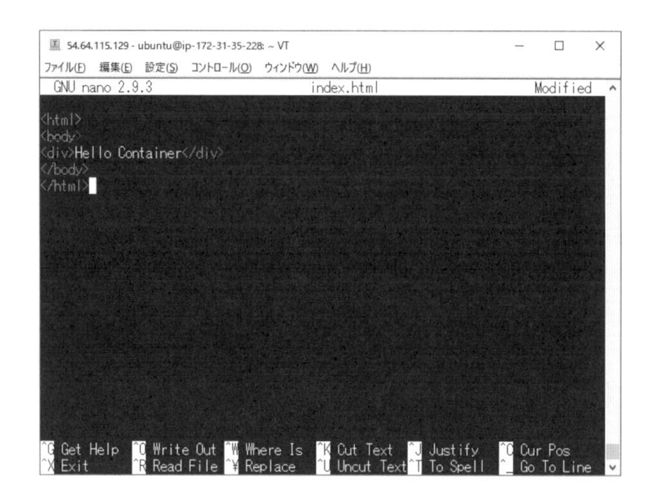


図表3-6　テキストを編集する

## [3]　保存する

編集したら保存します。[Ctrl] + [X] キーを押すと、保存するかどうか尋ねられるので、[Y] キーを押します。さらに、ファイル名が尋ねられるので、そのまま [Enter] キーを押すと、保存して終了します（図表3-7、図表3-8）。

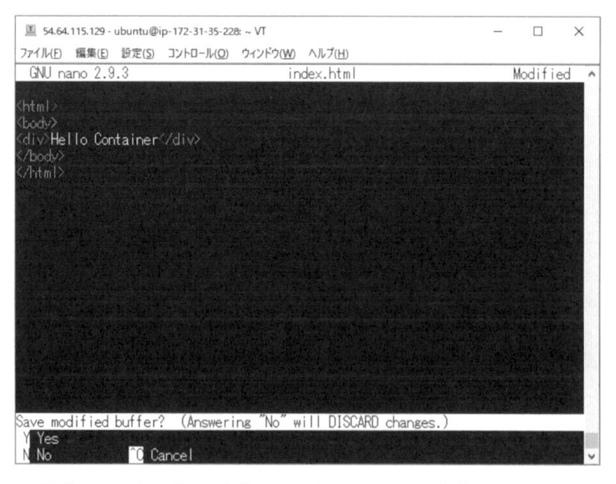


図表3-7　[Ctrl] + [X] キーを押したあと、[Y] キーを押す

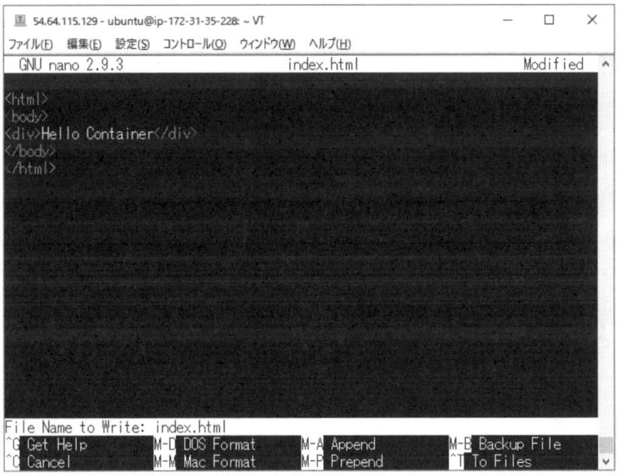

54.64.115.129 - ubuntu@ip-172-31-35-228: ~ VT
ファイル(F) 編集(E) 設定(S) コントロール(O) ウィンドウ(W) ヘルプ(H)
GNU nano 2.9.3 index.html Modified
<html>
<body>
<div>Hello Container</div>
</body>
</html>
File Name to Write: index.html
^G Get Help M-D DOS Format M-A Append M-B Backup File
^C Cancel M-M Mac Format M-P Prepend ^T To Files

図表3-8　保存先ファイル名が尋ねられるので［Enter］キーを押す

以上で完了です。ブラウザの［更新］ボタンをクリックしてみましょう。コンテンツが更新され、「Hello Container」に変わるはずです（**図表3-9**）。

54.64.115.129:8080
保護されていない通信 | 54.64.115.129:8080
Hello Container

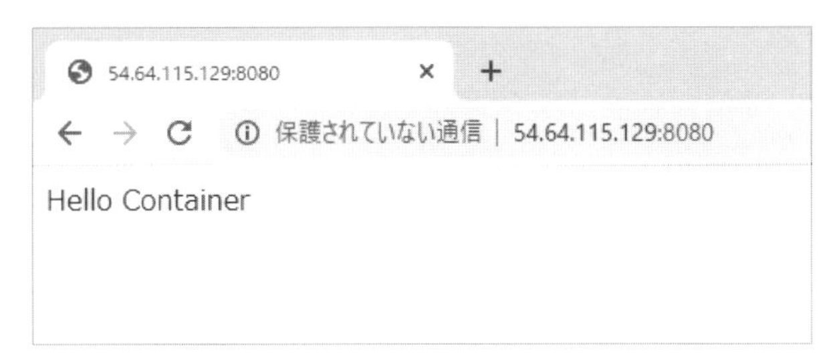

図表3-9　index.htmlの内容が表示された

# 3-5 コンテナの停止と再開

これで、Dockerを使ってWebサーバーを起動することができました。とても簡単で、時間もほとんどかからなかったはずです。

## 3-5-1 コンテナの停止

こうして作ったコンテナは、いまはもちろん、実行中ですが、停止することもできます。停止するには、docker stopコマンドを使います。stopコマンドの引数には、コンテナ名またはコンテナIDを指定します。

(1) コンテナ名

コンテナ名は、docker runするときに--nameで指定した値です。このコンテナは、

```
docker run -dit --name my-apache-app -p 8080:80 -v "$PWD":/usr/local/apache2/htdocs/ httpd:2.4
```

というように「--name my--apache-app」として実行しましたから、コンテナ名は「my-apache-app」です。

(2) コンテナID

コンテナIDは、コンテナを識別するIDです。コンテナを作成したときに確定するランダムな値です。docker psコマンドで調べられます。先ほどdocker psを実行したときは、

```
$ docker ps
CONTAINER ID    IMAGE        COMMAND              CREATED          STATUS         PORTS                  NAMES
6f26110b71ad    httpd:2.4    "httpd-foreground"   5 minutes ago    Up 5 minutes   0.0.0.0:8080->80/tcp   my-apache-app
```

のようになっていました。この「6f26110b71ad」がコンテナIDです。

コンテナIDは長くて全部記述するのは煩雑なので、ほかと重複しない、先頭から何文字か（例えば、「6f26」や「6f」など）を入力すればよいことになっています。

さて実際に止めてみましょう。次のように入力します。

***memo*** コンテナIDを使って、「docker stop 6f26」や「docker stop 6f」などとしても止められます。

```
$ docker stop my-apache-app
```

Webブラウザをリロードしてみましょう。もうApacheは動いてませんから、アクセスできなくなるはずです。このとき、docker psで状態を確認してみましょう。稼働中のものは、もう、ありません。

```
$ docker ps
CONTAINER ID    IMAGE    COMMAND    CREATED    STATUS    PORTS    NAMES
```

ただしコンテナ自体は、残っています。docker psコマンドに、-aオプションを指定すると、稼働中ではないものも含む、すべてのコンテナを表示できます。次のように、まだコンテナが残っていることがわかります。ただし、STATUSは「Exited」で、終了していることがわかります。

```
$ docker ps -a
CONTAINER ID    IMAGE       COMMAND              CREATED           STATUS                   PORTS    NAMES
6f26110b71ad    httpd:2.4   "httpd-foreground"   19 minutes ago    Exited (0) 2 minutes ago          my-apache-app
```

## 3-5-2 コンテナの再開

止まっているコンテナを再度、実行することもできます。それには、docker startコマンドを実行します。

```
$ docker start my-apache-app
```

docker psで調べて見ると、稼働中であることがわかるはずです。もちろん、この状態では、Webブラウザでアクセスすることができます。

```
$ docker ps
CONTAINER ID    IMAGE       COMMAND              CREATED           STATUS           PORTS                   NAMES
6f26110b71ad    httpd:2.4   "httpd-foreground"   22 minutes ago    Up 57 seconds    0.0.0.0:8080->80/tcp    my-apache-app
```

# 3-6 ログの確認

実行中のログを確認したいこともあるでしょう。そのようなときは、docker logsコマンドを使います。Apacheのアクセスログが表示されます。

> **memo** Apacheのアクセスログが表示されるのは、httpdイメージが、そのように構成されているからです。Dockerイメージによっては、この方法では、ログが表示されないものもあります。エラーログやアクセスログを分離して出力したいような場合は、コンテナ内の設定ファイルを書き換えて、適切なログを出力するように調整する必要があります。

```
$ docker logs my-apache-app
AH00558: httpd: Could not reliably determine the server's fully qualified domain name, using 172.17.0.2.
Set the 'ServerName' directive globally to suppress this message
AH00558: httpd: Could not reliably determine the server's fully qualified domain name, using 172.17.0.2.
Set the 'ServerName' directive globally to suppress this message
[Sat Mar 21 15:22:29.683458 2020] [mpm_event:notice] [pid 1:tid 140353426384000] AH00489: Apache/2.4.41
(Unix) configured -- resuming normal operations
[Sat Mar 21 15:22:29.685935 2020] [core:notice] [pid 1:tid 140353426384000] AH00094: Command line:
'httpd -D FOREGROUND'
223.216.10.227 - - [21/Mar/2020:15:31:57 +0000] "GET / HTTP/1.1" 200 58
223.216.10.227 - - [21/Mar/2020:15:32:49 +0000] "-" 408 -
```

# 3-7 コンテナの破棄

このようにコンテナは、docker stop、docker startを使うことで、停止したり起動したりできます。再開できるということは、docker stopしても、コンテナは、ずっと残り続けるということでもあります。これは明らかにディスクを圧迫します。もう使わないということであれば、停止ではなく、明示的に破棄しましょう。

コンテナを破棄するには、docker rmを使います。docker rmを使うには、コンテナが停止状態でなければならないため、まずは、停止します。

```
$ docker stop my-apache-app
```

そしてdocker rmします。

*memo* docker rmは、コンテナを完全に消し去ります。復活する方法はありません。

```
$ docker rm my-apache-app
```

docker rmすると、もう、docker psに-aオプションを付けても見つからず、完全に削除されたことがわかります。

```
$ docker ps -a
CONTAINER ID        IMAGE               COMMAND             CREATED             STATUS              PORTS               NAMES
```

# 3-8 イメージの破棄

ディスクの消費と言えば、Dockerイメージが消費する容量も馬鹿になりません。この章では、次のようにdocker runしました。

```
docker run -dit --name my-apache-app -p 8080:80 -v "$PWD":/usr/local/apache2/htdocs/ httpd:2.4
```

このとき「httpd:2.4」というDockerイメージ（これはhttpdという名前のイメージのバージョン2.4を示します。「4-2-1　Dockerイメージの取得」で説明します）をダウンロードします。実際に、どのようなイメージをダウンロードしたのかは、docker image lsコマンドで確認できます。

```
$ docker image ls
REPOSITORY          TAG                 IMAGE ID            CREATED             SIZE
httpd               2.4                 c5a012f9cf45        3 weeks ago         165MB
```

このダウンロードしたイメージは、コンテナを破棄しても、残ったままです。これは、もう一度、同じDockerイメージからコンテナを作ろうとしたときに、再ダウンロードしなくて済むようにするためです。上に示したように、httpdイメージは、165MB消費していることがわかります。不要であれば、このイメージを削除してしまいましょう。

Dockerイメージを削除するには、docker image rmコマンドを使います。docker image rmコマンドには、削除したいイメージ名を指定します。そのときの書式は、上記で確認した「REPOSITORY」と「TAG」を「:」（半角のコロン）でつなげた名前として指定します。つまり、この例では、「httpd:2.4」を指定します。すると削除されます。

**memo** ここで「2.4」のようにタグ名が付いているのは、本書の流れでは、docker runするときに、「docker run -dit --name my-apache-app -p 8080:80 -v "$PWD":/usr/local/apache2/htdocs/ httpd:2.4」のように、最後の引数で「httpd:2.4」と指定しているからです。その詳細は、「4-2-1 Dockerイメージの取得」で説明します。docker runする際、「httpd:2.4」ではなく「httpd」とだけ指定した場合、TAGは「latest」という特別な値となります。この場合、docker image rmするとき、コロン以下は省略できます。

**memo** 歴史的な理由から、docker image rmは、docker rmiとも書けます。

```
$ docker image rm httpd:2.4
Untagged: httpd:2.4
Untagged: httpd@sha256:946c54069130dbf136903fe658fe7d113bd8db8004de31282e20b262a3e106fb
Deleted: sha256:c5a012f9cf45ce0634f5686cfb91009113199589bd39b683242952f82cf1cec1
Deleted: sha256:0f29a08770415263e178a4fd0114fe05e6dcc7d0c7922d5ee5430ad29dde9aef
Deleted: sha256:7e07c23416eb19df1444ae11062dc553d9e8eb8fd91f866b2ad2aa22954597b9
Deleted: sha256:997f97a68088ee2a31925e6deefcc690d8b45f2d795a5ce540e4d540d838fca7
Deleted: sha256:c61f156b49aa9f766f67b79ee6d7df6e83a4a2a0bda8da0c5ff19b3ea480cbd3
Deleted: sha256:f2cb0ecef392f2a630fa1205b874ab2e2aedf96de04d0b8838e4e728e28142da
```

削除後に、docker image lsコマンドで確認すると、もうイメージが存在しない（つまりディスクスペースが解放された）ことがわかります。

```
$ docker image ls
REPOSITORY          TAG                 IMAGE ID            CREATED             SIZE
```

# 3-9 コンテナ操作のまとめ

ここまで、実際にDockerでApacheを起動して、終了するまでの方法を説明してきました。この章での操作をまとめておきます。

(1) Docker Hubでイメージを探す
Docker Hubでイメージを探します。イメージのドキュメントには、起動方法も記載されているので確認します。

(2)docker runで実行する
docker runで実行します。そのときに指定するオプションなどは、ドキュメントに書かれているので、それを参考にします。docker runすれば、もうそれで、コンテナが起動します。

(3) 停止と再開
docker stopすれば停止し、docker startで再開できます。コンテナの状態は、docker psで確認できます。停止中のものも含めて確認したいときは、docker ps -aのように、-aオプションを指定します。

(4) ログの確認
docker logsコマンドを使うと、ログを確認できます。

(5) 破棄
コンテナを停止しても、コンテナは破棄されず、ディスクスペースを消費します。完全に削除するには、docker rmコマンドを使います。

(6) イメージの破棄
コンテナを破棄しても、その元となったDockerイメージは、残ったままです。保有しているDockerイメージは、docker image lsコマンドで確認できます。Docker Hubで、いろんなイメージを探して試していると、そのうち、ダウンロードしたイメージでディスクがいっぱいになります。もう使わなくなったイメージは、docker images rmコマンドを使って削除するようにします。

この章での中心は、コンテナを起動するときの、docker runコマンドです。

```
docker run -dit --name my-apache-app -p 8080:80 -v "$PWD":/usr/local/apache2/htdocs/ httpd:2.4
```

こうした各種dockerコマンドは、どのような意味を持っているのでしょうか。次章で、より詳しく見ていきましょう。

# 04

# 第4章
# Dockerの基本操作

第3章でコンテナを操作するために使ってきたコマンドは、いったい、どのような意味だったのでしょうか？　この章では、改めて、Dockerの基本操作について説明します。

# 4-1 Dockerの基本コマンド

すでに第3章でも説明してきた通り、Dockerはdockerコマンドで操作します。dockerコマンドは、次の書式を採ります。

```
docker コマンド 操作 オプション
```

(1) コマンド

「run」「start」「stop」など、第3章で使ってきた命令のことです。

(2) オプション

コマンドに対するオプションです。第3章では、docker runのオプションとして、コンテナ名を指定する「--name」のほか、「-p 8080:80」や「-v "$PWD":/usr/local/apache2/htdocs/」「httpd:2.4」などを使ってきました。またdocker psのオプションとして、停止中も含めてすべてを確認するための「-a」を使ってきました。

どのようなコマンドがあるのかがわかれば、おおよそ、Dockerに対して、どのような操作ができるのかがわかるはずです。そこで代表的なコマンドを、**図表4-1**にまとめました。

***memo*** 図表4-1に示したのは、すべてではありません。すべてのコマンドについては、Dockerコマンドリファレンス（https://docs.docker.com/engine/reference/commandline/docker/）を参照してください。

| コマンド | 意味 |
|---|---|
| attach | ターミナルをアタッチする |
| build | Dockerfile からイメージをビルドする（第 8 章） |
| container | コンテナに対する操作をする（docker run などは、本来は docker container run の省略形。第 3 章コラム「docker container というコマンド」（p.69）を参照） |
| cp | ファイルコピーする（第 5 章） |
| create | 新しいコンテナを作成する |
| exec | コンテナ内でコマンドを実行する |
| history | Docker イメージの履歴を確認する |
| image | イメージに対する操作をする |
| inspect | Docker オブジェクトに関する詳細情報を得る |
| kill | コンテナを強制終了する |
| load | export したイメージを読み込む |
| login | Docker レジストリにログインする |
| logout | Docker レジストリからログアウトする |
| logs | コンテナのログを取得する |
| network | ネットワークを管理する（第 6 章） |
| pause | コンテナを一時停止する |
| port | ポートのマッピングを管理する |
| ps | コンテナ一覧を参照する |
| pull | Docker リポジトリからイメージを取得する |
| push | Docker リポジトリにイメージを登録する |
| rename | コンテナ名を変更する |
| save | コンテナのイメージを tar 形式にアーカイブしてイメージ化する（第 8 章） |
| start | コンテナを起動する |
| stop | コンテナを停止する |
| tag | タグを作成する |
| top | コンテナで実行中のプロセス一覧を確認する |
| unpause | pause で一時停止したコンテナを再開する |
| version | Docker エンジンのバージョンを取得する |
| volume | ボリュームを管理する（第 5 章） |
| wait | コンテナが停止するまで待つ |

図表4-1　dockerでよく使うコマンド

# 4-2 コンテナ起動から終了までの流れ

まずは、コンテナが起動するまでの流れを詳しく追ってみましょう。第3章では、次のようにdocker runと入力することでコンテナを起動しました。

```
$ docker run -dit --name my-apache-app -p 8080:80 -v "$PWD":/usr/local/apache2/htdocs/ httpd:2.4
```

docker runというコマンドは、実は、「docker pull」「docker create」「docker start」という3つの一連のコマンドをまとめて実行する、利便性を重視したコマンドで、次の3つのコマンドに分けて入力するのと同じです。

```
$ docker pull httpd:2.4
$ docker create --name my-apache-app -p 8080:80 -v "$PWD":/usr/local/apache2/htdocs/ httpd:2.4
$ docker start my-apache-app
```

また第3章では、docker stopで停止したり、docker startで再開したりもしました。そして最後に、docker rmでコンテナを破棄し、docker image rmでイメージを削除することもしました。

このような一連のコマンドを使って、コンテナ起動から終了までの流れを図示したものが**図表4-2**です。以下、この図を見ながら、何が行われているのかを詳しく見ていきましょう。

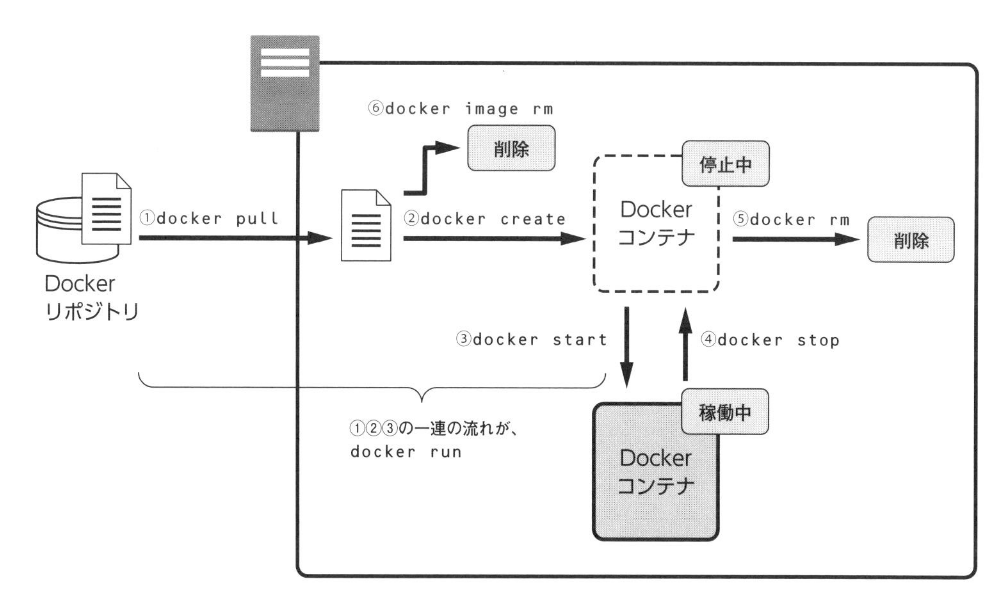


図表4-2　コンテナ起動までの流れ

## 4-2-1　Dockerイメージの取得

Dockerコンテナを起動するには、その元となるイメージが必要です。イメージは、docker pullコマンドを使うことで、Dockerリポジトリから取得します。

***memo***　既定では、Docker Hubから取得しますが、オプションを指定することで、そのほかのレジストリ（自社が用意したプライベートなレジストリなど）から取得することもできます。イメージを取得する方法として、ほかに、tar形式のイメージを取り込む方法もあります。その詳細は、第8章で説明します。

### イメージ名とタグ

docker pullを使ってイメージを取得するときの書式は、次の通りです。

```
docker pull イメージ名またはイメージID
```

第3章で説明したように、イメージ名は、Docker Hubで検索すればわかります。実際、Apacheがインストールされたオフィシャルなイメージは、「httpd」という名前でした。イメージ名には、「タグ（tag）」を指定することもできます。タグというのは、Dockerイメージの制作者が名付けた分類名のことです。どのようなタグがあるのかは、Docker Hubで詳細ページを確認したとき、[Tags] タブで確認できます(**図表4-3**)。

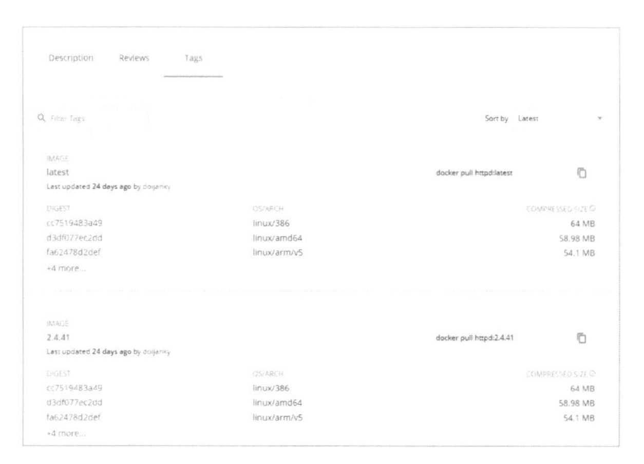


図表4-3　タグの確認

タグは、「リリース版」や「開発版」「バージョン番号」などを示すのに使われます。タグ名を指定するときは、半角のコロン(:)で区切ります。第3章では、次のようにdocker runコマンドを実行しました。

```
$ docker run -dit --name my-apache-app -p 8080:80 -v "$PWD":/usr/local/apache2/htdocs/ httpd:2.4
```

これに相当するdocker pullは、次の通りです。

```
$ docker pull httpd:2.4
```

ここからわかるように、イメージ名として、「httpd:2.4」を指定しています。つまり、httpdの「2.4」というタグのものを(この場合は、バージョン2.4)をダウンロードするという意味です。

## 最新版を示す「latest」

第3章では、httpdの詳細説明に書かれていた実行例にならって「httpd:2.4」を指定しましたが、タグ名を省略して、「httpd」とだけ書くこともできます。タグ名を省略したときは、最新版を意味する「latest」という特赦なタグが指定されたものとみなされます。

ほとんどの場合、最新版を使いたいでしょうから、タグ名は省略するケースが多いでしょう。以降、本書でも、特定のバージョンを明示的に指定したい場合を除き、タグ名は基本的に省略することにします。

### コラム　本番環境では、明示的にタグを指定する

開発が盛んなDockerイメージでは、かなり頻繁にlatest版が更新されます。数時間前とか1日前、3日前など、できたてほやほやのことも少なくありません。

開発環境でDockerを利用する場面では、これでもよいでしょう。しかし本番環境は、違います。納品に当たっては、動作検証するはずです。動作検証後にコンテナのバージョンが変わるということは、システムが変わるということです。基本的に、動作検証をし直すべきでしょう。その際、コンテナ自体の不具合など、予想外のトラブルに巻き込まれる可能性もあるので、不用意にコンテナのバージョンが上がることは、避けたいはずです。

そのために本番環境でDockerを利用するのであれば、タグ名を省略せずに明示的に指定して、特定イメージの版に固定する（それより新しい版ができたとしても使わないようにする）ことが、ほとんどです。

もちろん、その特定イメージの版のまま使い続けるという意味ではありません。ある程度の期間が経ったら、そのときの最新版で再度動作検証し、問題なければ、その版に差し替えるというように、コンテナの定期的なアップデートは必須です（そうしなければ、脆弱性などに対応できないでしょう）。

## ダウンロードしたイメージの保存と破棄

docker pullで入手したイメージは、Dockerホストに保存されます。もう一度、同じイメージをdocker pullしても、ダウンロードし直されることはありません。すでに第3章で見てきたように、保持しているイメージは、docker image lsコマンドで確認できます。

**memo**　本書の第2章で構成した手順でDocker Engineをインストールした場合、キャッシュしたイメージは、/var/lib/docker/overlay2ディレクトリに保存されます。保存先は、「docker image inspect httpd:2.4」のように入力すると調べられます。docker image inspectは、イメージについての詳細情報を調べるコマンドです。しかし保存先はいつでもここであると考えるべきではありませんし、このディレクトリを直接、操作すべきではありません。

```
$ docker image ls
REPOSITORY          TAG                 IMAGE ID            CREATED             SIZE
httpd               2.4                 c5a012f9cf45        3 weeks ago         165MB
```

保持しているイメージを削除するには、docker image rmコマンドを使います。

```
$ docker image rm httpd:2.4
```

### イメージIDでの指定

イメージには、イメージ名やタグ名以外に、一意の「イメージID」も付いています。イメージIDは、イメージを作るたびに更新されるユニークな値です。このIDは、docker image lsコマンドなどで確認でき、上記の例では、「c5a012f9cf45」という値です。

イメージを指定するときは、イメージ名やタグ名ではなく、このイメージIDを指定することもできます。とはいえイメージIDは数値の羅列で人間にとって扱いにくいので、イメージIDを使うのは、主に、タグ名が明示的に付けられていないバージョンを使いたいときに限られます。

イメージIDは長いので、重複しない先頭何文字かだけ入力し、以降を省略することもできます。実際、docker image lsコマンドで表示される値自体も、後ろが省略された値です。

*memo* イメージID全体は、「docker image inspect httpd:2.4」と入力して、「Id」の項目で参照できます。

## 4-2-2 Dockerコンテナの作成

DockerイメージからDockerコンテナを作るには、docker createコマンドを使います。docker createには、元となるイメージ名（タグ名含む）もしくはイメージID、そして、各種オプション、さらに、実行したいコマンド名を指定します。「実行したいコマンド」は省略でき、省略したときは、イメージの制作者が設定した既定のコマンドが実行されます。

```
docker create オプション Dockerイメージ名またはイメージID 実行したいコマンド
```

第3章で実行したhttpdコンテナを作る場合のdocker createに相当するものは、次の通りです。ここでは「実行したいコマンド」は、省略しており、httpdコンテナの制作者が定めた既定のコマンド（後述しますが、これはApacheを実行し、通信を待ち続けるためのコマンドです）が実行されます。

```
$ docker create --name my-apache-app -p 8080:80 -v "$PWD":/usr/local/apache2/htdocs/ httpd:2.4
```

## 起動オプション

上記の例では、「--name」「-p」「-v」の3つのオプションを指定しています。それ以外にも、さまざまなオプションを指定できます。主なオプションを**図表4-4**に示します。ここで使っている3つのオプションは、とても重要で、ほとんどの場面で指定します。少し詳しく見ていきましょう。

***memo*** 図表4-4に示しているのは、すべてではありません。例えば実行CPUやメモリー、IOレートの制限を課すオプションや実行権限の設定、ヘルスチェックの設定などがあります。詳細は、docker createのコマンドラインリファレンス（https://docs.docker.com/engine/reference/commandline/create/）を参照してください。

| オプション | 意味 |
|---|---|
| --add-host | ネットワーク通信するためのカスタムホスト名を設定する |
| --attach、-a | 標準入出力、標準エラー出力をアタッチする |
| --dns | カスタム DNS サーバーを設定する |
| --enrtypoint | Docker イメージの既定の ENTRYPOINT を上書きする |
| --env、-e | 環境変数を設定する |
| --env-file | 環境変数をファイルから読み込んで設定する |
| --hostname、-h | コンテナのホスト名を設定する |
| --interactive、-i | インタラクティブモードで実行する。アタッチされていなくても標準入力を開いたままにする |
| --ip | IPv4 アドレスを設定する |
| --ip6 | IPv6 アドレスを設定する |
| --link | 他のコンテナへのリンクを設定する |
| --mac-address | MAC アドレスを設定する |
| --mount | ファイルシステムをマウントする |
| --name | コンテナ名を付ける |
| --net | Docker ネットワークを明示的に指定する |
| --net-alias | ネットワークのエイリアス（別名）を付ける |
| --publish、-p | ポートマッピングを設定する |
| --publish-all、-P | コンテナが公開するすべてのポートを、そのまま Docker ホストにマッピングする |
| --read-only | コンテナのルートファイルシステムを読み取り専用にする |
| --rm | コンテナが終了したとき、自動的に削除する |
| --tmpfs | 一時ファイルシステムをマウントする |
| --tty、-t | 疑似端末（pseudo-tty）を割り当てる |
| --user、-u | 指定した UID（もしくは uid:gid）で実行する |
| --volume、-v | ボリュームをマウントする |
| --volumes-from | コンテナが使っているボリュームをそのままマウントする |
| --workdir、-w | コンテナ内部の作業ディレクトリを変更する |

図表4-4　主なオプション

### nameオプションによる名前付け

オプションの中でも重要かつ、ほぼ間違いなく指定するのは、コンテナの名前を付ける「--name」オプションです。nameオプションを指定しないと、ランダムなコンテナ名が付けられるため、管理がとてもしづらくなります。第3章では、「--name my-apache-app」を指定することで、作ったコンテナを「my-apache-app」というコンテナ名で利用するようにしました。

## pオプションによるポート設定

「-p」オプションは、ポート番号をマッピングするものです。書式は、

```
-p ホストのポート番号:コンテナのポート番号
```

です。第3章では、「-p 8080:80」と指定しました。これは、DockerホストのTCPポート8080番を、コンテナの80番に結びつけるという意味です。

**memo** UDPを選択するには、ポート番号を「ポート番号/udp」のように記述します。例えば、「53/udp」のようにです（ここで例示している53番は、DNSの通信に使われる代表的なポート番号です）。図表4-4を見るとわかりますが、「-p」はportの略ではなくて、「--publish」（公開）の略です。つまりコンテナのポートの一部を、ホストから露出（公開）して、外から見えるようにするという意味合いです。

httpdイメージの制作者は、このイメージをポート80番で待ち受けて、そこからApacheに渡すように構成しています。そのため、こうしたポートのマッピングを設定することで、「http://DockerホストのIP:8080/」でアクセスすると、その通信がコンテナのポート80番に転送され、Apacheが公開している内容が見えるようになります（**図表4-5**）。実際、第3章では、このURLにブラウザでアクセスして確認しました。

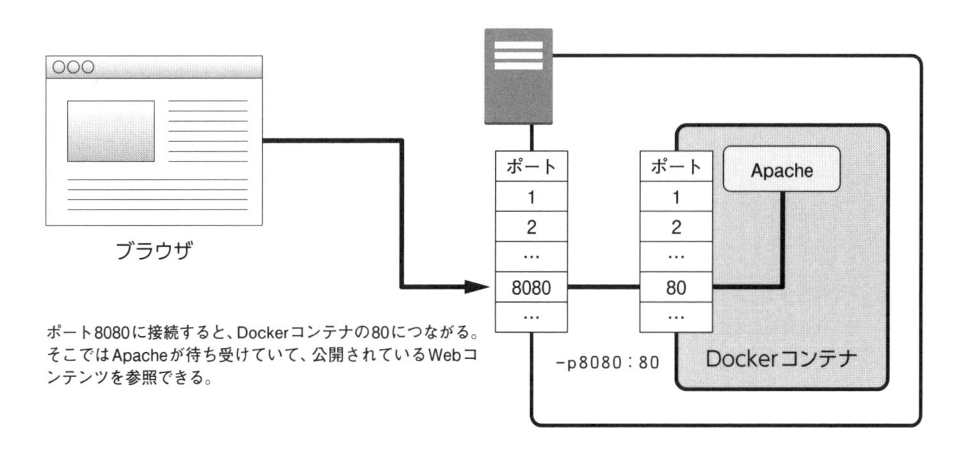


図表4-5　ポートの設定

Dockerでは、pオプションを指定しない限り、DockerホストとDockerコンテナとの通信はつながりません。Dockerホストを通じてDockerコンテナ内で動いているプログラムと通信するには、明示的なpオプションの設定が必要です。Dockerネットワークについての詳細は、第6章で、改めて説明します。

**memo** マッピングの状態は、docker portコマンドで確認できます。

### vオプションによるマウント設定

「-v」オプションは、コンテナの特定のディレクトリに、ホストのディレクトリをマウントする設定です。次の書式を採ります。

**memo** これ以外の書式を採ることもできます。また「--mount」オプションを使うこともできます。詳細は、第5章で説明します。

```
-v ホストのディレクトリ:コンテナのディレクトリ
```

httpdコンテナの起動では、次のように-vオプションを指定しています。

```
-v "$PWD":/usr/local/apache2/htdocs/
```

この例では、$PWDの値を、コンテナの/usr/local/apache2/htdocs/に割り当てます。

$PWD

dockerコマンドを入力した瞬間の、ホスト側のカレントディレクトリを示す環境変数です。

/usr/local/apache2/htdocs

コンテナ側のマウント先のディレクトリです。httpdイメージの制作者は、このディレクトリをWebコンテンツとして（ドキュメントルートとして）公開するように構成しています。

この設定の結果、Dockerホストのカレントディレクトリの内容が、Apacheで公開されるようになります（**図表4-6**）。ですから第3章で試したように、カレントディレクトリにindex.htmlを置いたら、その内容が表示されたというわけです。

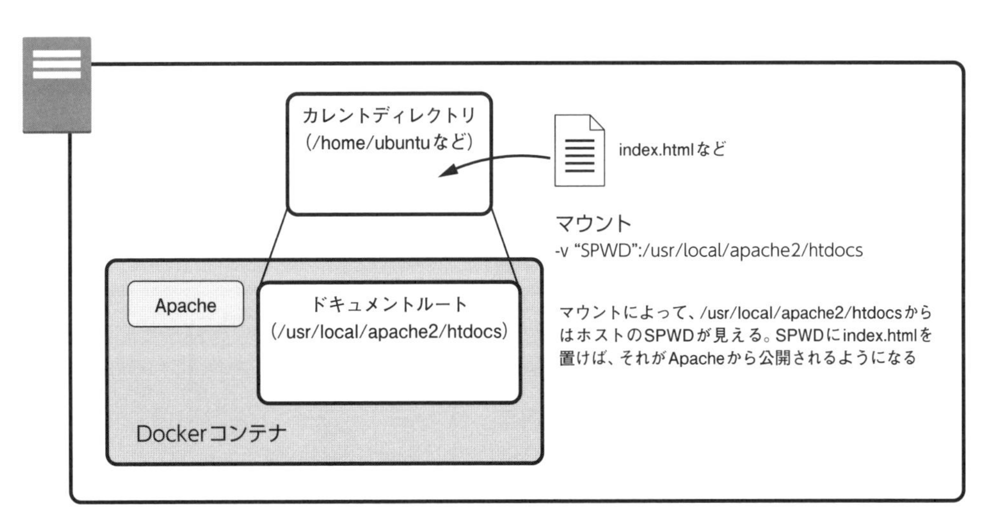


図表4-6　ホストのディレクトリをコンテナのディレクトリにマウントする

## コラム マウントとは

マウントとは、あるディレクトリに対して、別のディレクトリを被せて、そのディレクトリの内容が見えるようにする設定のことです。マウントしている間、元のディレクトリの内容は隠され、マウントを解除すると、元に戻ります（**図表4-7**）。

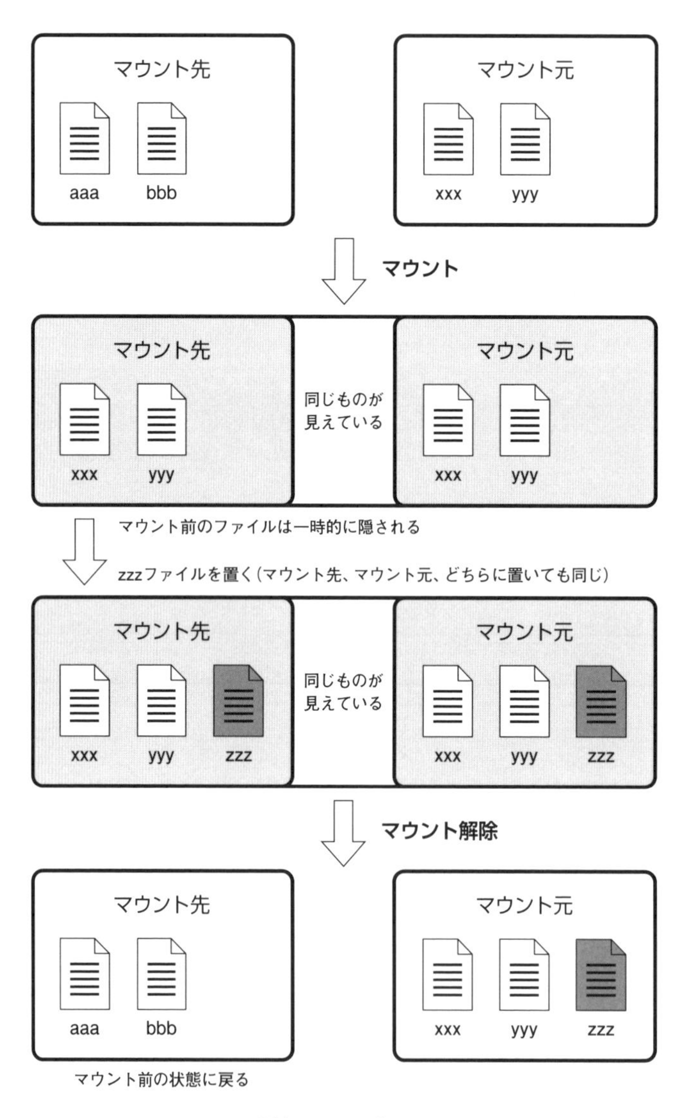


図表4-7　マウント

**コラム　ポート番号やディレクトリはドキュメントやソースコードから判断する**

httpdイメージが、「なぜポート80で待ち受けしている構成なのか」「/usr/local/apache2/htdocsを公開する設定になっているのか」。こうした質問は愚問です。これらに決まりはなく、httpdイメージの制作者が、そのように作ったからにすぎません。そのように作ってあるとドキュメントに書いていますし、docker runのオプション例のところで、それが暗黙的に示されています。

もし気になるのなら、https://github.com/docker-library/docs/tree/master/httpdに記載されているドキュメントや、https://github.com/docker-library/httpdで公開されている、このイメージを作るためのソースコードを見れば、構成すべてがわかります（具体的には、第8章で説明するDockerfileというファイルに書かれています）。

### 4-2-3　Dockerコンテナの開始と停止

docker createは、コンテナを作成するだけです。言い換えると、まだ止まっています。開始するには、docker startコマンドを使います。

```
docker start Dockerコンテナ名またはコンテナID
```

docker startを実行すると、イメージの制作者が設定した既定のコマンド、もしくは、docker createの引数で明示的に指定したコマンドが実行されます。このhttpdの例では、docker create（およびdocker run）では、明示的にコマンドを指定していないため、既定のコマンドが実行されます。そして、そのコマンドの実行が完了すると、Dockerコンテナは、停止します。

あとで説明しますが、「コマンドの実行が完了すると、Dockerコンテナは停止する」という事実は、コンテナを理解する上で、とても大事です。httpdコンテナの既定のコマンドは終了することがないようにつくられています。そのためコンテナは、ずっと実行しっぱなしの状態でいられるのです。この実行中のコマンドを停止するのが、docker stopコマンドです。docker stopコマンドを実行すると、コンテナ内で実行中のコマンドが終了し、それに伴い、コンテナが停止します。

**memo**　コンテナが暴走しているときには、docker stopが効かないことがあります。そのようなときは、docker killコマンドを使うことで、強制停止できます。

```
docker stop Dockerコンテナ名またはコンテナID
```

## 4-2-4 pull、create、runをまとめて実行するdocker run

docker runは、これまで説明してきた、docker pull、docker create、docker startの3つのコマンドを順に実行するコマンドです。Dockerはコンテナを作って実行するのが目的です。「イメージを取得するだけ」「コンテナを作るだけで実行しない」ということはほとんどないので、コンテナの実行という意味では、docker runだけを習得すれば十分です。

そこで本書では、以下、特別な意図がない限り、pull、create、startを個別に実行するのではなく、docker runを使った方法で記載していきます。

### コラム 別々に実行したい、いくつかの場面

docker runは、Dockerイメージをダウンロードするdocker pullの機能を含みますが、そもそもdocker pullは、すでにダウンロード済みであるときは、再度、ダウンロードしません。つまり「ダウンロードせずに、再度実行したい場合」でもdocker runすればよく、(あえてdocker pullを含むdocker runを避けて)docker create、docker startとする理由は、ありません。

docker runは、docker pullを含むかどうかというよりも、「docker create + docker startの機能である。もしイメージがなければ、docker pullする」というニュアンスで捉えるほうがよいでしょう。docker createを単体で使いたい理由としては、複数のコンテナを連携して起動したい場合が挙げられます。コンテナIDはコンテナを作成した時点で決まります。例えば別のコンテナに対して、コンテナ実行前に、そのコンテナIDを渡したいときなどには、あえて、停止状態のコンテナを作るために、docker createを使うことがあります。

# 4-3 デタッチとアタッチ

先ほど説明したように、稼働中のコンテナは、何かのコマンドがずっと実行しっぱなしです。実行しっぱなしであれば、シェルのプロンプト（「#」や「$」など）が表示されないので、それが終了するまで、コマンドをさらに入力できません。

しかし第3章で見てきたように、

```
$ docker run -dit --name my-apache-app -p 8080:80 -v "$PWD":/usr/local/apache2/htdocs/ httpd:2.4
```

のようにして実行した場合、このコマンドはすぐに完了し、次のコマンドの入力をすることができます。これはコンテナがバックグラウンドで動くためです。

## 4-3-1 -ditオプションの指定をせずに実行する

バックグラウンドで動かすための指定が、「-dit」というオプションです。では、「-dit」を指定しない場合、どのようになるでしょうか。やってみましょう。

**手順 -ditオプションを指定せずに実行する**

### [1] -ditオプションを指定せずに実行する

次のコマンドを入力して実行します。

```
$ docker run --name my-apache-app -p 8080:80 -v "$PWD":/usr/local/apache2/htdocs/ httpd:2.4
```

### [2] ログが表示される

実行すると、既定のコマンドが実行され、次のようにログが表示されます。そして次のコマンド入力を受け付けません。

```
$ docker run --name my-apache-app -p 8080:80 -v "$PWD":/usr/local/apache2/htdocs/ httpd:2.4
AH00558: httpd: Could not reliably determine the server's fully qualified domain name, using 172.17.0.2.
Set the 'ServerName' directive globally to suppress this message
AH00558: httpd: Could not reliably determine the server's fully qualified domain name, using 172.17.0.2.
Set the 'ServerName' directive globally to suppress this message
[Wed Apr 01 17:11:04.197868 2020] [mpm_event:notice] [pid 1:tid 140629685838976] AH00489: Apache/2.4.41
(Unix) configured -- resuming normal operations
[Wed Apr 01 17:11:04.204080 2020] [core:notice] [pid 1:tid 140629685838976] AH00094: Command line:
'httpd -D FOREGROUND'
```

画面に表示されているのはログなので、この状態のときにブラウザでアクセスすれば、そのアクセスログが画面に表示されます。

### [3] 実行中の既定のコマンドを停止する

[Ctrl] + [C] キー（または [Ctrl] + [D]）を押せば、この既定のコマンドが終了します。画面には、次のようにプロンプトが表示されて、またコマンド入力できるようになるはずです。

```
AH00491: caught SIGTERM, shutting down
$
```

### [4] コンテナの状態を確認する

コマンドが終了したので、もうコンテナ自体も終了しています。docker ps -aで確認してみましょう。STATUSが「Exited」（終了済み）になっていることがわかります。

**memo** COMMANDの欄に記述されている「httpd-foreground」というのが、実は、httpdイメージを実行する際に、既定に設定されているコマンドです。

```
$ docker ps -a
CONTAINER ID     IMAGE        COMMAND              CREATED          STATUS                          PORTS     NAMES
c3041656b35b     httpd:2.4    "httpd-foreground"   5 minutes ago    Exited (0) About a minute ago             my-apache-app
```

このように「-dit」オプションを指定しなければ、コンテナがフォアグラウンド（前面）で実行されてしまうことがわかりました。つまり、httpdコンテナのように、ずっとバックグラウンドで動かしっぱなしにしたいときは、この「-dit」オプションが必須であることがわかります。

### [5] コンテナを破棄する

いったんここで実験は終了とします。停止したコンテナを破棄しておきましょう。

```
$ docker rm my-apache-app
```

## 4-3-2 -ditオプションの役割

-ditは、「-d」「-i」「-t」の3つのオプションの組み合わせです（図表4-8）。「-d」が、端末から切り離してバックグラウンドで実行することを指定するオプションです。「-i」と「-t」は、このコンテナを端末（キーボードとディスプレイ）から操作するためのオプションです。

**memo** これらのオプションは順不同ですし、1つずつ記述しても、まとめて記述しても同じです。つまり「-dit」は「-itd」でも、「-d」「-i」「-t」でも、「-d」「-it」でも、同じです。

| オプション | 意味 |
|---|---|
| -d | デタッチモード。端末と切り離した状態でバックグラウンドで実行する |
| -i | インタラクティブモード。標準入出力および標準エラー出力をコンテナに連結する |
| -t | 疑似端末（pseudo-tty）を割り当てる。疑似端末とは、カーソルの移動や文字の削除などの文字入力をサポートする端末のこと |

図表4-8 -d、-i、-tオプション

## 4-3-3 デタッチとアタッチの切り替え

-dは端末と切り離した状態で実行するためのオプションです。この状態を「デタッチ（detach：切り離されたの意味）」と言います。逆に、いま「-dit」を省略して実行したときのように、「-d」を省略し、端末と接続した状態で実行することを「アタッチ（attach：接続されたの意味）」と言います。

いま見てきたように、アタッチの場合（-dを指定しないとき）は、端末と接続された状態なので、端末からの操作は、そのままコンテナ内で実行中の既定のコマンドに流されます。だからこそ、[Ctrl]＋[C]を押すことで、そのコマンドが終了したのです。デタッチのときは、端末とは切り離されているので、コンテナ内で実行されているコマンドに対して、何かキー操作することはできません。デタッチの状態とアタッチの状態は、実行中に切り替えることができます（図表4-9）。

**memo** デタッチに使うキーは、docker attachコマンドする際、--detach-keysオプションで変更することもできます。

デタッチへの切り替え
アタッチ状態から［Ctrl］＋［P］、［Ctrl］＋［Q］を押す。

アタッチへの切り替え
docker attachコマンドを入力する。

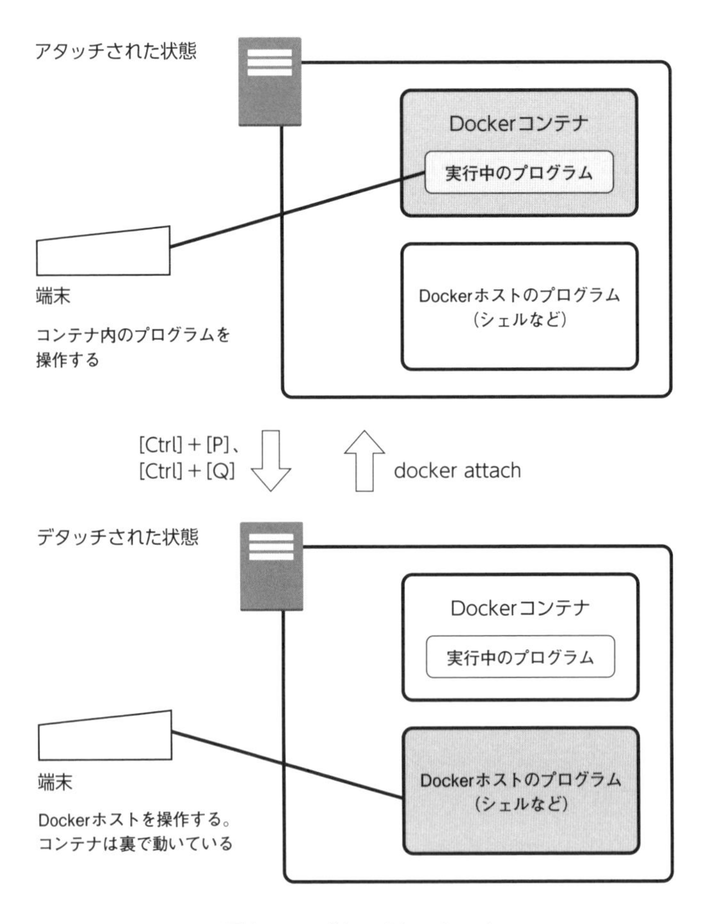


図表4-9　デタッチとアタッチ

デタッチとアタッチの切り替えとは、コンテナ内で実行中のコマンドに対して、端末（あなたが操作しているキーボードとディスプレイです）をつないだり切り離したりすることです。少し試してみましょう。

## 手順 デタッチとアタッチの切り替えを試す

### [1] -dを指定せずに-itのみで実行する

次のように、-dを指定せずに、-itのみで実行します。この場合、コンテナは、アタッチモードで起動します。

**memo** -itを指定しないと［Ctrl］キーが効きません。その理由は、のちに説明します。

```
$ docker run -it --name my-apache-app -p 8080:80 -v "$PWD":/usr/local/apache2/htdocs/ httpd:2.4
```

### [2] ログが表示される

実行すると、先と同じようにログが表示されます。このとき、コマンド入力を受け付けません。これは自分の端末が、コンテナの既定のコマンドに結びついているからです。

### [3] デタッチする

［Ctrl］＋［P］、［Ctrl］＋［Q］を順に押します。するとデタッチされ、コマンドプロンプトが表示され、次のコマンドを入力できます。これはコンテナと端末が切り離され、Dockerホスト側へのキー入力が可能になったことを意味します。

### [4] コンテナの状態を確認する

docker ps -aと入力して、コンテナの状態を確認します。すると、STATUSが「Up」であることがわかります。デタッチした場合は、コンテナ内のコマンドを終了するわけではなく、ただ端末を切り離しただけで、コマンドは実行中だからです。

```
$ docker ps -a
CONTAINER ID   IMAGE       COMMAND              CREATED         STATUS        PORTS                  NAMES
f1b420e217ee   httpd:2.4   "httpd-foreground"   9 seconds ago   Up 8 seconds  0.0.0.0:8080->80/tcp   my-apache-app
```

### [5] アタッチする

もう一度、コンテナに接続してみましょう。docker attachコマンドを入力します。docker attachコマンドには、接続したいコンテナ名またはコンテナIDを指定します。

```
$ docker attach my-apache-app
[Wed Apr 01 17:44:56.489638 2020] [mpm_event:notice] [pid 1:tid 140005366056064] AH00492: caught SIGWINCH, shutting down gracefully
```

### [6] 端末がコンテナと結びつけられた

端末がコンテナと結びつけられます。本来は、再度、アタッチしたあと、キー入力操作ができるのですが、残念ながら、httpdコンテナの場合、再アタッチには対応しておらず、次のメッセージが表示され、終了します。本来は、何度でも、デタッチ／アタッチを繰り返せるのですが、httpdコンテナは、そうなっていません。

```
$ docker attach my-apache-app
[Wed Apr 01 17:44:56.489638 2020] [mpm_event:notice] [pid 1:tid 140005366056064] AH00492: caught SIGWINCH, shutting down gracefully
```

### [7] 後始末

もうコンテナは終了（STATUSが「Exited」）しているはずです。docker ps -aで調べてみてください。確認したら、docker rmコマンドで、コンテナを破棄しておきます。

```
$ docker ps -a
CONTAINER ID    IMAGE          COMMAND              CREATED          STATUS                      PORTS     NAMES
f1b420e217ee    httpd:2.4      "httpd-foreground"   3 minutes ago    Exited (0) 2 minutes ago              my-apache-app
$ docker rm my-apache-app
```

こうしたアタッチとデタッチの切り替えは、コンテナを操作中に、一時的にコンテナを切り離して、ホスト側の操作をしたいときに使われるもので、コンテナを使いたいだけの場面では、ほとんど使われませんが、メンテナンスしたいときの操作として知っておく必要があります。

## 4-3-4 「-iオプション」と「-tオプション」の意味

さてここで、説明を保留にしておいた、-iオプションと-tオプションの意味を説明します。これらは、コンテナに対して端末から操作する際の指定です。いま、アタッチしたコンテナからデタッチするのに[Ctrl] + [P]、[Ctrl] + [Q] のキーを押しましたが、これが機能するのは、-iオプションと-tオプションを指定しているからです。

-iオプション

標準入出力およびエラー出力をコンテナに対して結びつけます。その結果、キー入力した文字はコンテナに渡され、コンテナからの出力が画面に表示されるようになります。-iオプションを指定しないと、キー入力はコンテナに伝わりませんからこうしたキーが効きません。そしてコンテナからの出力が届きませんから、httpdコンテナの例で言えば、いま見てきたように、画面に各種ログが表示されることもありません。

-tオプション
　-tオプションは、pseudo-ttyと呼ばれる疑似端末を有効にする設定です。疑似端末は、カーソルキーやエスケープキー、[Ctrl] キーなどで操作するためのものです。このオプションを指定せず、-iオプションのみだと、これらのキーが使えません。つまり、[Ctrl] + [P]、[Ctrl] + [Q] キーが効きません。

　コンテナを端末から操作する必要がない（「-d」オプションを指定して、デタッチで起動したら、もう以降、何も操作しない）ということであれば、「-i」や「-t」のオプションは必要ありません。そうではなくて、あとでアタッチするなどして端末から操作したいときは、「-i」や「-t」を指定する必要があります。

### コラム　「-i」だけを指定するケース

　docker runのオプションでは、-iと-tをセットで使うことがほとんどで、両方を合わせた「-it」は慣例句のごとく使われます。では、-iのみ指定するケースはあるのでしょうか？

　答えは「あります」です。それは、標準入出力だけをコンテナに結びつけたいケースです。標準入出力は、「>」「<」「|」などの記号を使ってリダイレクトできます。例えば、何かファイルからの入力を、コンテナ上で動かすコマンドに流して実行したいときには、

```
$ docker run -i 実行したいコマンド イメージ名 < 処理したいファイル
```

のように、-iオプションだけ指定することがありえます。ファイルからの入力では、カーソルキーやエスケープキー、Ctrlキーなどは必要ないからです。-tを指定しないと、疑似端末を作らない分だけ（1MB程度と言われています）、メモリーの消費を抑えることができます。

# 4-4 コンテナをメンテナンスする

ときには、動作中もしくは停止中のコンテナに入り込んで、ファイルを確認したり、編集したり、はたまたソフトをインストールしたいことがあります。ソフトのインストールなど大規模なものについては第8章で説明するとして、コンテナを使うだけという場合でも、「本当にコンテナ内で正しくプログラムが動いているのか」「コンテナ内のファイルの中身を知りたい」ということは、よくあります。ここでは、そうしたコンテナ内の代表的な操作の方法を説明します。

## 4-4-1 シェルで操作する

コンテナに入り込んで何か操作したいときは、「コンテナの中でシェルを実行し、そのシェルを通じて、さまざまな操作をする」というのが、基本的な考え方です。

**memo** シェルとは、キーボードからの操作を読み取り、それを解釈実行して結果を画面に表示するプログラムです。コマンド入力のプロンプト（「#」や「$」）を表示しているのも、このプログラムです。代表的なシェルとして、/bin/shや/bin/bashがあります。

コンテナの中でシェルを起動すれば、「$」や「#」などのプロンプトが表示されます。ここで例えば、キーボードから「ls」と入力すれば、lsコマンドが実行され、ファイル一覧を確認できます。コンテナ内部でシェルを実行するには、コンテナが動いているかどうかによって、次のいずれかの方法を採ります。

**memo** 以下ではシェルに限って説明しますが、シェルに限らず、任意のプログラムを実行できます。

停止中もしくはまだ作られていないとき

docker runの引数に、/bin/shや/bin/bashなどのシェルプログラムを指定し、本来実行される既定のコマンドの代わりに、これらのシェルが起動されるようにします。このときキー操作するのですから、「-it」のオプションを忘れずに指定します。

動作中のとき

docker execを使います。「docker exec --it コンテナ名 /bin/bash」のようにすると、現在コンテナ内で実行されているコマンドとは別に、シェルが起動します。

## 4-4-2 停止中のコンテナでシェルを実行する

実際にやってみましょう。まずは、コンテナが動いていないケースから確かめます。ここでも、これまで使ってきたのと同じ、httpdイメージを使います。

### 手順 停止中のコンテナでシェルを実行する

#### [1] /bin/bashを実行する

次のように入力して、/bin/bashを実行します。

```
$ docker run --name my-apache-app -it httpd:2.4 /bin/bash
root@2544a164ec50:/usr/local/apache2#
```

実行すると、「root@コンテナID:/usr/local/apache2#」のようにプロンプトが表示され、このコンテナの中に入れます。

**memo** /bin/bashを実行するには、コンテナの中に、そのコマンドが格納されている必要があります。ほとんどのDockerイメージの中には/bin/bashは入っています。しかしファイルサイズを極力抑える工夫がされたDockerイメージには、/bin/bashが入っていないかもしれません。ここでの指定はシェルを実行するわけではなくて、コンテナに格納されている任意のコマンド（/bin/bash）を実行しているのにすぎません（この説明からわかるように、例えば、/bin/passwdを指定すれば、パスワードの変更画面が表示されるというように、任意のコマンドを実行できます）。

**memo** 表示されている「2544a164ec50」は、コンテナIDです。環境によって異なります。

#### [2] 任意のコマンドを入力する

このプロンプトで何か入力すれば、それは、コンテナの中で実行されます。例えば、lsコマンドを実行してみましょう。コンテナの中のファイル一覧を閲覧できます。

```
root@2544a164ec50:/usr/local/apache2# ls
bin  build  cgi-bin  conf  error  htdocs  icons  include  logs  modules
```

ほかにも、いくつかのコマンドを実行できます。必要があれば、コンテナ内のファイルを変更したり、アプリケーションをインストールしたりすることもできます。とはいえここで、そうした操作まで行うと話が複雑になるので、それらは第8章で扱うことにし、先に進みましょう。

### [3] コンテナの中と外を行き来する

さらに実験を続けます。先ほど、[Ctrl] + [P]、[Ctrl] + [Q] キーで、デタッチできると説明しました。この状態から、[Ctrl] + [P]、[Ctrl] + [Q] キーを押して、デタッチしてみましょう。すると、次のようにコマンドプロンプトが変わります。

```
root@2544a164ec50:/usr/local/apache2#
ubuntu@ip-172-31-35-228:~$
```

*memo* 172-31-35-228は、EC2インスタンスのプライベートIPアドレスです。環境によって異なります。

デタッチしたので、端末での操作はDockerホストに移りました。つまり、以降の操作は、Dockerホスト側での操作となります。このとき、コンテナはまだ動いています。docker psで確認してみましょう。STATUSは「UP」で稼働中です。

```
ubuntu@ip-172-31-35-228:~$ docker ps
CONTAINER ID    IMAGE       COMMAND        CREATED       STATUS       PORTS    NAMES
2544a164ec50    httpd:2.4   "/bin/bash"    7 hours ago   Up 7 hours   80/tcp   my-apache-app
```

再度、docker attachすれば、コンテナに端末を再接続できます。プロンプトが変わり、Dockerの内部を操作できます。

```
$ docker attach my-apache-app
root@2544a164ec50:/usr/local/apache2#
```

### [4] シェルを終了する

ここで、「exit」と入力してみましょう。これは、シェル（ここでは実行している「/bin/bash」のこと）を終了させることを意味します。すると、次のように、コンテナの外に戻ります。

```
root@2544a164ec50:/usr/local/apache2# exit
exit
ubuntu@ip-172-31-35-228:~$
```

### [5] コンテナが終了したことを確認する

Dockerでは、docker run（もしくはdocker create）で指定したプログラムが終了したときは、コンテナ自体が停止状態になると説明しました。上記の操作によって、プログラムは終了していますから、コンテナも終了しているはずです。確認しましょう。STATUSが「Exited」になっていることがわかります。

```
ubuntu@ip-172-31-35-228:~$ docker ps -a
CONTAINER ID        IMAGE               COMMAND             CREATED             STATUS              PORTSCONTAINER ID        IMAGE
COMMAND             CREATED             STATUS              PORTS               NAMES
2544a164ec50        httpd:2.4           "/bin/bash"         8 hours ago         Exited (1) 2 minutes ago                       my-apache-app
```

### [6] 後始末

ひとまずの実験は終了です。いったんここで、コンテナを削除しておきましょう。

```
$ docker rm my-apache-app
```

## 4-4-3 実行中のコンテナでシェルを実行する

次に、実行中のコンテナに対して、シェル操作する方法を説明します。言い換えると、-dオプションを指定してデタッチ状態で動作しているコンテナに対してシェル操作する方法です。実際に操作する場合は、こちらのほうが、使うケースが多いはずです。

### 手順 実行中のコンテナでシェルを実行する

### [1] コンテナをデタッチモードで起動する

まずは、実験対象となる実行中のコンテナを作ります。次のようにhttpdコンテナを「-dit」オプションを付けて実行し、デタッチモードで起動します。

```
$ docker run --name my-apache-app -dit -p 8080:80 -v "$PWD":/usr/local/apache2/htdocs/ httpd:2.4
```

### [2] コンテナの状態を確認する

コンテナが稼働中になったことを確認します。STATUSが「Up」になって稼働しています。ここでは、COMMANDも確認しておきましょう。「httpd-foreground」と記述されています。これはhttpdイメージの制作者が設定した既定の実行コマンドです（このコマンドがApacheを内部で起動しています）。

```
$ docker ps
ONTAINER ID      IMAGE          COMMAND               CREATED         STATUS         PORTS                  NAMES
9e6dc1c5b2d6     httpd:2.4      "httpd-foreground"    3 minutes ago   Up 3 minutes   0.0.0.0:8080->80/tcp   my-apache-app
```

### [3] シェルを起動する

docker execコマンドで、シェルを起動してみましょう。

```
$ docker exec -it my-apache-app /bin/bash
root@9e6dc1c5b2d6:/usr/local/apache2#
```

先ほどと同じように、プロンプトが変わり、各種コマンドを入力できます。lsコマンドを入力したりして、いくつかのコマンドを入力して試してみてください。もちろん、[Ctrl] + [P]、[Ctrl] + [Q] でデタッチすることもできますが、ここでの説明は割愛します。

### [4] シェルを終了する

さて、ここで「exit」と入力してみます。するとシェルは終了します。

```
root@9e6dc1c5b2d6:/usr/local/apache2# exit
exit
ubuntu@ip-172-31-35-228:~$
```

### [5] コンテナの状態を確認する

コンテナの状態を確認しましょう。STATUSはUpのままであり、稼働中であることがわかります。

```
$ docker ps
ONTAINER ID      IMAGE          COMMAND               CREATED         STATUS         PORTS                  NAMES
9e6dc1c5b2d6     httpd:2.4      "httpd-foreground"    3 minutes ago   Up 3 minutes   0.0.0.0:8080->80/tcp   my-apache-app
```

なぜなら終了したのは、docker execで実行した/bin/bashであり、docker runで（暗黙的に実行されている）httpd-foregroundが終了したわけではないからです。

### [6] 後始末

ひとまずの実験は完了です。コンテナを停止し、破棄しておきましょう。

```
$ docker stop my-apache-app
$ docker rm my-apache-app
```

## 4-4-4 docker runとdocker execとの違い

このようにdocker execを使えば、稼働中のコンテナに対して影響を与えることなく中に入り込んで作業できます。docker runとdocker execの違いを、**図表4-10**にまとめておきます。ほとんどの場合、docker execを使うことが多いはずです。

| コマンド | コンテナの状態 | シェル終了時 |
|---|---|---|
| docker run | 停止時 | コンテナ終了 |
| docker exec | 稼働時 | 稼働のまま |

図表4-10　docker runとdocker execとの違い

# 4-5 1回限り動かすコンテナの使い方

これまで使ってきたhttpdコンテナは、Webサーバー機能を提供するものであり、ずっと動かしっぱなしで利用することを前提としたものです。こうしたサーバー用途の使い方は、Dockerの代表的な活用法です。しかしそれ以外にも、Dockerの代表的な使い方があります。それは、1回限り動かすコンテナの使い方です。どういうことかというと、コンパイラや画像変換ライブラリなどの便利ツールが入っていて、そのツールを使ってDockerホストのファイルを処理したいというケースです。

## 4-5-1 Go言語をコンパイルする

プログラミング言語の環境を構築するのは、意外と面倒なものです。インストールが複雑なこともありますが、一度インストールしてしまうとアンインストールが困難であったり、ほかの環境に影響を与えたりすることもあるからです。その点、Dockerコンテナを使えば、手軽に試せます。コンテナを破棄してしまえば、元の状態にすぐに戻せるからです。

実際にやってみましょう。Docker Hubには、Go言語(Golang)のコンテナがあります。これを使って、Go言語のプログラムをコンパイルしてみましょう。

### 手順 Go言語をコンパイルする

#### [1] ソースコードを用意する

Go言語のソースコードを用意します。ここでは単純に、**リスト4-1**に示す「hello.go」というソースコードを用意します。nanoエディタなどを起動して、このプログラムを入力してDockerホストの適当なディレクトリに保存してください。

***memo*** nanoエディタの使い方については、「3-4 index.htmlを作る」(p.71)を参照してください。

リスト4-1 hello.go

```
package main

import "fmt"

func main() {
  fmt.Printf("Hello World\n")
}
```

#### [2] Go言語のコンテナを起動して実行する

Go言語のイメージは、「golang」という名前です。下記のURLに使い方が記述されています。

【golang】
https://hub.docker.com/_/golang

記載されている使い方の通りに、次のコマンドを入力して実行します。このとき［1］で用意したhello.goファイルを置いたディレクトリをカレントディレクトリにして（cdコマンドで、そのディレクトリに移動して）から、実行してください。

```
$ docker run --rm -v "$PWD":/usr/src/myapp -w /usr/src/myapp golang:1.13 go build -v
```

イメージとして「golang:1.13」を指定しています。これは、バージョン1.13のGo言語のコンテナを示します。実行するコマンドは「go build -v」です。これはGo言語のビルドをするもので、ビルド後のバイナリが作成されます（ここで指定している-vは、go buildのオプションで、画面に詳細情報を表示するという意味です）。

指定したオプションは、次の通りです。

--rm
実行が完了したとき、このコンテナを破棄するオプションです。

-v "$PWD":/usr/src/myapp
-vオプションは、すでにhttpdコンテナを使うときにも指定した、ディレクトリのマウント設定です。ここではカレントディレクトリを、コンテナ内の/usr/src/myappに割り当てています。

-w /usr/src/myapp
-wオプションは、コンテナ内のプログラム（すなわち、go build -v）を実行するときの作業ディレクトリを指定します。/usr/src/myappは、-vオプションでマウントしたディレクトリです。これはDockerホストのカレントディレクトリにマウントされていますから、コンテナ内では、このディレクトリに対してGo言語のビルドが実行されます。

### [3]　ファイルができる

ビルドが完了すると、コンテナは終了します。そして、ビルド後のプログラムがmyappという名前で生成されます。lsコマンドで確認してください。

> **memo**　下記の結果を見るとわかりますが、myappはrootユーザーの権限で作られます。削除するには、sudo操作が必要です。

```
$ ls
drwxr-xr-x 6 ubuntu ubuntu    4096 Apr  1 21:39 .
drwxr-xr-x 3 root   root      4096 Mar 15 16:44 ..
…略…
-rw-rw-r-- 1 ubuntu ubuntu      76 Apr 1 21:38 hello.go
-rwxr-xr-x 1 root   root   2025490 Apr  1 21:39 myapp
…略…
```

### [4]　実行する

「./myapp」と入力すると実行できます。実行すると、画面には「Hello World」と表示されます。

```
$ ./myapp
Hello World
```

### [5]　コンテナの状態を確認しておく

最後に、コンテナの状態を確認しておきましょう。docker ps -aと入力しても、何も表示されないことを確認してください。これは、docker runするときに、「--rm」オプションを付けているので、コマンドの実行が終わったとき（go build -vが終わったとき）に、コンテナが破棄されるためです。

```
$ docker ps -a
CONTAINER ID    IMAGE    COMMAND    CREATED    STATUS    PORTS    NAMES
```

## 4-5-2　コンテナがたくさん作られないように注意する

ここではGo言語を使う例を示しましたが、ほかにも、機械学習やTeXによる組版、PDF処理、画像変換など、さまざまな用途で、こうしたDockerコンテナが使われることがあります。オフィシャルなものは意外と少ないですが、Docker Hubを探せば、個人や団体が作っている、とても便利なコンテナがたくさん見つかります。

出来合いのコンテナを使えば、環境構築が格段と楽になります。「使いたいツールがあるけれどもインストールはちょっと」と尻込みしているツールがもしあるなら、Docker Hubで探してコンテナで利用してみてください。

こうした「1回だけ使うコンテナ」を使うとき、1つ注意点があります。それは、コンテナが増えてしまうことです。Go言語の例では、docker runする際に、--rmオプションを指定したので、終了と同時にコンテナが破棄されました。しかし--rmオプションを指定しない場合は、それらのコンテナが残ります。その場合、docker ps -aで見ると、多数のExitedのコンテナを見ることになるでしょう。

```
$ docker ps -a
CONTAINER ID    IMAGE        COMMAND         CREATED             STATUS                         PORTS    NAMES
65cbc975cf66    golang:1.13  "go build -v"   About a minute ago  Exited (0) About a minute ago           adoring_snyder
abf30c6616cf    golang:1.13  "go build -v"   20 minutes ago      Exited (0) 20 minutes ago               optimistic_roentgen
…略…
```

こうならないためにも、コンテナは終了しても残ったままになることを理解し、--rmオプションを指定する、もしくは、都度、docker rmで終了するなどして、不要になったコンテナが残らないように注意しましょう。

### コラム　不要になったコンテナやイメージをすべて削除する

docker ps -aして、たくさんの終了済みコンテナが出てきたとき、それらをすべて1つずつdocker rmすることを考えると、気が遠くなります。しかし安心してください。「docker container prune」と入力すれば、停止しているコンテナを、すべてまとめて削除できます。安全のため、本当に削除してよいのか尋ねられるので、「y」キーを押すと、停止中のものすべてが削除されます。

```
$ docker container prune
WARNING! This will remove all stopped containers.
Are you sure you want to continue? [y/N] y
Deleted Containers:
65cbc975cf668d44bab84f522bce20d5a1462990ace9a69b71decd15d31fb96f
abf30c6616cfedb288ea701a1e85415baa0ec5f5008313fd25dab54d55821d01
343e65b4f6bd2e18322bcf0ab890405b951867b5b008de946c2c2bf385d5eb8e

Total reclaimed space: 4.093kB
```

イメージについても同様です。docker image pruneと入力すれば、どのコンテナも使っていないすべてのイメージを削除できます。

```
$ docker image prune
```

# 4-6 Dockerのまとめ

この章では、Dockerの基本について説明してきました。最後に、この章で学んだことをまとめておきましょう。

(1) バッグラウンドで実行するときは「-d」、キーボード操作するなら「-it」

コンテナをバックグラウンドで実行するときは「-d」、キーボード操作するなら「-it」を付けます。まとめて「-dit」を指定しておけばよいでしょう。

(2) ログは標準出力に表示される

ログは標準出力に表示されます。アタッチ中なら画面に表示されます。デタッチ中なら、docker logsで確認できます。

(3)-vでディレクトリをマウントする

コンテナは、制作者によって、「あるディレクトリにコンテンツを置く」とか「あるディレクトリを基準にコンパイルする」などが決まっています(そしてそれはドキュメントに記載されています)。そこで、-vオプションを指定して、そのディレクトリにDockerホストのディレクトリを割り当てて処理するようにします。

(4)-pでポートを設定する

コンテナは、制作者によって、どのポート番号を使うかが決まっています(そしてそれはドキュメントに記載されています)。そこで、-pオプションを指定して、そのポートをDockerホストのポートに割り当てて処理するようにします。

(5) コンテナの既定のプログラムが終了したらコンテナも終了する

コンテナ内では、docker createやdocker runで指定したコマンド、もしくは、既定のコマンドが実行され、そのコマンドが終了するとコンテナも終了します。

(6) 実行中のコンテナ内を操作したいときはdocker exec

コンテナ内を操作したいときは、docker execで/bin/bashなどのシェルを起動します。

(7) コンテナは既定では、終了しても削除されない
　終了と同時に削除したいなら、--rmオプションを指定します。

　Docker操作は、ここで説明していることと、いまは説明していない環境変数の設定（docker runの-eオプション）を理解すれば、ほぼ足ります（環境変数の話は、次の章で説明します）。

　次の章では、docker runの「-vオプション」、すなわちマウントについて、もう少し詳しく説明します。

# 05

## 第5章

# コンテナ内のファイルと永続化

Dockerコンテナは、それぞれが隔離された実行環境です。コンテナを破棄すれば、その中にあるファイルは、自ずと失われます。この章では、コンテナを破棄してもファイルを残すための方法、そして、バックアップの方法について説明します。

# 5-1 コンテナとファイルの独立性

これまでは、1つのhttpdコンテナだけを扱ってきました。ここでは、2つのhttpdコンテナを扱ってみましょう。第1章で説明したように、コンテナは互いに独立した実行環境です。いくつ起動しても、それらが互いに影響を受けることはありません。

## 5-1-1 2つのhttpdコンテナを起動する

実際に、2つのhttpdコンテナを実行してみましょう。これまでhttpdコンテナを実行する際、

```
$ docker run -dit --name my-apache-app -p 8080:80 -v "$PWD":/usr/local/apache2/htdocs/ httpd:2.4
```

というように実行してきました。これは、

・ポート8080をポート80にマッピングする
・Dockerホストのカレントディレクトリをコンテナの/usr/local/apache2/htdocsにマウントする

という意味でした。

ここでは、**図表5-1**のように2つのhttpdコンテナを作成します。コンテナの名前は何でもよいですが、ここでは、web01とweb02とします。web01はポート8080、web02はポート8081にマッピングすることにします。また、どちらも-vオプションは指定せず、/usr/local/apache2/htdocsへのマウントはしないことにします。そうすると、この2つのコンテナは完全に互いに独立します。

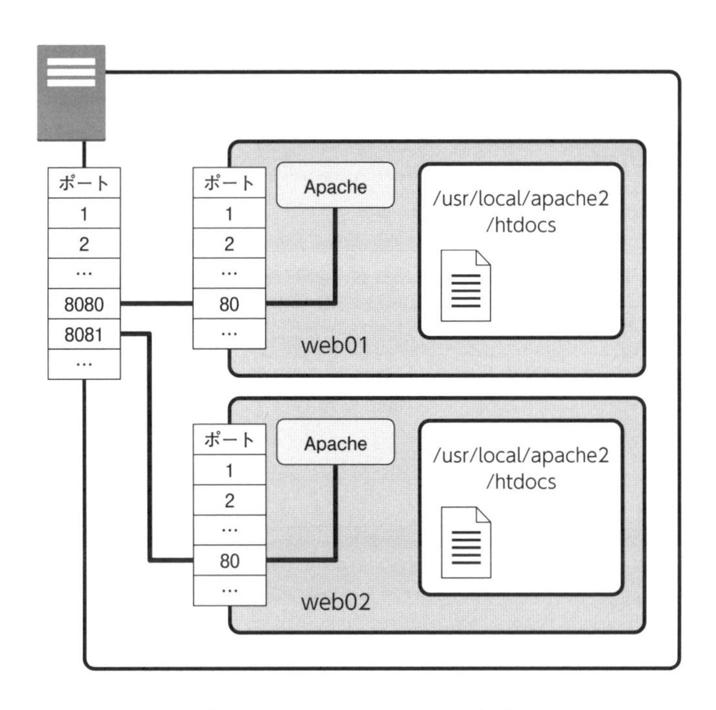


図表5-1　2つのhttpdコンテナを起動する

## 手順 2つのhttpdコンテナを起動する

### [1]　1つめのhttpdコンテナを起動する

次のように入力して、1つめのhttpdコンテナを起動します。

```
$ docker run -dit --name web01 -p 8080:80 httpd:2.4
```

### [2]　2つめのhttpdコンテナを起動する

次のように入力して、2つめのhttpdコンテナを起動します。

```
$ docker run -dit --name web02 -p 8081:80 httpd:2.4
```

### [3]　コンテナの実行を確認する

docker psコマンドを実行して、どちらも実行中であることを確認します。またこのとき、PORTSの欄を確認し、片方は「8080->80」、もう片方は「8081->80」に設定されていることを確認しましょう。

```
$ docker ps
CONTAINER ID   IMAGE       COMMAND              CREATED          STATUS          PORTS                  NAMES
08cfabeff4c9   httpd:2.4   "httpd-foreground"   16 seconds ago   Up 15 seconds   0.0.0.0:8080->80/tcp   web01
0ddb32735cdd   httpd:2.4   "httpd-foreground"   7 seconds ago    Up 5 seconds    0.0.0.0:8081->80/tcp   web02
```

（※表示順は不定です。実行のたびに変わることもあります）

### [4] ブラウザで接続する

これでApacheが実際に2つ起動しているはずです。ブラウザから「http://Dockerホスト:8080/」および「http://Dockerホスト:8081/」に接続して確認しましょう。どちらにも接続でき、「It works!」と表示されるはずです（図表5-2）。

> **memo** ここでの「Dockerホスト」とは、EC2インスタンスのパブリックIPです（第2章の図2-20（p.52）を参照）。

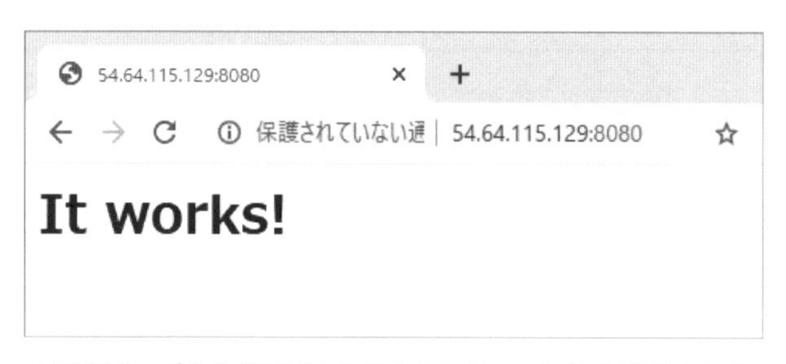


図表5-2 ブラウザでアクセスすると「It works!」と表示される

## 5-1-2 コンテナの中にファイルをコピーする

このようにして、1台のDockerホストに2台のWebサーバーを同居させることができました。もちろん必要があれば、さらに3台、4台と、Webサーバーを追加できます。たかだか1台のマシンに、たくさんのWebサーバーを同居できるのは、とても素晴らしいことだと思いませんか？

> **memo** ここまでの操作では、「http://Dockerホスト:8080/」「http://Dockerホスト:8081/」･･･のように、明示的なポート番号の指定での切り替えが必要です。実運用では、きっと、それぞれ、「http://www.example.co.jp/」「http://www.example.com/」など、アクセスするドメイン名で切り替えたいことでしょう。それは可能ですが、少し工夫が必要で、Dockerの力だけではできず、リバースプロキシとして構成します。

さて、この2台のhttpdコンテナですが、どちらもまだコンテンツファイルを置いていないので、両方とも「It works!」と表示され区別が付きません。そこでindex.htmlファイルを置いて、片方を「It's web01!」、もう片方を「It's web02!」と表示できるようにしましょう。

図表5-1に示したように、それぞれのコンテナは独立しており、コンテナ内の/usr/local/apache2/htdocsにindex.htmlを配置すれば、目的を達せられます。

## ファイルをコピーするdocker cpコマンド

では、コンテナの中のファイルを変更するには、どのようにすればよいでしょうか？

ここまで学んできた知識の中でやるとすれば、docker execコマンドで/bin/bashを起動し、コンテナの内部に入り、そこでnanoなどのエディタを起動して、/usr/local/apache2/htdocs/index.htmlを編集するという方法が、まず、考えられます。これは正解ですし、よい方法です。しかし残念ながら、今回のケースでは、うまくいきません。httpdイメージはファイルサイズを小さくするため、nanoエディタなどのエディタが含まれていないからです。

*memo* もちろん入っていないなら、aptコマンドなどでnanoをインストールすればよいではないかという向きもありますが、ダウンロード元のサイトの設定が必要など、意外と手間がかかります。

では、どうすればよいのでしょうか？　うってつけのコマンドがあります。DockerホストとDockerコンテナ間でファイルをコピーするdocker cpコマンドです。次の書式で使います。docker cpコマンドは、コンテナが稼働中でも停止中でも、どちらの場合でもファイルコピーできます。

【ホスト→コンテナの向きにコピーする場合】

```
docker cp オプション コピー元のパス名 コンテナ名またはコンテナID:コピー先のパス名
```

【コンテナ→ホストの向きにコピーする場合】

```
docker cp オプション コンテナ名またはコンテナID:コピー元のパス名 コピー先のパス名
```

つまるところ、コンテナを対象にする場合は、「コンテナ名またはコンテナID:パス名」と表記します。docker cpコマンドは、パーミッションをそのままコピーします。ディレクトリも再帰的にコピーします。-aと-Lのいずれかのオプションを指定することもできますが、これらを使うことは、あまりないでしょう（**図表5-3**）。

| オプション | 意味 |
|---|---|
| -a、--archive | ユーザーIDとグループIDを保ったままコピーする |
| -L、--follow-link | コピー元のシンボリックリンクをたどる |

図表5-3 docker cpコマンドのオプション

**memo** docker cpでは、/proc、/sys、/dev、tmpfs配下のような、システムファイルはコピーできません。こうしたファイルをコピーしたいときは、標準入出力経由でコピーします。詳しくは、docker cpのリファレンス（http://docs.docker.jp/engine/reference/commandline/cp.html）を参照してください。

### docker cpコマンドでファイルをコピーする例

実際にやってみましょう。index.htmlをDockerホストに作り、それをコンテナにコピーしてみます。

## 手順 index.htmlをコピーする

### [1] tmpディレクトリにindex.htmlファイルを作る

まずはindex.htmlファイルをコンテナに作ります。どこに作成してもよいのですが、ここでは/tmpディレクトリに作りましょう。次のようにして/tmpディレクトリにカレントディレクトリを移動しておきましょう。ここでは、あとで、現在のカレントディレクトリに戻れるよう、pushコマンドを使ってディレクトリを移動することにします。

**memo** pushコマンドは、シェルにおいて、現在のカレントディレクトリの状態を保存した上で、別の場所にカレントディレクトリを移動します。保存したカレントディレクトリの位置まで戻るには、popdと入力します（後述の手順[8]）。

```
$ pushd /tmp
```

### [2] index.htmlファイルを作る

いま私たちは、カレントディレクトリを/tmpに移動しています。ここで、この場所/tmpに、index.htmlファイルを作ります。まずは、web01コンテナ用のindex.htmlファイルを作りましょう。ここでは**リスト5-1**の内容で作成します。作成したら、保存して終了してください（**図表5-4**）。

リスト5-1　web01コンテナ用のindex.htmlファイル

```
<html>
<body>
<div>It's web01!</div>
</body>
</html>
```

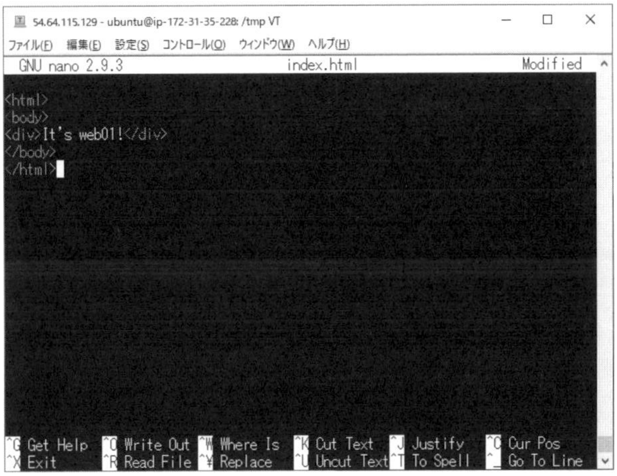

```
54.64.115.129 - ubuntu@ip-172-31-35-228: /tmp VT
ファイル(F)　編集(E)　設定(S)　コントロール(O)　ウィンドウ(W)　ヘルプ(H)
  GNU nano 2.9.3                 index.html                    Modified

<html>
<body>
<div>It's web01!</div>
</body>
</html>

^G Get Help  ^O Write Out  ^W Where Is  ^K Cut Text   ^J Justify   ^C Cur Pos
^X Exit      ^R Read File  ^¥ Replace   ^U Uncut Text ^T To Spell  ^_ Go To Line
```

図表5-4　/tmpにindex.htmlを作る

***memo***　nanoエディタの使い方については、「3-4　index.htmlを作る」（p.71）を参考にしてください。

### [3]　ファイルをコンテナにコピーする

このindex.htmlファイルを、コンテナweb01の/usr/local/apache2/htdocs/にコピーします。次のように入力します。

```
$ docker cp /tmp/index.html web01:/usr/local/apache2/htdocs/
```

### [4]　ブラウザでアクセスして確認する

ブラウザで「http://Dockerホスト:8080/」に接続します。いま配置したindex.htmlの内容である「It's web01」と表示されることを確認します（**図表5-5**）。

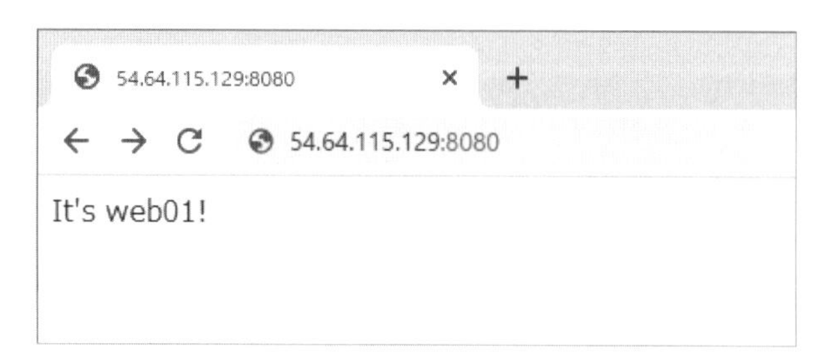


図表5-5　Its' web01と表示された

### [5]　コンテナの内部に入って確認する

いまはコンテナ内の/usr/local/apache2/htdocs/ディレクトリにindex.htmlを配置しました。本当にコピーされたかを確認しましょう。そのためには、前章で説明したdocker execコマンドを使って、コンテナの内部に入ります。プロンプトが変わり、コンテナ内でコマンド入力できるようになります。

*memo*　下記の「08cfabeff4c9」はコンテナIDです。環境によって異なります。

```
$ docker exec -it web01 /bin/bash
root@08cfabeff4c9:/usr/local/apache2#
```

### [6]　index.htmlを確認する

lsコマンドで/usr/local/apache2/htdocsディレクトリの内容を確認します。index.htmlファイルが存在することがわかります。

```
root@08cfabeff4c9:/usr/local/apache2# ls -al /usr/local/apache2/htdocs
total 16
drwxr-xr-x 1 root     root     4096 Apr  4 13:38 .
drwxr-xr-x 1 www-data www-data 4096 Feb 26 06:40 ..
-rw-rw-r-- 1     1000     1000   53 Apr  4 13:38 index.html
```

catコマンドでindex.htmlを確認します。先ほど、docker cpでコピーした内容と合致することがわかります。

```
root@08cfabeff4c9:/usr/local/apache2# cat /usr/local/apache2/htdocs/index.html
<html>
<body>
<div>It's web01!</div>
</body>
</html>
```

確認が終わったら、exitしてコンテナから出ます。

```
root@08cfabeff4c9:/usr/local/apache2# exit
```

### [7]　コンテナweb02に対しても、同様に確認する

コンテナweb02に対しても、同様に確認しておきましょう。今度は、/tmp/index02.htmlとして、**リスト5-2**の内容のファイルを作ります。

リスト5-2　/tmp/index02.html

```
<html>
<body>
<div>It's web02!</div>
</body>
</html>
```

このファイルをコンテナweb02にコピーします。index02.htmlという名前のファイルをindex.htmlというファイルでコピーします。

```
$ docker cp /tmp/index02.html web02:/usr/local/apache2/htdocs/index.html
```

そしてブラウザで「http://DockerホストのIPアドレス:8081/」に接続して、「It's web02!」と表示されることを確認します。

### [8]　カレントディレクトリを戻しておく

以上で実験は終了です。手順［1］では、/tmpにカレントディレクトリを移動したので、元の場所に戻しておきます。

```
$ popd
```

## 5-1-3 コンテナを破棄して作り直すとファイルが失われる

このように、docker cpを使うと、ファイルをコンテナの中にコピーすることができます。ここでコンテナを停止したり破棄したりすると、コピーしたファイルが、どのようになるのかを確認します。

### コンテナを作り直す

実際にやってみましょう。コンテナweb01を作り直してみます。

### 手順 コンテナを作り直す

#### [1] 現在の状態を確認する

まずは、コンテナの現在の稼働状態を確認します。ここでweb01のコンテナID（CONTAINER ID）を控えておいてください。この例では「08cfabeff4c9」です。あとで確認します。

**memo** コンテナID（CONTAINER ID）は、環境によって異なります。

```
$ docker ps
CONTAINER ID   IMAGE       COMMAND              CREATED        STATUS        PORTS                  NAMES
08cfabeff4c9   httpd:2.4   "httpd-foreground"   46 hours ago   Up 46 hours   0.0.0.0:8080->80/tcp   web01
0ddb32735cdd   httpd:2.4   "httpd-foreground"   46 hours ago   Up 46 hours   0.0.0.0:8081->80/tcp   web02
```

#### [2] コンテナを停止する

docker stopでコンテナを停止します。

```
$ docker stop web01
```

ここでWebブラウザから「http://DockerホストのIPアドレス:8080/」に接続してみます。コンテナは停止しているので、接続できず、エラーとなるはず（しばらく待たされたあとタイムアウトになる）です。

#### [3] コンテナを再開する

docker startでコンテナを再開します。

```
$ docker start web01
```

再びWebブラウザから「http://DockerホストのIPアドレス:8080/」に接続してみます。今度は、「It's web01!」と表示されるはずです。

### [4] コンテナを破棄する

コンテナを破棄してみます。まずは、docker stopで停止し、それからrmで削除します。

```
$ docker stop web01
$ docker rm web01
```

docker psで確認します。-aオプションを付けて、停止中のものも含めて確認します。コンテナweb01は、もうありません。

```
$ docker ps -a
CONTAINER ID    IMAGE        COMMAND               CREATED         STATUS          PORTS                   NAMES
0ddb32735cdd    httpd:2.4    "httpd-foreground"    46 hours ago    Up 46 hours     0.0.0.0:8081->80/tcp    web02
```

再びWebブラウザから「http://DockerホストのIPアドレス:8080/」に接続してみます。コンテナがないので、接続エラーとなります。

### [5] コンテナを作り直す

それでは、web01コンテナを作り直しましょう。docker runで起動します。

```
$ docker run -dit --name web01 -p 8080:80 httpd:2.4
```

ここでdocker psでコンテナの稼働状況を確認しておきます。

```
$ docker ps
CONTAINER ID    IMAGE        COMMAND               CREATED           STATUS           PORTS                   NAMES
56e6554aed32    httpd:2.4    "httpd-foreground"    13 minutes ago    Up 13 minutes    0.0.0.0:8080->80/tcp    web01
0ddb32735cdd    httpd:2.4    "httpd-foreground"    47 hours ago      Up 47 hours      0.0.0.0:8081->80/tcp    web02
```

この状態で、Webブラウザから「http://DockerホストのIPアドレス:8080/」に接続してみます。すると、「It's web01!」とは表示されず、「It works!」と表示されます（**図表5-6**）。

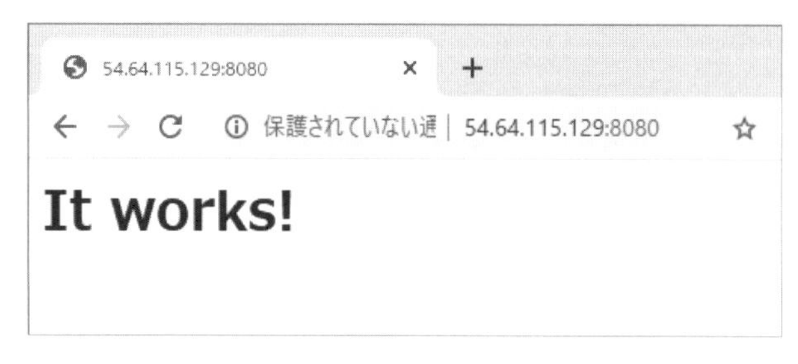


図表5-6 「It works!」と表示される

### [6] index.htmlファイルがなくなっていることを確認する

このコンテナの中に入って、/usr/local/apache2/htdocsを確認します。

```
$ docker exec -it web01 /bin/bash
root@56e6554aed32:/usr/local/apache2# ls -al /usr/local/apache2/htdocs/
total 16
drwxr-xr-x 2 root     root     4096 Feb 26 06:40 .
drwxr-xr-x 1 www-data www-data 4096 Feb 26 06:40 ..
-rw-r--r-- 1 root     src        45 Jun 11  2007 index.html
```

ここでindex.htmlの内容を確認すると、これはhttpdイメージの既定のファイルであり、先ほど置いた「It's web01!」ではないことがわかります。

```
# cat /usr/local/apache2/htdocs/index.html
<html><body><h1>It works!</h1></body></html>
```

確認したら「exit」と入力して、コンテナから抜けます。

```
root@56e6554aed32:/usr/local/apache2# exit
```

## コンテナを起動し直すとファイルが失われる

このようにコンテナを起動し直すと、ファイルが失われます。これは、コンテナがそれぞれ独立しており、コンテナを破棄すると、その内容が失われるからです。

いまコンテナweb01を破棄してから作り直しましたが、この2つのコンテナは別物です。これは、docker psでコンテナIDを確認するとわかります。手順の最初では、docker psでコンテナ一覧を確認しておきました。そしてコンテナを起動したあとにもコンテナ一覧を確認しています。

コンテナの破棄前と作り直したあとで、web01のコンテナIDが違います。つまり、同じweb01という名前が付いていますが、それは別のコンテナです。

【破棄前】

```
08cfabeff4c9    httpd:2.4    "httpd-foreground"   46 hours ago      Up 46 hours       0.0.0.0:8080->80/tcp   web01
```

【作り直した後】

```
56e6554aed32    httpd:2.4    "httpd-foreground"   13 minutes ago    Up 13 minutes     0.0.0.0:8080->80/tcp   web01
```

ですから作り直す前のファイルが失われているように見えるのです（**図表5-7**）。この説明からわかるように、コンテナを破棄する操作（docker rm）は、注意深く操作する必要があります。

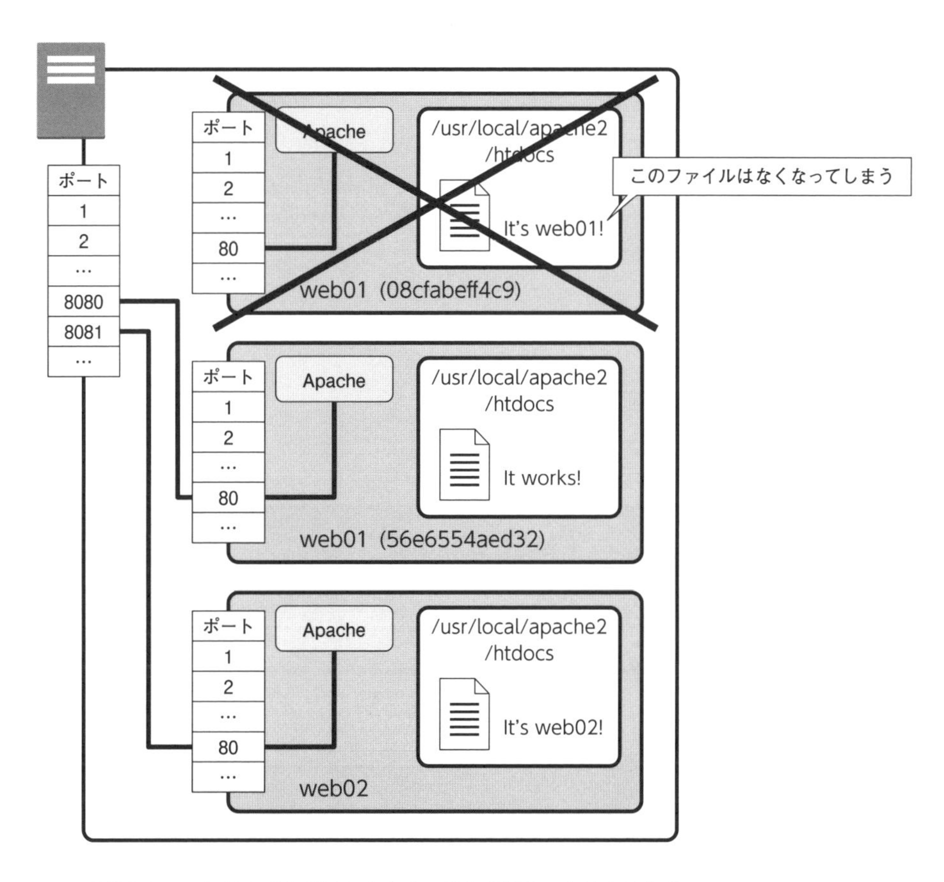


図表5-7　コンテナを作り直したとき、それは別のコンテナになる

# 5-2 データを独立させる

この実験からわかるように、docker rmしてコンテナを破棄すると、そのコンテナの中にあるデータは失われます。そうであれば、コンテナは一度起動したら、破棄してはならないのでしょうか？ いいえ。そうではありません。考え方が違います。コンテナは、失ってはならないデータは、外に出すように設計するのです。

## 5-2-1 マウントすれば失われない

コンテナでは、「実行するシステム」と「扱うデータ」は、別に管理することが推奨されます。第4章では、docker runするときに、-vオプションを使って、$PWDを/usr/local/apache2/htdocsにマウントしました。

この章では-vオプションを使っていませんが、仮にこのようにマウントすれば、コンテナがなくなっても失われることはありません。つまり、データをコンテナの外に出すのです。実際にやってみましょう。

$PWDだと少しわかりにくいので、ここでは、/home/ubuntuディレクトリに「web01data」というディレクトリを作って実験してみます。

**手順 ボリュームのマウントを試す**

### [1] web01コンテナを破棄する

いますでにweb01コンテナが起動中なので、停止して破棄します。

```
$ docker stop web01
$ docker rm web01
```

### [2] マウントするディレクトリを作る

/home/ubuntuディレクトリにweb01dataというディレクトリを作ります。

```
$ cd /home/ubuntu
$ mkdir web01data
```

### [3]　仮のindex.htmlファイルを作る

web01dataディレクトリにindex.htmlファイルを作ります。nanoエディタなどを使って、**リスト5-3**の内容を入力してください。

リスト5-3　web01data/index.htmlファイル

```
<html>
<body>
<div>mount test</div>
</body>
</html>
```

### [4]　[3] のディレクトリをマウントしてweb01コンテナを起動する

［3］のディレクトリを/usr/local/apache2/htdocsにマウントしてweb01コンテナを起動します。

```
$ docker run -dit --name web01 -v /home/ubuntu/web01data:/usr/local/apache2/htdocs -p 8080:80 httpd:2.4
```

起動したら、docker psでコンテナIDを確認しておきましょう。

```
$ docker ps
CONTAINER ID   IMAGE       COMMAND               CREATED         STATUS         PORTS                  NAMES
71bd29332d5a   httpd:2.4   "httpd-foreground"    4 seconds ago   Up 3 seconds   0.0.0.0:8080->80/tcp   web01
0ddb32735cdd   httpd:2.4   "httpd-foreground"    2 days ago      Up 2 days      0.0.0.0:8081->80/tcp   web02
```

### [5]　ブラウザで確認する

この状態で、ブラウザにて「http://DockerホストのIPアドレス:8080/」を開いて確認しましょう。「mount test」というメッセージが表示されるはずです（**図表5-8**）。

図表5-8　ブラウザで確認したところ

### [6] 破棄して作り直す

このweb01コンテナを破棄して作り直します。

```
$ docker stop web01
$ docker rm web01
$ docker run -dit --name web01 -v /home/ubuntu/web01data:/usr/local/apache2/htdocs -p 8080:80 httpd:2.4
```

起動したら、docker psでコンテナIDを確認しておきます。先とは違うコンテナIDなので、別のコンテナです。

```
$ docker ps
CONTAINER ID   IMAGE       COMMAND              CREATED              STATUS              PORTS                  NAMES
4ea9c16976f5   httpd:2.4   "httpd-foreground"   About a minute ago   Up About a minute   0.0.0.0:8080->80/tcp   web01
0ddb32735cdd   httpd:2.4   "httpd-foreground"   2 days ago           Up 2 days           0.0.0.0:8081->80/tcp   web02
```

このときブラウザで確認すると、同じようにコンテンツが表示されます。index.htmlは失われません。

## 5-2-2 データを分ければコンテナのアップデートがしやすくなる

この手順でやったことを図示したものが、**図表5-9**です。破棄したコンテナと新しく作ったコンテナは、別のコンテナですが、どちらもDockerホストの/home/ubuntu/web01dataディレクトリをマウントしています。/home/ubuntu/web01dataディレクトリは、Dockerホスト側にあるので、コンテナが破棄されても失われることはありません。ですから、コンテナが違っても、同じデータが見えるのです。

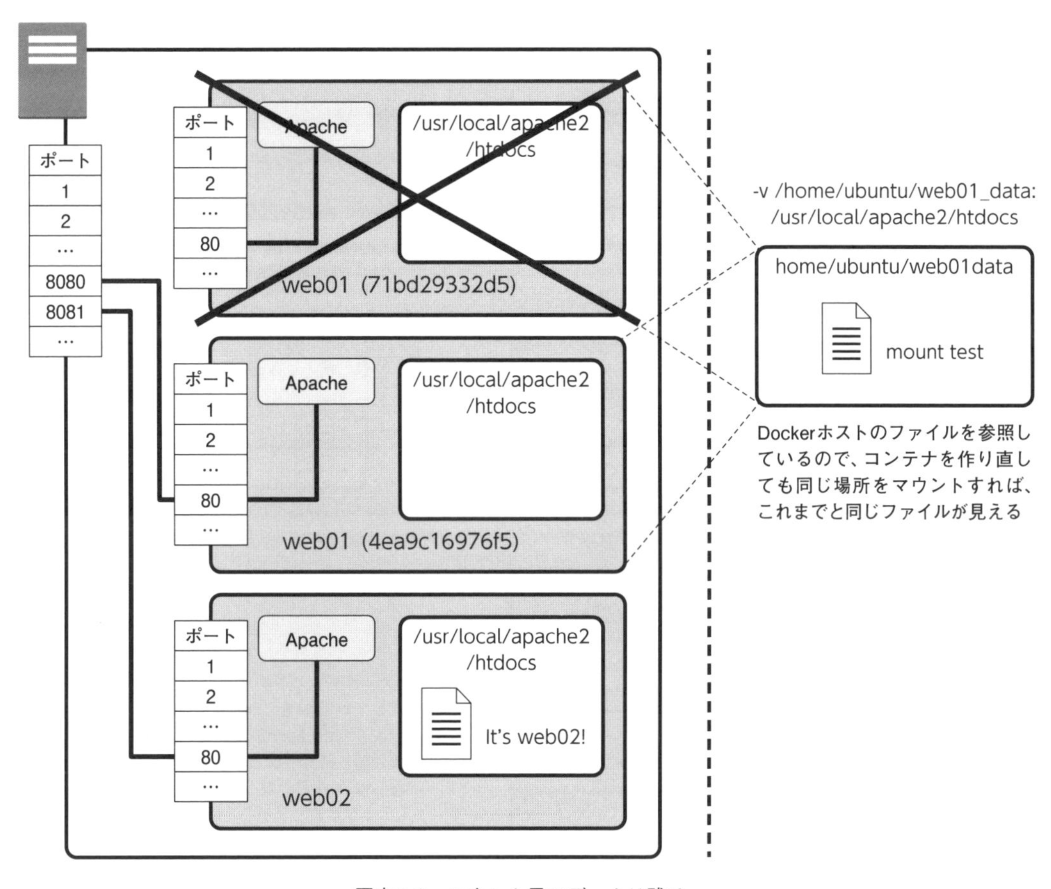


図表5-9　マウント元のデータは残る

ここまでの例では、コンテナ側からマウントしたファイルを書き換えませんでしたが、もちろん、書き換えることもできます。書き換えれば、その書き換えたデータはそのまま残ります。

このようにデータをコンテナではなくDockerホスト側に持ち、それをマウントするようにすれば、失われることがありません。間違えてdocker rmしても影響しなくなります。これはコンテナのアップデートや差し替えが容易になることも意味します。

コンテナの元となるイメージは、イメージの制作者によって、しばしばバージョンアップされます（これは、Docker Hubの更新履歴を見るとわかりますが、アップデートの頻度は、そこそこ早いです）。新しいバージョンに差し替えたいと思ったら、docker stopとdocker rmし、それから、docker runし直せばよいのです。docker runするときに、明示的にタグ名を指定していない場合（「:タグ名」を省略した場合）は、最新版に差し替わりますし、タグ名を指定しているときでも、「httpd:2.4」のようなタグ名であれば、2.4の最新版に差し替わります。

もちろん新しいバージョンにして、何らかの不具合が生じて、戻したいようなこともあるでしょう。そうしたときには、タグ名もしくはイメージIDを明示的に指定して、別の版に差し替えることも簡単です（図表5-10）。

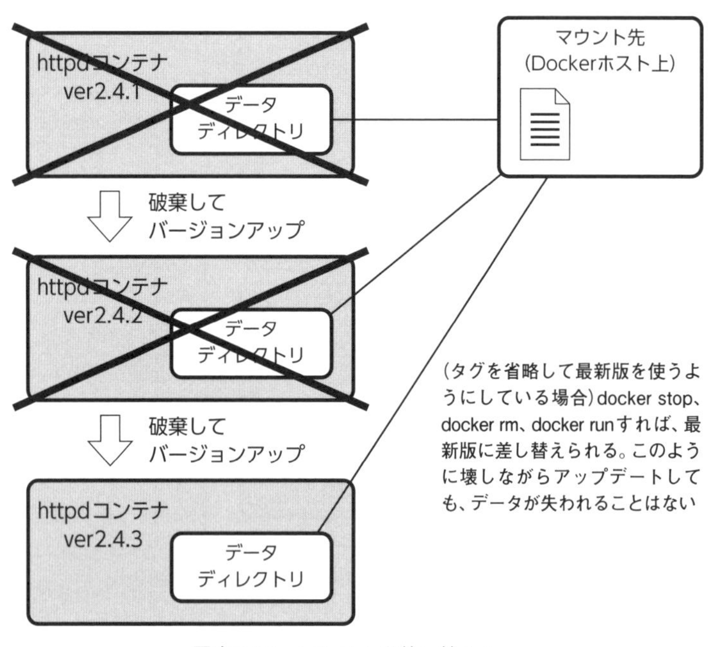


図表5-10　コンテナを差し替える

## 5-2-3 コンテナ間のデータ共有にも利用できる

こうしたマウントするという手法は、データを失わないようにするだけでなく、別の使い方もあります。それはコンテナ間でのデータ共有です。実は、1つの場所を2つの以上のコンテナで同時にマウントすることもできます。そうすれば、そのマウントした場所を通じて、コンテナ間でファイル共有できます（図表5-11）。

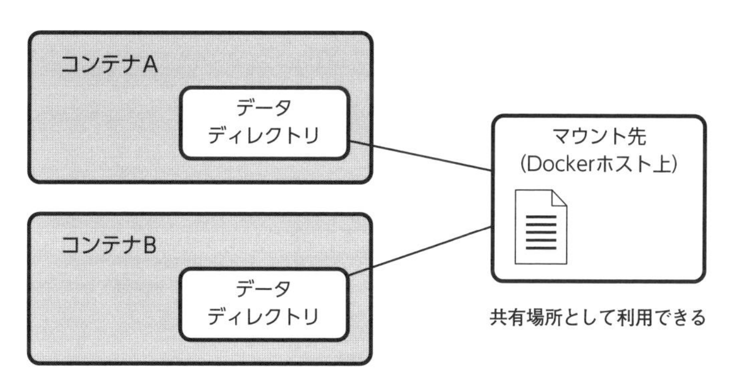


図表5-11　コンテナ間でファイル共有する

## 5-2-4 設定ファイルの受け渡しや作業フォルダを受け渡す

またDockerでは、コンテナ内の設定ファイルを書き換えるために、あるフォルダもしくは設定ファイルの1つだけをマウントするという使い方もされます。例えば、これまで使ってきているhttpdコンテナは、/usr/local/apache2/confディレクトリにApacheの設定ファイルが入っており、設定を変更したいときは、このファイルを書き換える必要があります。

> ***memo*** 設定変更が必要な場面としては、例えば、SSL（HTTPS）に対応させたいときや、接続の際のIP制限を課したいときなどが挙げられます。

そのためには、/usr/local/apache2/conf内の必要なファイルをdocker cpでコピーする方法や、docker exec（docker run）でシェルを起動し、コンテナ内に入り込んで設定ファイルを変更する方法もあります。

コンテナを起動する前に書き換えなければならないので、docker runするのではなく、一度、docker createしておいて、docker cpなどでファイルを書き換え、それから、docker startで起動するという手順になるでしょう（**図表5-12**）。

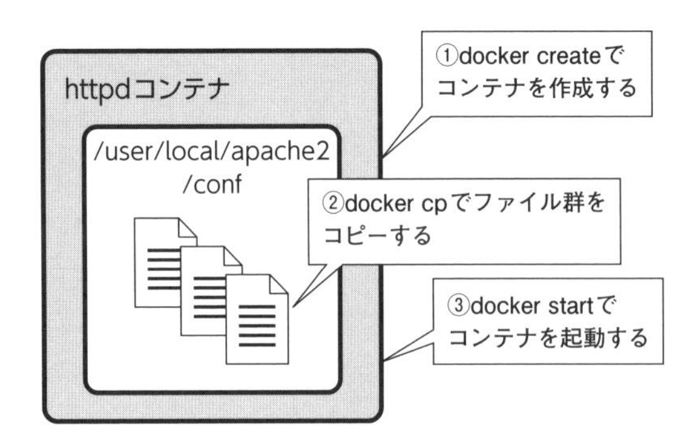


図表5-12　設定ファイルを変更するときの流れ

しかしマウントする方法を採れば、もう少し簡単になります。Dockerホスト上の適当なディレクトリに、コンテナ内の/usr/local/apache2/confと同じ内容のものを用意しておきます。そしてそのファイルを書き換えておき、docker runするときに、そのディレクトリを/usr/local/apache2/confディレクトリにマウントするのです（**図表5-13**）。

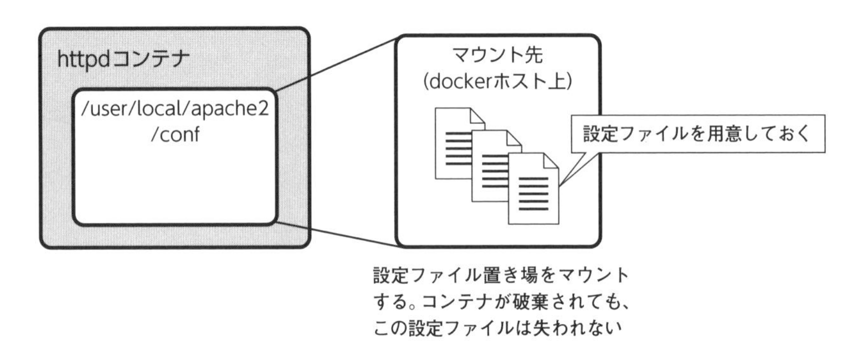


図表5-13　設定ファイルを置いたディレクトリをマウントして設定変更する

この方法なら、Dockerホストに設定ファイルが残るので、設定のバックアップが容易です。そしてすでに説明したように、docker stop、docker rmしてコンテナを破棄しても設定がDockerホストに残るので、設定そのままでコンテナの差し替えも実施できます。こうした、設定のディレクトリをマウントして設定変更するというのは、コンテナで頻用されるテクニックです。

***memo*** マウントはディレクトリに対して設定するのがほとんどですが、ファイル名を指定して、指定ファイルだけをマウントすることもできます。1つもしくはいくつかの設定ファイルだけをコンテナに受け渡したいときは、ディレクトリではなくファイル名を指定してマウントすることもあります。

# 5-3 バインドマウントとボリュームマウント

これまで説明してきたように、Dockerホストにあらかじめディレクトリを作っておき、それをマウントする方法を「バインドマウント」と言います。Dockerにはもう1つ、「ボリュームマウント」という方法もあります。

## 5-3-1 ボリュームマウント

ボリュームマウントは、ホスト上のディレクトリではなく、Docker Engine上で確保した領域をマウントする方法です。確保した場所のことを、「データボリューム」もしくは略して「ボリューム」と言います（**図表5-14**）。

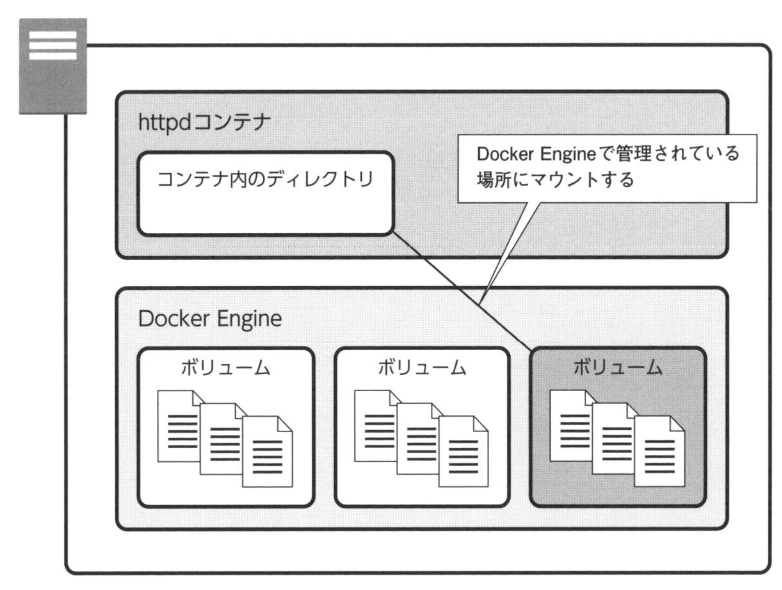


図表5-14　ボリュームマウント

ボリュームは、あらかじめ、docker volume createコマンドを使って作成しておきます。docker volumeコマンドには、作成するcreate以外に、一覧を表示するls、削除するrmなどのサブコマンドがあります（**図表5-15**）。

| サブコマンド | 意味 |
| --- | --- |
| create | ボリュームを作成する |
| inspect | ボリュームの詳細情報を確認する |
| ls | ボリューム一覧を参照する |
| prune | コンテナからマウントされていないボリュームをすべて削除する |
| rm | ボリュームを削除する |

図表5-15　docker volumeのサブコマンド

### ボリュームマウントの利点

ボリュームを使う利点は、ボリュームの保存場所がDocker Engineで管理されるため、その物理的な位置を意識する必要がなくなるという点です。ディレクトリ構造はDockerホストの構成によって違うので、ディレクトリ名で指定する場合（docker runやdocker createのvオプションでディレクトリを指定する場合）は、Dockerホストに合わせた場所を指定しなければならず、汎用的ではありません（例えば、ある管理者は/home以下を使うように構成したかもしれませんし、別の管理者は/var以下を使うように構成したかもしれません）。

それに対して、ボリュームを扱う方法は汎用的で、どのDockerホストでも同じです。すぐあとに見るように、docker createでボリュームを作るコマンド、そしてそのボリュームをdocker runやdocker createで指定するためのオプションは、どのDockerホストでも同じです。

## 5-3-2　バインドマウントとボリュームマウントの使い分け

汎用性という面で言うと、ボリュームマウントが推奨されますが、バインドマウントを完全に置き換えるわけではありません。バインドマウントのほうが優れた場面もあります。

### バインドマウントのほうがよい場面

バインドマウントの利点は、Dockerホストの物理的な位置にマウントできることです。そのため、Dockerホストのファイルをコンテナに見せたいときは、バインドマウントを使います。

次のような場面では、バインドマウントが向きます。

(1) 設定ファイルの受け渡し

Dockerホスト上に設定ファイルを置いたディレクトリを用意して、それをコンテナに渡したい場合です。

(2) 作業ディレクトリの変更を即座にDockerコンテナから参照したいとき

Dockerホスト上のファイルを変更したとき、それをDockerコンテナにすぐに反映させたいときです。例えば、httpdコンテナを動かして、そのドキュメントルート（/usr/local/apache/htdocs）を、これまでのように、Dockerホストの適当なディレクトリにバインドした場合、Dockerホスト側でそのディレクトリ内のファイルを変更すれば、それはすぐにDockerコンテナに反映されます。つまり、（Dockerコンテナ内ではなく）Dockerホスト上のエディタから、Dockerコンテナ内のファイルを直接編集できます。これは開発中に、とても便利です（**図表5-16**）。

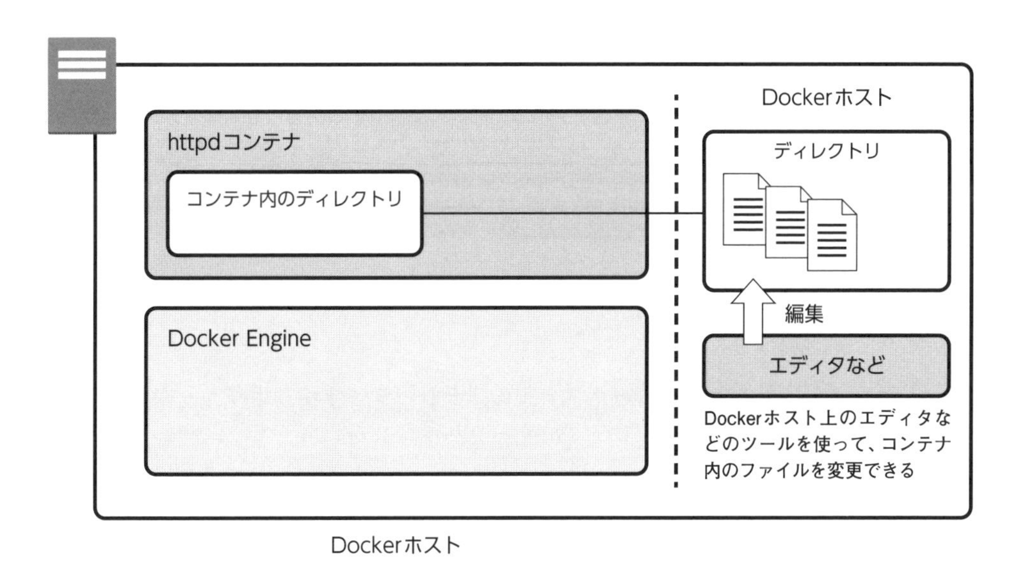


図表5-16　バインドマウントならファイルをDockerホストから直接変更できる

## ボリュームマウントのほうがよい場面

逆にボリュームマウントが向く場面は、単純にDockerコンテナが扱うデータをブラックボックスとして扱い、コンテナを破棄してもデータが残るようにしたいだけの場面です。例えば、データベースを構成するコンテナにおいて、データベースのデータを保存する場所が挙げられます。

データベースのデータは、通常、ひとまとめのブラックボックスとして扱い、それぞれのファイルをDockerホストから編集することはないはずです。もしそんなことをしたら、データベースは壊れてしまうことでしょう。このようにDockerホストから不用意にデータを書き換えたくない場面では、ボリュームマウントが向きます（**図表5-17**）。

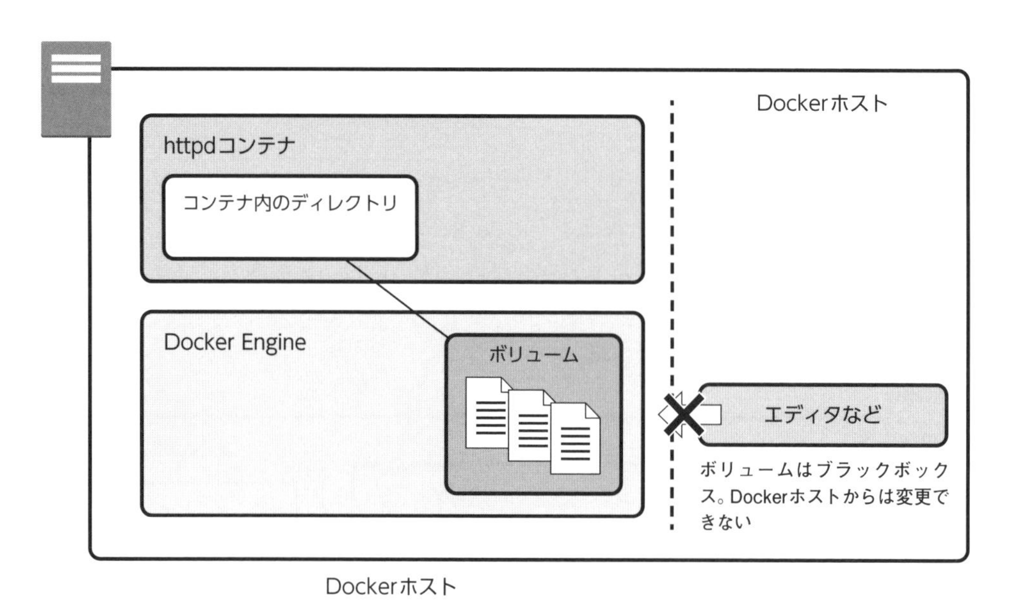


図表5-17　ボリュームマウントはDockerホストから変更できない

ボリュームはデフォルトでは、Dockerホスト上のストレージですが、ボリュームプラグインをインストールすることで、AWSのS3ストレージやNFSなどのネットワークストレージを用いることもできます。

### コラム　各自のPCでDockerを使う場合はバインドマウントが便利

本書はAWS上でDockerを利用しているため論点がズレますが、図表5-16のようなバインドマウントは、WindowsやmacOSにおいて、開発者やデザイナーがDockerを利用する場面で便利です。

例えば、httpdコンテナの/usr/local/apache2/htdocsを、WindowsのC:\Users\ユーザー名\Documents\exampleなどのディレクトリにバインドマウントして起動するとします。この場合、このexampleディレクトリのファイルを編集すれば、自身で起動しているDockerのコンテンツとして、すぐに表示されます。つまり、Visual Studio Codeなどのエディタを使っていつも通りに開発するだけで、自分のPCのポート8080など（http://localhost:8080/）で、そのコンテンツをすぐに見ることができるのです（**図表5-18**）。

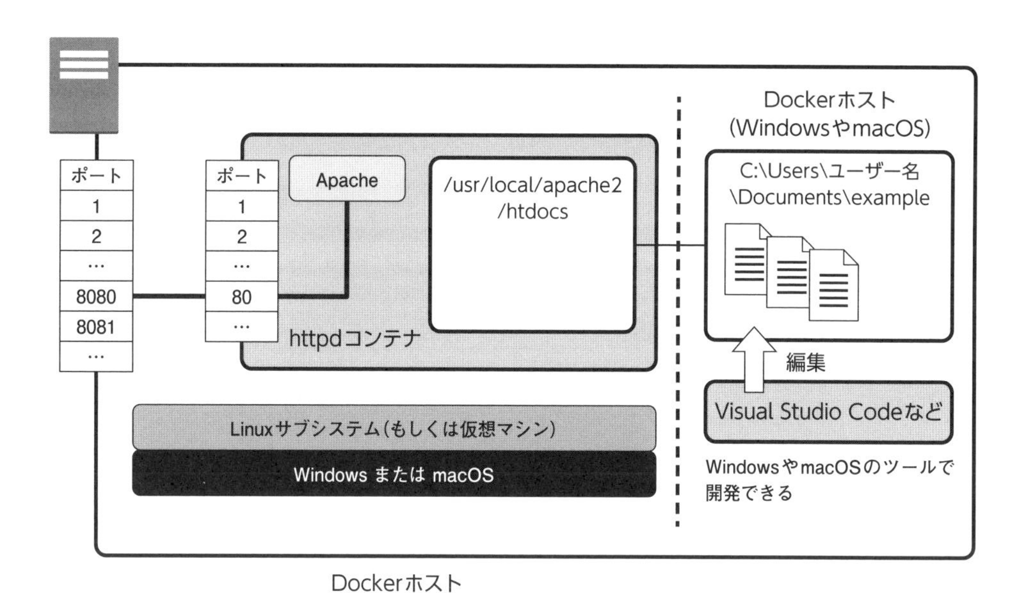


図表5-18　WindowsのDockerでバインドマウントする

## 5-3-3 MySQLコンテナを使った例

実際に、ボリュームマウントを使ってみましょう。いまちょうど適した利用例としてデータベースを取り上げたので、ボリュームマウントを使ったデータベースのコンテナを作る例を紹介しましょう。

ここでは、データベースコンテナとして、MySQL 5.7を取り上げます。MySQLのコンテナは、Docker Hubにオフィシャルイメージとして登録されています。バージョン5.7のイメージ名は、「mysql:5.7」です（**図表5-19**）。

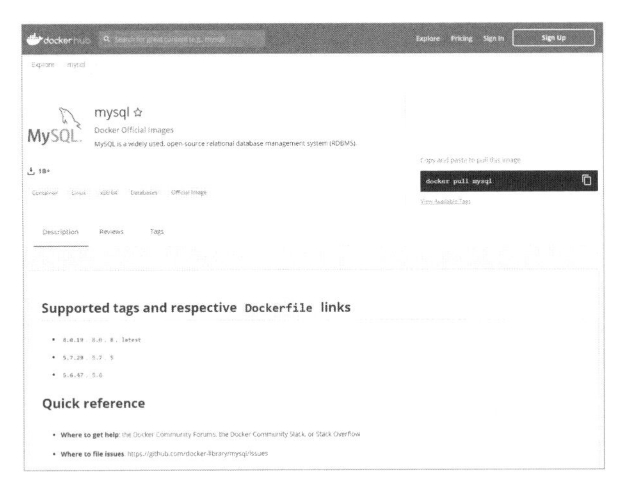


図表5-19 MySQLのイメージ

***memo*** バージョン5.7を利用するのは、次の章で説明するWordPressで利用するときの布石です。MySQLのバージョン8以降は、デフォルトの認証方式が変わっているため、別のコンテナと組み合わせたときに、デフォルトの設定だとうまく利用できないことがあります。こうした理由から、ここではバージョン5.7を使いました。

**【MySQLのイメージ】**
https://hub.docker.com/_/mysql

MySQLに限らず、Dockerイメージを使う場合、そのイメージの制作者が、「どのような使い方を想定して作っているのか」「各種設定はどのようにして行えばよいのか」を、記載されているドキュメントからくみ取らなければなりません。

これは上記のページに記載されていますが、かい摘まんで、「マウントすべきディレクトリ」と「rootユーザーのユーザー名、パスワード、既定のデータベース名などの指定方法」の2つを以下にまとめます。

### マウントすべきディレクトリ

データベースのデータは、/var/lib/mysqlディレクトリに保存されます。ここをボリュームマウント（もしくはバインドマウント）することで、コンテナを破棄しても、データベースの内容が失われないようにします。

### rootユーザーのユーザー名、パスワード、既定のデータベース名などの指定方法

データベースにアクセスする際のrootユーザーのユーザー名、パスワード、既定のデータベースなどは、環境変数として引き渡します（**図表5-20**）。MYSQL_ROOT_PASSWORD（もしくはMYSQL_ALLOW_EMPTY_PASSWORDかMYSQL_RANDOM_ROOT_PASSWORD）のみ必須で、残りはオプションです。すぐあとに説明しますが、具体的には、docker run（もしくはdocker create）するときに、-eオプションで指定します。

**memo** より複雑な設定をしたいときは、MySQLの設定ファイルであるmy.cnfファイルをバインドマウントで引き渡す方法もとれます。

**memo** 図表5-20の環境変数名に「_FILE」を指定した環境変数（例えばMYSQL_ROOT_PASSWORD_FILEなど）を使うと、直接文字列を記載するのではなく、ファイル名を記載して、そのファイルの内容を設定するという挙動にもできます。

| 環境変数名 | 意味 |
|---|---|
| MYSQL_ROOT_PASSWORD | MySQL の root ユーザーのパスワード |
| MYSQL_DATABASE | デフォルトのデータベース名 |
| MYSQL_USER | データベースにアクセスできる一般ユーザー名。このユーザーは MYSQL_DATABASE に指定したデータベースを利用できる |
| MYSQL_PASSWORD | 上記ユーザーのパスワード |
| MYSQL_ALLOW_EMPTY_PASSWORD | root パスワードを空欄にできるかどうか。yes を設定すると空にする |
| MYSQL_RANDOM_ROOT_PASSWORD | yes に設定するとランダムなパスワードを設定する |
| MYSQL_ONETIME_PASSWORD | yes に設定すると、root ユーザーが初回ログインしたときにパスワードの変更を要求される |

図表5-20　MySQLコンテナを起動する際に指定する環境変数

## 5-3-4 ボリュームを作成する

では、始めましょう。まずは、ボリュームを作成します。ボリュームを作成する基本的な構文は、次の通りです。

```
docker volume create --name ボリューム名
```

--nameオプションは省略できますが、そうすると無名のボリュームとなりわかりにくいので、設定

したほうがよいでしょう。以下では、mysqlvolumeという名前のボリュームを作成してみます。

> **memo** ボリューム名に「/」からはじまる名前を付けることはできません。これは後述するように、マウントするときの構文がバインドボリュームと同じであるため、ボリュームマウントかバインドマウントかの区別をする内部的な理由によります。

**手順** **ボリュームを作成する**

**[1] ボリュームを作成する**

次のコマンドを入力して、mysqlvolumeという名前のボリュームを作成します。

```
$ docker volume create mysqlvolume
```

**[2] 作成したボリュームを確認する**

docker volumeコマンドを使うと、存在するボリュームを確認できます。

```
$ docker volume ls
DRIVER              VOLUME NAME
local               mysqlvolume
```

**コラム** **ボリュームドライバとプラグイン**

docker volume lsの結果として表示される「DRIVER」は、ボリュームを構成するドライバです。既定は「local」であり、Dockerホスト上のディスク上に作成されます。それ以外にボリュームプラグインをインストールすることで、Amazon S3のストレージやNFSなどのネットワークストレージを利用できます。

## 5-3-5 ボリュームマウントしたコンテナを作成する

では、このボリュームをマウントして、MySQL 5.7のコンテナを起動してみましょう。ここでは、rootユーザーのパスワードは「mypassword」としてみます。

## 手順 MySQL 5.7のコンテナを起動する

### [1] MySQL 5.7のコンテナを起動する

docker runコマンドを使って、MySQL 5.7のコンテナを起動します。どのようなコンテナ名でもよいですが、ここではdb01というコンテナ名にしましょう。このとき、いま作成したボリュームを/var/lib/mysqlディレクトリにマウントします。ボリュームのマウントには、バインドマウントと同様にvオプションを使います。違うのはディレクトリ名ではなくてボリューム名を使うという点だけです。

MySQL 5.7を起動するには、rootユーザーのパスワードをMYSQL_ROOT_PASSWORDとして設定しなければなりません。これはeオプションで指定します。

**memo** ただしボリュームのマウントには、vオプションではなくmountオプションを使うことが推奨されています。vオプションだと、ボリュームが作られていないときに新規にボリュームが作成されてしまい、意図しない結果になるためです。詳細は「5-3-7 mountオプションを使ったマウントの設定」で説明します。

```
$ docker run --name db01 -dit -v mysqlvolume:/var/lib/mysql -e MYSQL_ROOT_PASSWORD=mypassword mysql:5.7
```

### [2] 起動を確認する

docker psで起動を確認しておきます。

```
$ docker ps
CONTAINER ID   IMAGE       COMMAND                   CREATED         STATUS         PORTS                NAMES
b2e03e03561d   mysql:5.7   "docker-entrypoint.s…"   3 seconds ago   Up 2 seconds   3306/tcp, 33060/tcp   db01
```

## 5-3-6 データベースに書き込んだ内容が破棄されないことを確認する

では、このMySQLコンテナを使っていきましょう。MySQLコンテナにログインして、データベースを操作して、新しいデータベースを作り、適当なデータを書き込んでみます。そのあとコンテナを破棄し、新たにコンテナを作り直したとき、そのデータが破棄されていないことを確認します。

## 手順 データベースに書き込んだ内容が破棄されないことを確認する

### [1] コンテナ内に入る

docker execコマンドを使ってシェルを起動し、コンテナ内に入ります。プロンプトが変わり、コンテナ内でコマンド入力できるようになります。

```
$ docker exec -it db01 /bin/bash
root@b2e03e03561d:/#
```

### [2] mysqlコマンドを実行する

mysqlコマンドを-pオプション付きで実行します（パスワードを入力するため）。パスワードが求められたら、コンテナを起動するときにMYSQL_ROOT_PASSWORD環境変数で設定したパスワード（ここでは「mypassword」）を入力します。すると「mysql>」と表示され、MySQLの操作ができるようになります。

```
root@b2e03e03561d:/# mysql -p
Enter password:
Welcome to the MySQL monitor.  Commands end with ; or \g.
Your MySQL connection id is 2
Server version: 5.7.29 MySQL Community Server (GPL)

Copyright (c) 2000, 2020, Oracle and/or its affiliates. All rights reserved.

Oracle is a registered trademark of Oracle Corporation and/or its
affiliates. Other names may be trademarks of their respective
owners.

Type 'help;' or '\h' for help. Type '\c' to clear the current input statement.

mysql>
```

### [3] データベースを作成する

適当なデータベースを作成してみます。ここでは「exampledb」というデータベースを作成します。

**memo** 「mysql>」の後ろに続く部分が入力箇所です。それ以外は、応答です。

```
mysql> CREATE DATABASE exampledb;
Query OK, 1 row affected (0.00 sec)
```

### [4] テーブルを作成する

適当なテーブルを作成してみます。ここでは「exampletable」というテーブルを作成します。

> *memo* 本書はSQLを解説するのが目的ではないので、SQLの説明は省きます。以下は、use exampledb;で、デフォルトのデータベースを手順[3]で作成したexampledbに変更し、CREATE TABLE･･･で、テーブルを作るという意味です。この文により、id列、name列を持つexampletableテーブルが作成されます。id列は自動連番に設定されます。

```
mysql> use exampledb;
Database changed
mysql> CREATE TABLE exampletable (id INT NOT NULL AUTO_INCREMENT, name VARCHAR(50), PRIMARY KEY(id));
Query OK, 0 rows affected (0.07 sec)
```

### [5] データを挿入する

2件ほどのデータを挿入してみます。

```
mysql> INSERT INTO exampletable (name) VALUES ('user01');
Query OK, 1 row affected (0.01 sec)

mysql> INSERT INTO exampletable (name) VALUES ('user02');
Query OK, 1 row affected (0.02 sec)
```

### [6] データを確認する

挿入したデータを確認します。2件のレコードが表示されます。

```
mysql> SELECT * FROM exampletable;
+----+--------+
| id | name   |
+----+--------+
|  1 | user01 |
|  2 | user02 |
+----+--------+
2 rows in set (0.00 sec)
```

### [7] mysqlコマンドを終了する

2件のレコードが追加されたことを確認したら、このコンテナを破棄していきましょう。まずは、mysqlコマンドを抜けます。抜けるには「\q」と入力します。

```
mysql> \q
Bye
root@b2e03e03561d:/#
```

### [8] コンテナから出る

「exit」と入力して、コンテナから出ます。

```
root@b2e03e03561d:/# exit
exit
$
```

### [9] コンテナを破棄する

コンテナを停止して破棄します。

```
$ docker stop db01
$ docker rm db01
```

コンテナがなくなったことを確認します。

```
$ docker ps -a
CONTAINER ID     IMAGE              COMMAND            CREATED            STATUS            PORTS              NAMES
```

### [10] マウントせずに新しいコンテナを作って確認します。

まずは、-vオプションを指定せず、マウントせずに新しいコンテナを作って確認します。

```
$ docker run --name db01 -dit -e MYSQL_ROOT_PASSWORD=mypassword mysql:5.7
```

先と同様に、docker execしてシェルに入り、mysqlコマンドを実行します。

```
$ docker exec -it db01 /bin/bash
root@d9458498eb2d:/# mysql -p
Enter password:
Welcome to the MySQL monitor.  Commands end with ; or \g.
…略…
mysql>
```

useでexampledbに切り替えようとしてください。そのようなデータベースは存在しないとエラーになるはずです。

```
mysql> use exampledb
ERROR 1049 (42000): Unknown database 'exampledb'
```

「\q」で終了し、「exit」でコンテナを抜けましょう。

```
mysql> \q
Bye
root@d9458498eb2d:/# exit
exit
$
```

### [11] コンテナを破棄してマウントした新しいコンテナを作る

いまのコンテナを破棄して、別のコンテナを作り直します。今度は、-vオプションを付けてマウントします。

```
$ docker stop db01
$ docker rm db01
$ docker run --name db01 -dit -v mysqlvolume:/var/lib/mysql -e MYSQL_ROOT_PASSWORD=mypassword mysql:5.7
```

docker execでシェルに入り、いまと同じように、「use exampledb」してみます。今度は切り替えられます。

```
$ docker exec -it db01 /bin/bash
root@9309f4f3381e:/# mysql -p
Enter password:
Welcome to the MySQL monitor.  Commands end with ; or \g.
…略…
$ docker exec -it db01 /bin/bash
root@9309f4f3381e:/# mysql -p
Enter password:
Welcome to the MySQL monitor.  Commands end with ; or \g.
…略…
mysql> use exampledb;
Reading table information for completion of table and column names
You can turn off this feature to get a quicker startup with -A

Database changed
mysql>
```

SELECT文を実行すると、先ほど追加したレコードが存在することも確認できます。

```
mysql> SELECT * FROM exampletable;
+----+--------+
| id | name   |
+----+--------+
|  1 | user01 |
|  2 | user02 |
+----+--------+
2 rows in set (0.00 sec)
```

「\q」で終了し、「exit」でコンテナを抜けましょう。

```
mysql> \q
Bye
root@9309f4f3381e:/# exit
exit
$
```

### [12] 後始末

このように、ボリュームを作ってマウントすることで、データが失われないことを確認できました。ひとまず実験終了です。コンテナから出て、終了し、破棄しておいてください。

```
$ docker stop db01
$ docker rm db01
```

## 5-3-7 mountオプションを使ったマウントの設定

さてこれまで、バインドマウントやボリュームマウントするのに「-vオプション」を使いましたが、もう1つ「--mount」というオプションを使う方法もあります。--mountオプションを使う場合の書式は、次の通りです。

```
--mount type=マウントの種類,src=マウント元,dst=マウント先
```

マウントの種類は、バインドマウントのときは「bind」、ボリュームマウントのときは「volume」を指定します。srcはマウント元、dstはマウント先です（srcはsource、dstはdestinationやtargetとも書けます）。

例）バインドマウントの場合

```
-v /home/ubuntu/web01data:/usr/local/apache2/htdocs:/usr/local/apcahe2/htdocs
```

↓以下と等価

```
--mount type=bind,src=/home/ubuntu/web01data,dst=/usr/local/apache2/htdocs
```

例）ボリュームマウントの場合

```
-v mysqlvolume:/var/lib/mysql
```

↓以下と等価

```
--mount type=volume,src=mysqlvolume,dst=/var/lib/mysql
```

--mountは、Dockerバージョン17.06からサポートされたオプションです。どちらを使っても結果は同じですが、--mountのほうが推奨されています。その理由は2つあります。

(1) バインドマウントかボリュームマウントかわかりにくい

-vオプションでは、マウント元が「/」から始まるときはバインドマウント、そうでないときはボリュームマウントです。わかりにくく間違える可能性があります。

(2) ボリュームが存在しないときに新規に作成される

ここまでの流れでは、あらかじめdocker volume createでボリュームを作っておきましたが、実は、作らずに、いきなり-vオプションで指定することもできます。その場合、新規にボリュームが作成されます。しかしこの動作は、ボリューム名をタイプミスしたときに致命的な問題になりがちです。

例えば今回の例では、mysqlvolumeというボリュームを作りました。これを-v mysqlvolume:/var/lib/mysqlとするのを間違えて、-v mysqlvolum:/var/lib/mysqlのようにしたときは（最後の「e」が抜けている）、新しいボリュームが作成されてしまうので、以前に使っていたデータが見えないというトラブルが発生してしまいます。--mountオプションの場合は、こうした事故がないよう、ボリュームが存在しないときは新規作成せず、エラーが発生する挙動になっています。

歴史的な理由から、-vオプションが使われるケースが多いですが、今後は、--mountを使うほうがよいでしょう。

### コラム tmpfsマウント

ここまでバインドマウントとボリュームマウントを説明してきましたが、実はもう1つ、tmpfsマウントというものもあります。tmpfsマウントは、--tmpfsオプション、もしくは、--mountオプションのtypeでtmpfsを指定することでマウントします。

```
--tmpfs マウント先
```

または

```
--mount type=tmpfs,dst=マウント先
```

tmpfsはディスクではなくメモリーを特定のマウント先に指定するもので、メモリーディスクを利用することで読み書きを高速化する目的で使います（そのためマウント元の指定がありません）。tmpfsはメモリーなので揮発性です。コンテナを破棄するとともに破棄されます。

なお、--mountで指定する際は、tmpfs-sizeオプションで容量を、tmpfs-modeオプションでファイルモード（0700など）を、それぞれ設定することもできます。--tmpfsで指定する場合は、これらを指定できません。

# 5-4 データのバックアップ

コンテナを扱うときは、データのバックアップについても検討しなければなりません。バインドマウントの場合、バックアップは簡単です。Dockerホスト上のファイルなので、Dockerホストからアクセスできるからです。Dockerホストで、別のディレクトリにコピーするとか、tarコマンドでファイルをまとめて保存するなどすることで、バックアップできます。

ではボリュームをバックアップするには、どうすればよいのでしょうか？　ここまでの手順では、MySQLコンテナのデータをmysqlvolumeという名前のボリュームに保存しました。このボリュームが失われれば、データベースのデータは失われてしまいます。

## 5-4-1 ボリュームの場所

そもそもボリュームは、どこにあるのでしょうか？　ボリュームの詳細情報は、docker volume inspectコマンドで確認できます。

```
docker volume inspect ボリューム名（またはボリュームID）
```

実際にmysqlvolumeの詳細情報を確認してみましょう。次の情報が得られます。

```
$ docker volume inspect mysqlvolume
[
    {
        "CreatedAt": "2020-04-07T19:34:10Z",
        "Driver": "local",
        "Labels": {},
        "Mountpoint": "/var/lib/docker/volumes/mysqlvolume/_data",
        "Name": "mysqlvolume",
        "Options": {},
        "Scope": "local"
    }
]
```

上記のMountpointの場所が、実際にマウントされている場所です。この例では/var/lib/docker/

volumes/以下にあります。

では、このファイルをtarファイルなどで固めてバックアップすればよいのかというと、そうではありません。ここはDocker Engineのシステム領域であり、仮にここをバックアップしてリストアしても、元に戻るとは限りません。

## 5-4-2 ボリュームバックアップの考え方

Dockerでボリュームをバックアップするときは、適当なコンテナに割り当てて、そのコンテナを使ってバックアップを取るようにします。

具体的には、適当なLinuxシステムが入ったコンテナを1つ別に起動します。そしてその/tmpなどのディレクトリにバックアップ対象のコンテナをマウントし、tarでバックアップを作ります。そのバックアップをDockerホストで取り出せば、バックアップは完了します。リストアするときは、その逆の手順で戻します（**図表5-21**）。

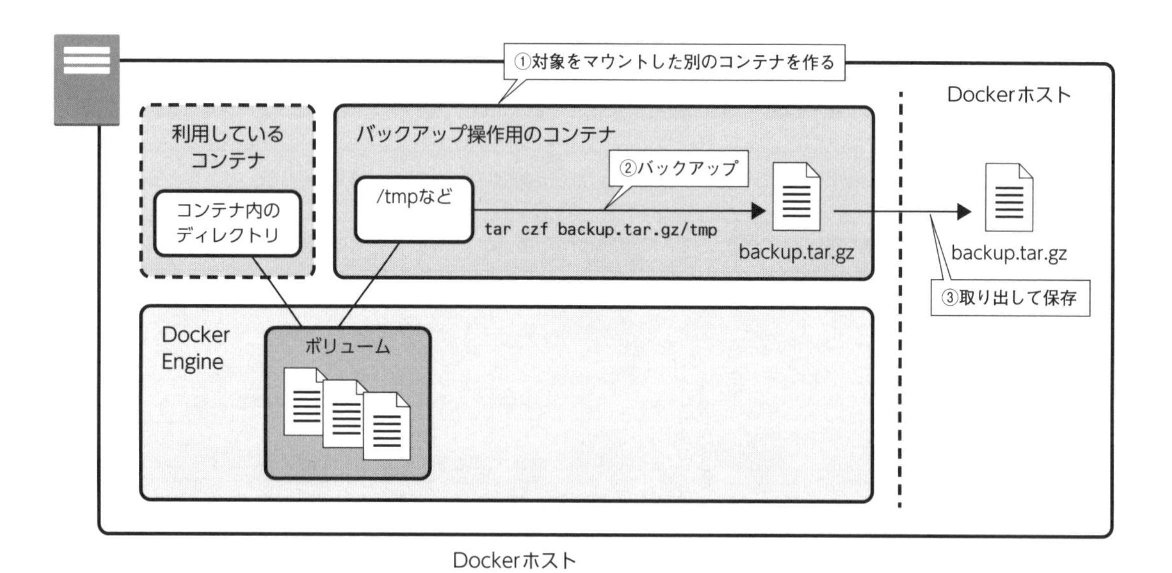


図表5-21　ボリュームバックアップの考え方

なお、1つのボリュームは、複数のコンテナから同時にマウントできるので、バックアップに際して、利用中のコンテナのマウントを外す必要はありません。しかしコンテナの稼働中のバックアップは、データの整合性がとれなくなる可能性があるので、バックアップ中は、コンテナを停止（docker stop）しておくのが望ましいでしょう。

> **memo** もちろん、そのボリュームに書き込みが発生しないタイミングでバックアップを確実に取れるのであれば、コンテナ稼働中でもバックアップできます。あくまでもバックアップ中に、そのボリュームへの書き込みがされないことを保証できるかどうかだけの話です。

## 5-4-3 ボリュームをバックアップする

実際に、このmysqlvolumeをバックアップしてみましょう。

### ボリュームバックアップの実例

まずは実際にやってみます。それから解説します。

#### 手順 ボリュームをバックアップする

**[1] ボリュームを利用中のコンテナが停止中もしくは存在しないかどうかを確認する**

念のため、ボリュームを利用しているコンテナが停止中であることを確認します。docker ps -aで調査し、db01コンテナの状態が停止中、もしくは、そもそもコンテナが存在しないことを確認しましょう。

本書を手順通りに進めていれば、いま、db01コンテナは存在しないはずです。

```
$ docker ps -a
CONTAINER ID    IMAGE           COMMAND         CREATED         STATUS          PORTS           NAMES
```

**[2] 軽量Linuxシステムのbusyboxを起動してtarコマンドでバックアップする**

Linuxシステムが入ったコンテナを、mysqlvolumeをマウントして起動します。そしてtarコマンドを実行してアーカイブします。そのために、次のコマンドを入力します。

```
$ docker run --rm -v mysqlvolume:/src -v "$PWD":/dest busybox tar czvf /dest/backup.tar.gz -C /src .
```

このコマンドを入力すると、実行したディレクトリに、backup.tar.gzとしてバックアップが作れます。lsコマンドで確認しましょう。

```
$ ls -al
drwxr-xr-x 7 ubuntu ubuntu    4096 Apr  9 02:25 .
drwxr-xr-x 3 root   root      4096 Mar 15 16:44 ..
…略…
-rw-r--r-- 1 root   root   7139030 Apr  9 02:25 backup.tar.gz
```

tarコマンドで中身を確認してみましょう。それらしきファイルが格納されているようです。

```
$ tar tzvf backup.tar.gz
drwxr-xr-x 999/999           0 2020-04-07 19:34 ./
-rw-r----- 999/999          56 2020-04-07 18:48 ./auto.cnf
drwxr-x--- 999/999           0 2020-04-07 18:49 ./sys/
-rw-r----- 999/999        1093 2020-04-07 18:49 ./sys/ps_check_lost_instrumentation.frm
-rw-r----- 999/999        2607 2020-04-07 18:49 ./sys/x@0024user_summary_by_stages.frm
…以下略…
```

### ボリュームバックアップの慣例的なコマンド

では、いま入力した

```
$ docker run --rm -v mysqlvolume:/src -v "$PWD":/dest busybox tar czf /dest/backup.tar.gz -C /src .
```

は、どういう意味なのでしょうか？　少し順を追ってみてみましょう。ボリュームマウントとバインドマウントを組み合わせているところに注目しましょう（図表5-22）。

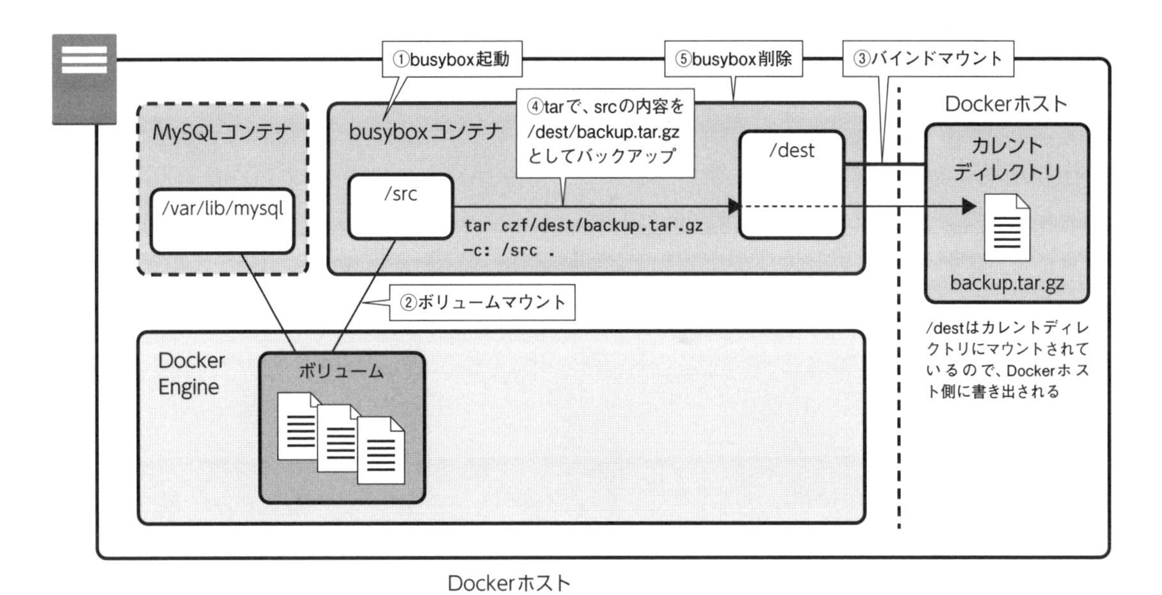


図表5-22　ボリュームバックアップの流れ

(1) 軽量なLinuxシステムbusyboxの起動

ここではイメージとして「busybox」を指定しています。これは基本的なLinuxコマンドが格納された軽量Linuxで、「ちょっとLinuxのコマンドやシェルを使いたい」という場面で、よく使われます（詳細は第8章で説明します）。busyboxはファイルサイズが小さいのが特徴です。ここではtarコマンドだけが使えればよいので、こうした最小のLinuxを利用しています。

(2) バックアップ対象を/srcにボリュームマウント

1つめの-vオプションでは、バックアップ対象であるmysqlvolumeを/srcにボリュームマウントしています。つまり、このコンテナの中からは、バックアップ対象が/srcから見えます。

(3)Dockerホストのカレントディレクトリを/destにバインドマウント

2つめの-vオプションでは、"$PWD"を/destにバインドマウントしています。$PWDは、Dockerホストのカレントディレクトリ、つまり、このコマンドを実行したときの現在のディレクトリです。

(4)tarでバックアップを取る

実行するコマンドは、tar czf /dest/backup.tar.gz -C /src .です。このコマンドによって、/srcディレクトリの全ファイルが/dest/backup.tar.gzにバックアップされます。上記の（3）で/destをDockerホストのカレントディレクトリにマウントしているので、このファイルはDockerホストのカレントディレクトリに現れます。つまり、Dockerホスト上で取り出せます。

(5)--rmで破棄する

docker runするときは、--rmで実行後に破棄するようにしています。ですから、ここで起動したコンテナは、tarコマンドの実行が終われば、自動的に削除されます（docker rmで明示的に後始末する必要がありません）。

少し複雑ですが、ここで示したように、ボリュームをバックアップしたい場面では、

```
$ docker run --rm -v ボリューム名:/src -v "$PWD":/dest busybox tar czf /dest/backup.tar.gz -C /src .
```

というコマンドを入力することで、カレントディレクトリにbackup.tar.gzというファイルとして取得できます。

## 5-4-4 ボリュームをリストアする

バックアップを作ったところで、次に、リストアしてみましょう。まずボリュームを削除して、新たに作り直します。そして、いま作成したbackup.tar.gzからリストアしてみます。

### ボリュームの削除

ボリュームを削除するには、docker volume rmコマンドを使います。

*memo* docker volume pruneコマンドを使うと、どのコンテナからもマウントされていないボリュームをまとめて削除することもできます。

### 手順 ボリュームを削除する

[1] ボリュームを削除する

次のコマンドを入力してボリュームを削除します。

memo　このコマンドは、ボリュームを完全に削除するため、保存していた内容は失われるので注意してください。

```
$ docker volume rm mysqlvolume
```

### [2]　ボリュームが削除されたことを確認する

docker volume lsコマンドを実行して、ボリュームが存在しないことを確認します。

```
$ docker volume ls
DRIVER              VOLUME NAME
```

### ボリュームの作成とリストア

それではボリュームを作成し直してリストアしましょう。

memo　以下では、同名のボリュームにリストアしていますが、もちろん、別名のボリュームにリストアすることもできます。

## 手順　ボリュームの作成とリストア

### [1]　ボリュームの作成

まずはボリュームを作成します。

```
$ docker volume create mysqlvolume
```

### [2]　リストアする

先にバックアップしておいたbackup.tar.gzをカレントディレクトリに置いた状態で、次のコマンドを入力します。これでリストアされます。

```
$ docker run --rm -v mysqlvolume:/dest -v "$PWD":/src busybox tar xzf /src/backup.tar.gz -C /dest
```

このコマンドは、先ほどと逆向きです。①リストア先のボリュームを/destにボリュームマウント、②カレントディレクトリを/srcにバインドマウント、しています。こうすることで、カレントディレクトリに置いたbackup.tar.gzは、/src/backup.tar.gzとして見えます。実行しているtar xzf /src/backup.tar.gzは、まさにこのファイルを/destに展開するものです。/destはリストア先のボリュームにマウントされていますから、そのボリュームに展開されるという具合です。

本当にリストアされたかどうかは、「5-3-6 データベースに書き込んだ内容が破棄されないことを確認する」と同様の手順で、このボリュームをMySQLコンテナにマウントして、SELECT文を入力することで確認してください。

同じ手順ですから、ここでの手順の再掲は控えます。

## 5-4-5 コンテナのマウント指定を引き継ぐ

いま示した方法では、バックアップする際、-vオプションには、バックアップ対象のボリューム名を指定しています。これはコンテナが、どんなボリュームを使っているのかを知っていなければならないことを意味します。

どのようなボリュームを使うのかは、起動するときの管理者の気分次第です。

```
$ docker run --name db01 -dit -v mysqlvolume:/var/lib/mysql -e MYSQL_ROOT_PASSWORD=mypassword mysql:5.7
```

というように、mysqlvolumeというボリュームを使っていることもあれば、

```
$ docker run --name db01 -dit -v mysqlvolumeABC:/var/lib/mysql -e MYSQL_ROOT_PASSWORD=mypassword mysql:5.7
```

のように、mysqlvolumeABCというボリュームを使っていることもあるかもしれません。

自分だけで数個のコンテナを管理しているのならともかく、複数の管理者がコンテナを管理する場合や、コンテナ数が増えてきた場合には、コンテナが、いま、どのボリュームを使っているのかを洗い出してバックアップするのは、なかなか手間のかかる作業です。その際、漏れが生じる可能性もあります。

### volumes-fromオプションを用いたバックアップ

マウント先のボリュームを意識しないようにするために用意されているのが、--volumes-fromというオプションです。--volumes-fromオプションは、コンテナを起動する際、別のコンテナのマウント情報を引き継ぎ、それとまったく同じ設定でマウントします。

例えば次のようにして、db01コンテナを起動したとします。ここではmysqlvolumeを/var/lib/mysqlにマウントしています。

```
$ docker run --name db01 -dit -v mysqlvolume:/var/lib/mysql -e MYSQL_ROOT_PASSWORD=mypassword mysql:5.7
```

このとき、別のコンテナを起動するときに、「--volumes-from db01」と指定すると、db01コンテナとまったく同じ状態のマウント情報が設定されて起動します。つまりこの例では、mysqlvolumeが/var/lib/mysqlにマウントされます。

この方法を使うと、次のようにしてバックアップできます。

### 手順 --volumes-fromを使って対象を指定する

#### [1] コンテナを停止する

バックアップ中にデータが書き換わらないようにするため、いったん、コンテナを停止します。

```
$ docker stop db01
```

#### [2] バックアップする

次のように--volumes-fromを指定してbusyboxを起動し、コンテナをバックアップします。/var/lib/mysqlにマウントされていますから、バックアップ対象は、このディレクトリです。

```
$ docker run --rm --volumes-from db01 -v "$PWD":/dest busybox tar czf /dest/backup.tar.gz -C /var/lib/mysql .
```

#### [3] コンテナを再開する

バックアップが終わったら、コンテナを再開します。

```
$ docker start db01
```

### volumes-fromオプションの利点

この方法の利点は、バックアップ対象をボリューム名ではなくて、そのコンテナのディレクトリ名で指定できるという点です。コンテナのディレクトリが、どのボリュームにマウントされているかを意識する必要がありません。

例えば次のように、db01、db02、db03という3つのMySQLコンテナが起動していたとします。

```
$ docker run --name db01 -dit -v mysqlvolume:/var/lib/mysql -e MYSQL_ROOT_PASSWORD=mypassword mysql:5.7
$ docker run --name db02 -dit -v mysqlvolumeAAA:/var/lib/mysql -e MYSQL_ROOT_PASSWORD=mypassword mysql:5.7
$ docker run --name db03 -dit -v mysqlvolumeBBB:/var/lib/mysql -e MYSQL_ROOT_PASSWORD=mypassword mysql:5.7
```

この場合、バックアップを取るには、

```
$ docker run --rm --volumes-from db01 -v "$PWD":/dest busybox tar czf /dest/backup.tar.gz -C /var/lib/mysql .
$ docker run --rm --volumes-from db02 -v "$PWD":/dest busybox tar czf /dest/backup.tar.gz -C /var/lib/mysql .
$ docker run --rm --volumes-from db03 -v "$PWD":/dest busybox tar czf /dest/backup.tar.gz -C /var/lib/mysql .
```

のように、どの場合もバックアップ対象は、/var/lib/mysqlです。実際にマウントされているボリューム名を意識する必要がありません。

このように「コンテナのバックアップ」という用途では、とても便利です。なお、ここでは1つしかボリュームをマウントしていませんが、--volumes-fromでは、すべてのマウント情報が引き継がれます。ですから、複数のボリュームをマウントしている場面では、一括マウントできるので、さらに便利に利用できるはずです。

### コラム データボリュームコンテナ

ボリュームを利用する際、データボリュームコンテナという考え方が採用されることがあります。データボリュームコンテナとは、自身は何もせず、必要なディレクトリだけをマウントしただけのコンテナです。何もしなくてよいので、通常は、busyboxなどの軽量なイメージから作成します。コンテナは、ボリュームに直接マウントするのではなくて、データボリュームコンテナを経由してボリュームにマウントします。例えば、本章で説明しているMySQLコンテナの場合は、データボリュームコンテナとして、/var/lib/mysqlを適当なボリュームにマウントしたものを用意しておき、そのデータボリュームコンテナを--volumes-fromでマウントします（**図表5-23**）。

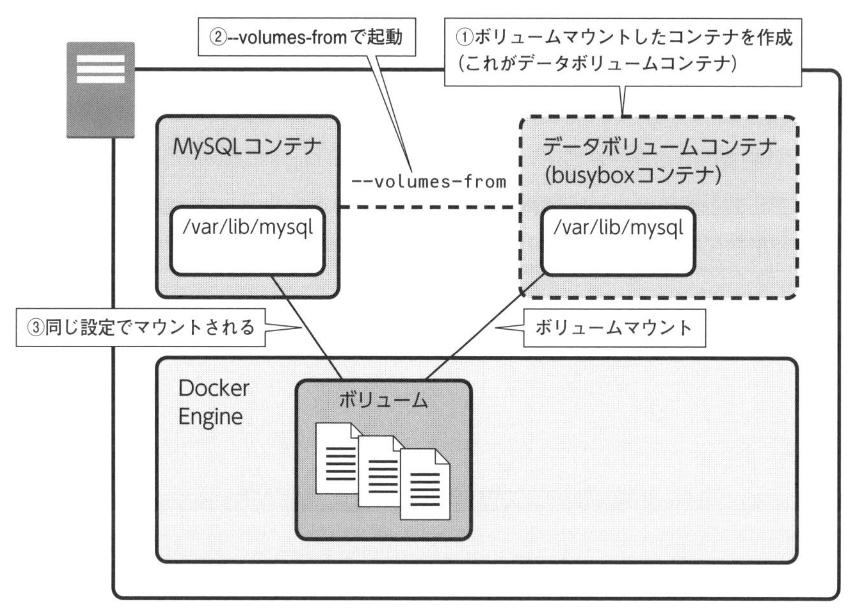


図表5-23　データボリュームコンテナ

**memo**　データボリュームコンテナは、「そういう種類のコンテナがある」という意味ではなく、コンテナの用途を示す概念にすぎません。つまり、「いくつかのボリュームをマウントしておき、ほかのコンテナから--volumes-fromで間接的にマウント先を指定する目的で使われるコンテナ」という、用途に対する呼称です。いわば、どのディレクトリをどのボリュームにマウントするのかを指定するテンプレートにすぎないので、そもそも実行(docker run)しておく必要はなく、作成(docker create)だけしておけば十分です。

データボリュームコンテナを利用する利点は、3つあります。運用によっては、データボリュームの利用も検討するとよいでしょう。

(1) コンテナが実際のボリュームのマウント先を意識しないで済む

コンテナ(この例ではMySQLコンテナ)が、実際に、どのボリュームをマウントしているのかを意識する必要がありません。

(2) どのボリュームを使っているのかわかりやすくバックアップが取りやすい

ボリュームのマウント情報は、データボリュームコンテナで一元管理できます。そのためバックアップ対象が明確で、取りやすくなります。

(3) docker volume pruneで削除されにくくなる

docker volume pruneは、マウントされていないボリュームを削除するコマンドです。ボリュームを直接マウントしている場合は、たまたまそのコンテナを破棄していたときに間違ってdocker volume pruneを実行すると、そのボリュームが削除されてしまう恐れがあります。対してデータボリュームコンテナを利用している場合には、データボリュームコンテナを破棄しない限りは、そのデータボリュームがマウントしている状態になりますから、docker volume pruneで削除されてしまう心配がありません。

---

## 5-5 まとめ

この章では、Dockerでデータを扱うときの話をしました。

(1) コンテナを破棄するとデータもなくなる

コンテナは隔離された実行環境にすぎません。docker rmでコンテナを削除すると、データは失われます。

(2) 永続化したい場合はマウントする

コンテナを破棄してもデータを残したい場合は、保存先をDockerホストのディレクトリなどの外に出してマウントすることで、失われないようにします。

(3) バインドマウントとボリュームマウント

マウントには、バインドマウントとボリュームマウントがあります。前者は、Dockerホストのディレクトリをマウントする方法、後者は、Docker Engineで管理されている領域にマウントするものです。

(4) バックアップ

データのバックアップは、マウント先をtar.gzなどでアーカイブします。ボリュームマウントのときは、対象をマウントするコンテナを作り、そのコンテナ内でtarコマンドなどを実行してバックアップをとって取り出します。

## コラム リバースプロキシでマルチドメインに対応する

1つのサーバーに複数のhttpdコンテナをインストールしておき、http://www.example.co.jp/ならコンテナ1へ、http://www.example.com/ならコンテナ2のように、接続先のホスト名で振り分けたい場合は、リバースプロキシを構成します。Dockerでは1つのポートを複数のコンテナで共有できないので、こうするしかありません（図表5-24）。

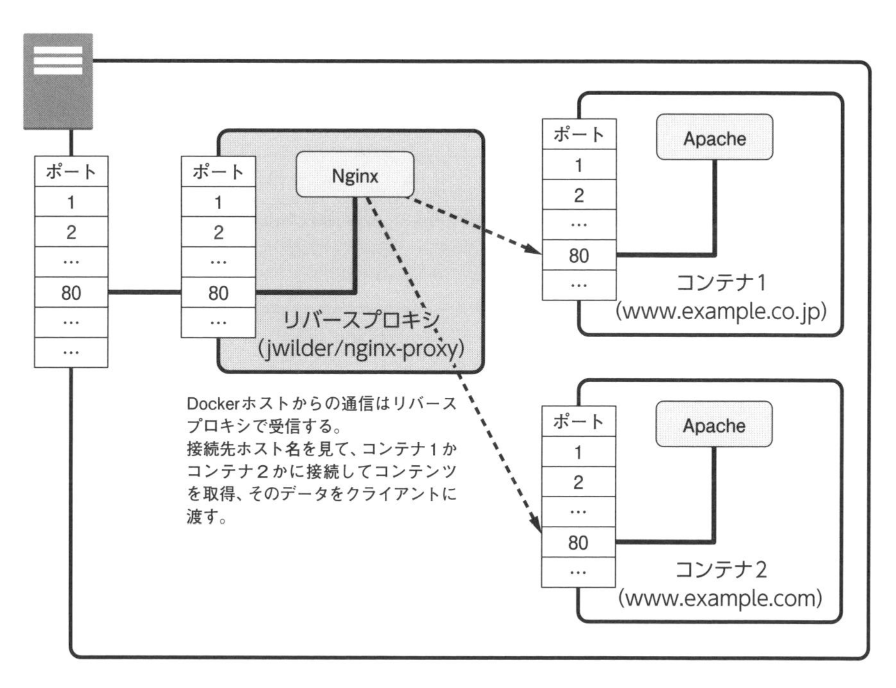


図表5-24 リバースプロキシで対応する

こうしたリバースプロキシは、もちろん自分でも作れますが、「jwilder/nginx-proxy」というDockerイメージを使うと簡単です（実際に試すには、「LiveHosts」のようなChrome拡張を使ってホスト名とIPアドレスとの関係をエミュレートするとよいでしょう）。

### [1] jwilder/nginx-proxyを起動する

下記のように起動します。

```
$ docker run -d -p 80:80 -v /var/run/docker.sock:/tmp/docker.sock:ro jwilder/nginx-proxy
```

### [2] コンテナ1(www.example.co.jp)を起動する

接続先のホスト名を「-e VIRTUAL_HOST=www.example.co.jp」で指定して起動します。

```
$ docker run -e VIRTUAL_HOST=www.example.co.jp -dit --name=container01 httpd:2.4
```

### [3] コンテナ2(www.example.com)を起動する

接続先のホスト名を「-e VIRTUAL_HOST=www.example.com」で指定して起動します。

```
$ docker run -e VIRTUAL_HOST=www.example.com -dit --name=container02 httpd:2.4
```

詳細は、https://hub.docker.com/r/jwilder/nginx-proxy/を参照してください。HTTPSに対応したいなら、steveltn/https-portal(https://hub.docker.com/r/steveltn/https-portal/)というDockerイメージを使うのも便利です。

# 06

第6章

# コンテナのネットワーク

Dockerホスト上では、たくさんのコンテナを実行できます。それぞれは独立していますが、ときにはコンテナ間での通信が必要となることもあります。この章では、コンテナのネットワークについて説明します。

# 6-1 3つのネットワーク

Dockerでは、さまざまな仮想的なネットワークを作り、Dockerホストとコンテナ、もしくは、コンテナ間で通信するように構成できます。Dockerが管理するネットワークは、docker network lsコマンドで確認できます。実際に実行するとわかるように、既定では、「bridge」「host」「none」という3つのネットワークがあります。このうち、よく使われるのがbridgeネットワークです。まずは、このネットワークから見ていきましょう。

```
$ docker network ls
NETWORK ID     NAME      DRIVER    SCOPE
4f9fad72a83e   bridge    bridge    local
3212cd2e74ea   host      host      local
06bb99062eea   none      null      local
```

**memo** NETWORK IDは、環境によって異なる値です。

# 6-2 bridgeネットワーク

bridgeネットワークは、既定のネットワークです。docker run（もしくはdocker create）するときに、ネットワークのオプションを何も指定しなかったときは、このネットワークが使われます。これまで説明してきたように、bridgeネットワークにおいては、それぞれのコンテナのネットワークは独立しており、-pオプションで、どのコンテナと通信するのかを決めます。例えば、第5章の冒頭で行った2つのhttpdコンテナを利用する場合の構成を、**図表6-1**に再掲します。これは、

```
$ docker run -dit --name web01 -p 8080:80 httpd:2.4
$ docker run -dit --name web02 -p 8081:80 httpd:2.4
```

というように、片方をポート8080、もう片方をポート8081に割り当てたものです。

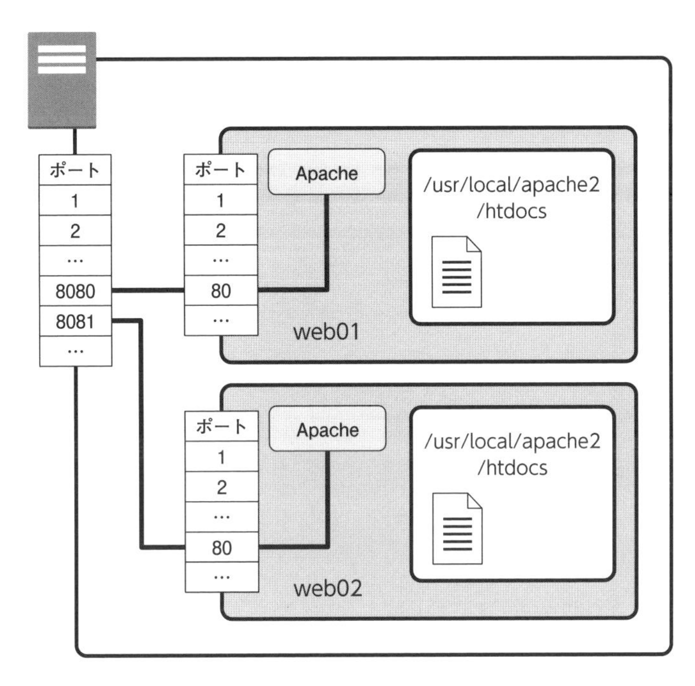


図表6-1　2つのWebコンテナを起動して、それぞれをポート8080、ポート8081に割り当てたときの構成

## 6-2-1　コンテナに割り当てられるIPアドレスを確認する

図表6-1に示したように、DockerホストやDockerコンテナは、1つの仮想的なbridgeネットワークで接続されます。ネットワーク通信ですから、当然、DockerホストやDockerコンテナには、IPアドレスが割り当てられます。

まずはコンテナに対して、どのようなIPアドレスが割り当てられるのかを確認してみましょう。ここでは、第5章の冒頭で試したのと同じく、2つのhttpdコンテナを起動してみます。そして、そのコンテナに割り当てられるIPアドレスを確認します。

### 2つのコンテナを起動する

まずは、2つのコンテナを起動します。

## 手順 2つのコンテナを起動する

### [1] 1つめのコンテナを起動する

次のコマンドを入力して、1つめのコンテナを起動します。

```
$ docker run -dit --name web01 -p 8080:80 httpd:2.4
```

### [2] 2つめのコンテナを起動する

次のコマンドを入力して、2つめのコンテナを起動します。

```
$ docker run -dit --name web02 -p 8081:80 httpd:2.4
```

### コンテナのIPアドレスを確認する

コンテナが起動したら、IPアドレスを確認します。IPアドレスを確認する方法は、2つあります。

(1) コンテナ内でipコマンドやifconfigコマンドなどを実行して確認する方法

1つめの方法は、docker execを使って、コンテナ内でipコマンドやifconfigコマンドなどのIPアドレスを調べるコマンドを実行する方法です。残念ながら、httpdコンテナ内にはipコマンドもifconfigコマンドが入っていないため、この方法は使えません。

(2)docker container inspectコマンドを使う方法

もう1つの方法は、docker container inspectコマンドを使う方法です。このコマンドは、コンテナに対する詳細な情報を調べるコマンドです。実行すると、たくさんの情報が表示されます。このうち「NetworkSettings」の部分にIPアドレスが記載されています。

```
$ docker container inspect web01
[
    {
        "Id": "e60054b5bb731c0a5ab9e546309f4a8a97397b4c79c856429f996ab2a9584dfe",
…略…
        "NetworkSettings": {
            "Bridge": "",
            "SandboxID": "d9f785a705ad77e3858cfeb69aa910b1dd851fe1cc922e466d6bf24223bc94aa",
            "HairpinMode": false,
            "LinkLocalIPv6Address": "",
```

```
            "LinkLocalIPv6PrefixLen": 0,
            "Ports": {
                "80/tcp": [
                    {
                        "HostIp": "0.0.0.0",
                        "HostPort": "8080"
                    }
                ]
            },
            "SandboxKey": "/var/run/docker/netns/d9f785a705ad",
            "SecondaryIPAddresses": null,
            "SecondaryIPv6Addresses": null,
            "EndpointID": "0f3ff65880d5d5c46ba5c8f63d2b87f8ba348bf6038fa6b9a960e8dcae3ecc85",
            "Gateway": "172.17.0.1",
            "GlobalIPv6Address": "",
            "GlobalIPv6PrefixLen": 0,
            "IPAddress": "172.17.0.2",
            "IPPrefixLen": 16,
            "IPv6Gateway": "",
            "MacAddress": "02:42:ac:11:00:02",
            "Networks": {
                "bridge": {
                    "IPAMConfig": null,
                    "Links": null,
                    "Aliases": null,
                    "NetworkID": "4f9fad72a83e9240c4feec29e1b5b748a67ee79eca185476f1dbda959ab30900",
                    "EndpointID": "0f3ff65880d5d5c46ba5c8f63d2b87f8ba348bf6038fa6b9a960e8dcae3ecc85",
                    "Gateway": "172.17.0.1",
                    "IPAddress": "172.17.0.2",
                    "IPPrefixLen": 16,
                    "IPv6Gateway": "",
                    "GlobalIPv6Address": "",
                    "GlobalIPv6PrefixLen": 0,
                    "MacAddress": "02:42:ac:11:00:02",
                    "DriverOpts": null
                }
            }
        }
    }
]
```

IPアドレスが示されているのは、

```
"IPAddress": "172.17.0.2",
```

という部分です。

docker container inspectコマンドでは、--formatオプションを指定することで、全データではなく、特定の項目の値を取得することもできます。例えば、次のようにすると、IPアドレス部分だけを取得できます。

```
$ docker container inspect --format="{{.NetworkSettings.IPAddress}}" web01
172.17.0.2
```

### コラム フォーマット書式

--formatオプションは、Go言語のtemplateパッケージの書式で指定します。これは一種のテンプレートエンジンであり、「{{」と「}}」で囲んだ部分が、合致した箇所に置換して出力されます。

フォーマットのルールを簡単に説明します。

(1) 全体を「{{」と「}}」で囲む
パターンマッチングや変数などで置換したい箇所は「{{」と「}}」で囲みます。

(2) 項目は「.」で記述する
項目は「.」で記述します。「.NetworkSettings.IPAddress」は、「.NetworkSettings」の中の「.IPAddress」という意味です。

(3) 配列は「range」で指定する
docker container inspectで取得した値が配列の箇所は、「[」と「]」で囲まれています。例示した例では、Portsが、それに相当します。

```
"Ports": {
    "80/tcp": [
    {
        "HostIp": "0.0.0.0",
        "HostPort": "8080"
    }
    ]
},
```

このPortsの値を取得するには、「range」と「end」の構文を使って、例えば次のように記述します。

```
$ docker inspect --format='{{range $p, $conf := .NetworkSettings.Ports}} {{$p}} -> {{(index $conf 0).HostPort}} {{end}}' web01
 80/tcp -> 8080
```

rangeの構文は、次の通りです。変数は「$」から始まる名前で記述します。

```
{{range キーとなる変数, 取得対象 := 合致する箇所}}
```

つまりこの例では、「.NetworkSettings.Ports」という部分を見つけて、それが変数$confに入るという意味です。取り出したそれぞれのキーは、変数$pに入ります。この例では、"80/tcp"の部分が$pに入ります。ですから、「{{$p}} ->」は、「80/tcp->」と表示されます。

{{(index $conf 0).HostPort}}の「index $conf 0」は、$conf[0]と同じ意味です。これは、

```
{
    "HostIp": "0.0.0.0",
    "HostPort": "8080"
}
```

の部分を指します。この「.HostPort」を取得しているので、画面には「8080」と表示されます。

ほかにも、さまざま文法、関数を利用できます。詳細は、下記のtemplateパッケージの解説を参考にしてください。

**【Go言語のtempalteパッケージ】**
https://golang.org/pkg/text/template/

web01、web02について調べた結果を下記に示します。ここでは、それぞれ「172.17.0.2」「172.17.0.3」が設定されていることがわかります。なおIPアドレスは起動順に決まるので、ここで示した値ではないこともあります。以降の説明では、コンテナ間の通信を試しますが、通信先として指定すべきIPアドレスは、ここで確認したIPアドレスに、各自置き換えて試してください。

```
ubuntu@ip-172-31-35-228:~$ docker container inspect --format="{{.NetworkSettings.IPAddress}}" web01
172.17.0.2
ubuntu@ip-172-31-35-228:~$ docker container inspect --format="{{.NetworkSettings.IPAddress}}" web02
172.17.0.3
```

### コラム　ネットワークに接続されているコンテナのIPアドレス一覧を参照する

「docker network inspect bridge」のように、ネットワークインターフェースであるbridgeに対してinspectすると、そこに接続されている全コンテナのIPアドレス一覧を取得できます。「Containers」の項目が、コンテナとIPアドレスの対応です。

```
$ docker network inspect bridge
[
    {
        "Name": "bridge",
        "Id": "4f9fad72a83e9240c4feec29e1b5b748a67ee79eca185476f1dbda959ab30900",
        "Created": "2020-03-16T04:55:48.274782298Z",
        "Scope": "local",
        "Driver": "bridge",
        "EnableIPv6": false,
        "IPAM": {
            "Driver": "default",
            "Options": null,
            "Config": [
```

```
                {
                    "Subnet": "172.17.0.0/16"
                }
            ]
        },
        "Internal": false,
        "Attachable": false,
        "Ingress": false,
        "ConfigFrom": {
            "Network": ""
        },
        "ConfigOnly": false,
        "Containers": {
            "eb7cff17a75d173ec45b5c40ada22fe6357f29fe569025f638ab5855d1c8de31": {
                "Name": "web01",
                "EndpointID": "f8f91904602bbd901bd4ebe51e32d3d467da63cc091139ea491a6c394f434810",
                "MacAddress": "02:42:ac:11:00:02",
                "IPv4Address": "172.17.0.2/16",
                "IPv6Address": ""
            },
            "c8c132541b8a9c88419052458ddbeeabd08a15172660f99b2e340b16675cfec0": {
                "Name": "web02",
                "EndpointID": "545b632a1248f2e3f8d082a82f59e0f516c31b6314bb77b1104ce6323e38acd4",
                "MacAddress": "02:42:ac:11:00:03",
                "IPv4Address": "172.17.0.3/16",
                "IPv6Address": ""
            }
        },
        "Options": {
            "com.docker.network.bridge.default_bridge": "true",
            "com.docker.network.bridge.enable_icc": "true",
            "com.docker.network.bridge.enable_ip_masquerade": "true",
            "com.docker.network.bridge.host_binding_ipv4": "0.0.0.0",
            "com.docker.network.bridge.name": "docker0",
            "com.docker.network.driver.mtu": "1500"
        },
        "Labels": {}
    }
]
```

--formatオプションを使って次のようにすると、もう少し見やすく表示できます。

```
$ docker network inspect --format='{{range $host, $conf := .Containers}}{{$conf.Name}}->{{$conf.
IPv4Address}}{{"\n"}}{{end}}' bridge
web01->172.17.0.2/16
web02->172.17.0.3/16
```

### Dockerホストのアドレス

では、Dockerホストには、どのようなIPアドレスが割り当てられるのでしょうか。実はDocker Engineをインストールした Linux環境には、docker0というネットワークインターフェースが作られます。このインターフェースを通じて、bridgeネットワークに接続しています。

次のようにifconfigコマンドで確認すると、そのIPアドレスは、172.17.0.1であることがわかります。

```
$ ifconfig
docker0: flags=4099<UP,BROADCAST,MULTICAST>  mtu 1500
        inet 172.17.0.1  netmask 255.255.0.0  broadcast 172.17.255.255
        inet6 fe80::42:12ff:fe60:a809  prefixlen 64  scopeid 0x20<link>
        ether 02:42:12:60:a8:09  txqueuelen 0  (Ethernet)
        RX packets 37490  bytes 2175186 (2.1 MB)
        RX errors 0  dropped 0  overruns 0  frame 0
        TX packets 19677  bytes 1375970 (1.3 MB)
        TX errors 0  dropped 0 overruns 0  carrier 0  collisions 0
```

**memo** docker0というネットワークが、172.17.0.1/255.255.0.0であることが保証されているわけではありません。ここで説明していることは、仕組みを知ることで理解を深めるためのものであり、こうした実装であることを期待してはなりません。

## 6-2-2 bridgeネットワークの正体

いま調べた結果から、bridgeネットワークに属するDockerホストのネットワーク構成をIPアドレス入りで図示すると、**図表6-2**のようになります。

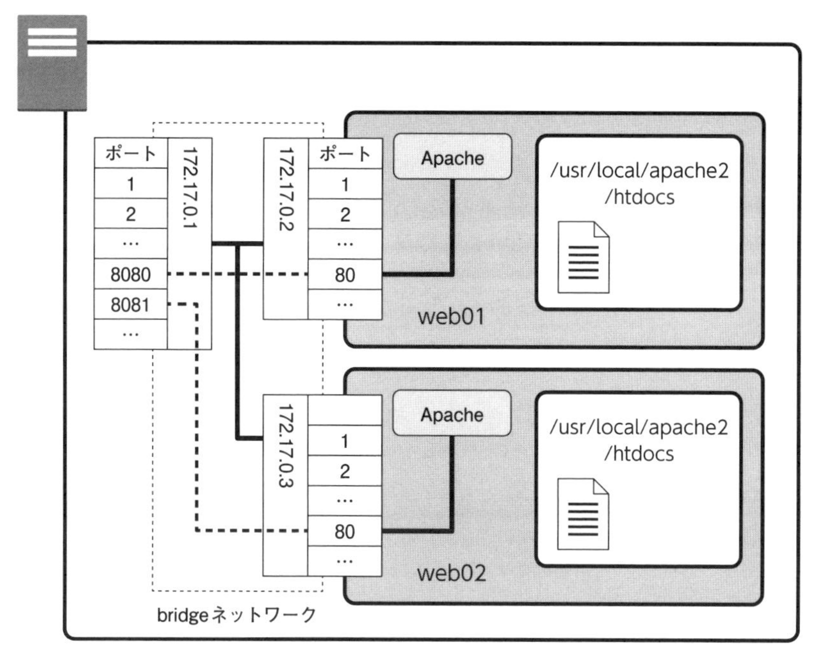


Dockerホスト、Dockerコンテナは、それぞれ独自のIPアドレスを持ち、仮想的なネットワークで接続されている

図表6-2　bridgeネットワークに属するDockerホストのネットワーク構成図

このbridgeネットワークは、IPマスカレードを使って構成されています。docker run（もしくはdocker create）の-pオプションは、IPマスカレードのポート転送設定をしているのにすぎません。

実際、このような構成で起動したとき、iptablesコマンドでnatテーブルを確認すると、そのポート転送が設定されていることがわかります。下記の出力例では、「Chain DOCKER (2 references)」という項目に、その設定があります。これが、bridgeネットワークの正体です。

***memo*** -nオプションは、名前ではなく数値で表示するオプションです。そうすることで、IPアドレスやポート番号が数値で表示されます。指定しないときは、「ip-172-17-0-2.ap-northeast-1.compute.internal」のようなDNS名で表示されます。

***memo*** これは保証されている内容ではありません。どのように実現するのかはDocker Engineの実装次第です。将来的には、ほかの方法で実装される可能性もありますから、IPマスカレードで構成されていることや、-pオプションを使うと、このようなIPマスカレードの転送設定がされることを期待してはいけません。

```
$ sudo iptables --list -t nat -n
Chain PREROUTING (policy ACCEPT)
target     prot opt source               destination
DOCKER     all  --  0.0.0.0/0            0.0.0.0/0            ADDRTYPE match dst-type LOCAL

Chain INPUT (policy ACCEPT)
target     prot opt source               destination

Chain OUTPUT (policy ACCEPT)
target     prot opt source               destination
DOCKER     all  --  0.0.0.0/0            !127.0.0.0/8         ADDRTYPE match dst-type LOCAL

Chain POSTROUTING (policy ACCEPT)
target     prot opt source               destination
MASQUERADE all  --  172.17.0.0/16        0.0.0.0/0
MASQUERADE tcp  --  172.17.0.2           172.17.0.2           tcp dpt:80
MASQUERADE tcp  --  172.17.0.3           172.17.0.3           tcp dpt:80

Chain DOCKER (2 references)
target     prot opt source               destination
RETURN     all  --  0.0.0.0/0            0.0.0.0/0
DNAT       tcp  --  0.0.0.0/0            0.0.0.0/0            tcp dpt:8080 to:172.17.0.2:80
DNAT       tcp  --  0.0.0.0/0            0.0.0.0/0            tcp dpt:8081 to:172.17.0.3:80
```

## 6-2-3 Dockerホスト同士の通信

さて図表6-2からわかるように、コンテナは、それぞれIPアドレスを持ち、bridgeネットワークに接続されています。ですからコンテナ同士は、このネットワークを通じて、互いに自由に通信できます。

この通信は、-pオプションが設定されていなくとも可能である点に注目してください。-pはDockerホスト側で受信したデータをそれぞれのDockerコンテナの特定のポートに転送する設定（図表6-2の点線）です。Dockerコンテナ間で通信する際は、Dockerホストを経由せず、直接やり取りしますから、-pオプションは関係ないのです。

では本当に、コンテナ間では自由に通信できるのでしょうか？　実際に試してみましょう。ここでは、第3のコンテナとしてもう1つ追加し、そのコンテナから、いま起動している2つのWebサーバーコンテナ、web01とweb02に通信可能かどうかを確認します（図表6-3）。

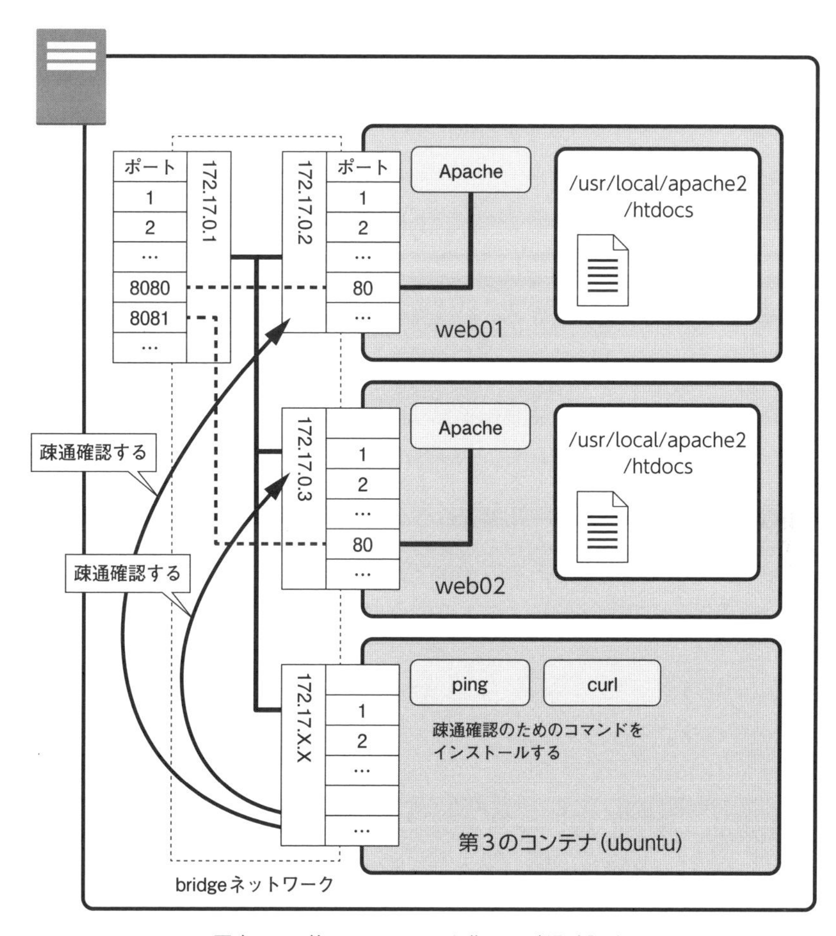

図表6-3　第3のコンテナを作り、疎通確認する

## 手順 コンテナ同士の疎通を確認する

### [1]　第3のコンテナを作る

疎通確認用の第3のコンテナを作って、シェルを起動します。ここではubuntuのイメージから作成してみます。ubuntuのイメージはファイルサイズが大きいので、本当ならbusyboxなどの軽量なLinuxを使いたいところですが、疎通確認で利用するcurlコマンドなどが入っていないため、ここでは、それらを簡単な手順でインストール可能なubuntuイメージを使います。以下ではシェル（/bin/bash）を起動しています。ですから実行するとプロンプトが表示され、コンテナ内でコマンド入力できるようになります。

**memo** 下記のdocker runコマンドでは--rmオプションを指定しているので、このコンテナは、シェルを終了すると（シェルでexitと入力すると）、即座に破棄されます。このように、すぐに破棄するコンテナには、名前を付けても意味があまりないため、--nameオプションは省略しています。

**memo** プロンプトの「be5275ef6b43」はコンテナIDです。環境によって異なります。

```
$ docker run --rm -it ubuntu /bin/bash
…ダウンローメッセージ（略）…
Status: Downloaded newer image for ubuntu:latest
root@be5275ef6b43:/#
```

### [2] 実験に必要なソフトをインストールする

以下の実験では、「ip」「ping」「curl」という3つのコマンドを使います。そこでaptコマンドを使ってインストールしておきます。

**memo** iproute2にはipコマンドが、iputils-pingにはpingコマンドが、curlにはcurlコマンドが、それぞれ含まれています。

```
root@be5275ef6b43:/# apt update
root@be5275ef6b43:/# apt -y upgrade
root@be5275ef6b43:/# apt install -y iproute2 iputils-ping curl
```

### [3] 自身のIPアドレスを確認する

まずは、ipコマンドを入力して、自身のIPアドレスを確認します。著者の環境では、自身のIPアドレスは172.17.0.4であることがわかりました。

```
root@be5275ef6b43:/# ip address
1: lo: <LOOPBACK,UP,LOWER_UP> mtu 65536 qdisc noqueue state UNKNOWN group default qlen 1000
    link/loopback 00:00:00:00:00:00 brd 00:00:00:00:00:00
    inet 127.0.0.1/8 scope host lo
       valid_lft forever preferred_lft forever
70: eth0@if71: <BROADCAST,MULTICAST,UP,LOWER_UP> mtu 1500 qdisc noqueue state UP group default
    link/ether 02:42:ac:11:00:04 brd ff:ff:ff:ff:ff:ff link-netnsid 0
    inet 172.17.0.4/16 brd 172.17.255.255 scope global eth0
       valid_lft forever preferred_lft forever
```

### [4] pingで疎通確認する

すでに確認してあるweb01コンテナやweb02コンテナのIPアドレスに対してpingを送信して、疎通確認します。結果が、「0% packet loss」となっていれば疎通できています。

**memo** web01コンテナやweb02コンテナのIPアドレスは、すでに確認しているIPアドレスに合わせてください。忘れたときは、[Ctrl] + [P]、[Q] でいったんコンテナから抜け、docker container inspectでIPアドレスを調べ、それから、「docker attach このコンテナID」で戻ってくる操作で、作業を再開できます。

**memo** 指定している「-c 4」は、4回試したら終わるオプションです。オプションを省略したときは、ずっと動きっぱなしになるので、[Ctrl] + [C] キーで停止してください。

【web01に対して（172.17.0.2)】

```
root@be5275ef6b43:/# ping -c 4 172.17.0.2
PING 172.17.0.2 (172.17.0.2) 56(84) bytes of data.
64 bytes from 172.17.0.2: icmp_seq=1 ttl=64 time=0.058 ms
64 bytes from 172.17.0.2: icmp_seq=2 ttl=64 time=0.070 ms
64 bytes from 172.17.0.2: icmp_seq=3 ttl=64 time=0.064 ms
64 bytes from 172.17.0.2: icmp_seq=4 ttl=64 time=0.067 ms

--- 172.17.0.2 ping statistics ---
4 packets transmitted, 4 received, 0% packet loss, time 3078ms
rtt min/avg/max/mdev = 0.058/0.064/0.070/0.010 ms
```

【web02に対して（172.17.0.3)】

```
root@be5275ef6b43:/# ping -c 4 172.17.0.3
PING 172.17.0.3 (172.17.0.3) 56(84) bytes of data.
64 bytes from 172.17.0.3: icmp_seq=1 ttl=64 time=0.090 ms
64 bytes from 172.17.0.3: icmp_seq=2 ttl=64 time=0.062 ms
64 bytes from 172.17.0.3: icmp_seq=3 ttl=64 time=0.066 ms
64 bytes from 172.17.0.3: icmp_seq=4 ttl=64 time=0.065 ms

--- 172.17.0.3 ping statistics ---
4 packets transmitted, 4 received, 0% packet loss, time 3064ms
rtt min/avg/max/mdev = 0.062/0.070/0.090/0.015 ms
```

### [5] コンテンツを取得する

web01やweb02では、Apacheが動作しています。ここに接続して、公開されているウェブコンテンツを取得できるかを確認します。curlコマンドを使うと、ブラウザと同じようにWebサーバーに接続してコンテンツを取得できるので、その方法を使います。

次のように「curl http://IPアドレス/」と入力するとコンテンツを取得できます。「curl http://IPアドレス:8080/」や「curl http://IPアドレス:8081/」ではなく、どちらも「http://IPアドレス/」である点に注意してください。「http://IPアドレス/」としたときは、既定のポート80番で接続されます。図表6-3に示したように、Dockerホストからはポート8080、ポート8081にマッピングされていますが、コンテナ自体は、どちらもポート80番で待ち受けしているからです。

> ***memo*** ここでは、それぞれのコンテンツを変更していないため、どちらも「It works!」というコンテンツが戻ってきます。もちろん、それぞれのコンテンツを変更しておけば、別のコンテンツが戻ってきます。

【web01に対して（172.17.0.2）】

```
root@be5275ef6b43:/# curl http://172.17.0.2/
<html><body><h1>It works!</h1></body></html>
```

【web02に対して（172.17.0.3）】

```
root@be5275ef6b43:/# curl http://172.17.0.3/
<html><body><h1>It works!</h1></body></html>
```

### [6] IPアドレス以外では接続できないことを確認する

いまはIPアドレスで接続しましたが、コンテナ名である「web01」や「web02」では接続できないことを確認します。例えば、次のpingコマンドは、web01が見つからないというエラーが発生します。

```
root@be5275ef6b43:/# ping -c 4 web01
ping: web01: Name or service not known
```

curlコマンドも同様です。

```
root@be5275ef6b43:/# curl http://web01/
curl: (6) Could not resolve host: web01
```

### [7] 後始末

これで実験は終了です。exitと入力して終了してください。ここでは「--rmオプション」を指定しているので、コンテナは終了とともに破棄されます。このあと、docker rmコマンドを実行する必要はありません。

***memo*** コンテナを破棄していますから、apt installでインストールしたipコマンド、pingコマンド、curlコマンドなども、当然のごとく削除されます。次にまたdocker runするときは、apt update、apt upgrade、apt installコマンドで、これらをインストールする手順から始める必要があります。

```
root@be5275ef6b43:/# exit
exit
```

# 6-3 ネットワークを新規に作成して通信を分ける

このように、それぞれのコンテナは、割り当てられたIPアドレスを介して、互いに通信できることがわかりました。同時に、IPアドレスの代わりにコンテナ名を使って通信することはできないこともわかりました。

コンテナ名で通信相手を指定できないのは、とても不便です。なぜなら、コンテナに対して、どのようなIPアドレスが割り当てられるのかはコンテナを起動するまでわかりませんし、コンテナを破棄して作り直せば、IPアドレスが変わる恐れがあるためです。実験や開発目的ならともかく、実運用まで考えたときは、IPアドレスではなくてコンテナ名で通信相手を特定できるほうが望ましいといえます。

そのための方法は、2つあります。1つは、Dockerネットワークを新規に作成する方法、もう1つは--linkオプションを指定する方法です。後者の方法は非推奨なのでコラムで紹介することにし、以下では、前者の方法を説明していきます。

## コラム --linkオプションで指定する方法

既定のbridgeネットワークは、歴史的な理由から、コンテナ名を使った通信ができません。しかしコンテナを起動する際、--linkオプションを指定すると、特定のコンテナを任意名でアクセスできるようになります。

具体的には、本文中で疎通確認するときに使った第3のコンテナ（ubuntuコンテナ）を起動する際、次のように--linkオプションを指定します。--linkオプションの書式は「--link コンテナ名（またはコンテナID）:参照名」です。下記の例では、web01コンテナをweb01という名前で、web02コンテナをweb02という名前で参照できます。

```
$ docker run --rm -it --link web01:web01 --link web02:web02 ubuntu /bin/bash
```

つまりこのように起動すれば、ping web01やping web02、curl http://web01/やcurl http://web02/など、--linkで指定した名前でのアクセスできるようになります。

```
root@XXXXXXXXXXXX:/# ping -c 4 web01
PING web01 (172.17.0.2) 56(84) bytes of data.
64 bytes from web01 (172.17.0.2): icmp_seq=1 ttl=64 time=0.083 ms
64 bytes from web01 (172.17.0.2): icmp_seq=2 ttl=64 time=0.087 ms
64 bytes from web01 (172.17.0.2): icmp_seq=3 ttl=64 time=0.067 ms
64 bytes from web01 (172.17.0.2): icmp_seq=4 ttl=64 time=0.068 ms

--- web01 ping statistics ---
4 packets transmitted, 4 received, 0% packet loss, time 3062ms
rtt min/avg/max/mdev = 0.067/0.076/0.087/0.010 ms
```

なお、--linkオプションは、コンテナ内のホスト名を解決する/etc/hostsファイルに、その設定が書き込まれることで実現しています。/etc/hostsを確認すると、次のように記載されていることがわかります。

**memo** これはDockerネットワークを使った手法と大きく違います。詳しくは「コラム Dockerネットワークがコンテナ名でアクセスできるようにする仕組み」（p.195）で説明しますが、Dockerネットワークの場合は、/etc/hostsファイルではなく、Docker上に用意された内蔵DNSサーバーが、その変換機能を担っています。

```
root@XXXXXXXXXXXX:/# cat /etc/hosts
127.0.0.1       localhost
::1     localhost ip6-localhost ip6-loopback
fe00::0 ip6-localnet
ff00::0 ip6-mcastprefix
ff02::1 ip6-allnodes
ff02::2 ip6-allrouters
172.17.0.2      web01 eb7cff17a75d
172.17.0.3      web02 c8c132541b8a
172.17.0.4      f1261b01fb38
```

## 6-3-1 Dockerネットワーク

これまでは既定のbridgeネットワークを利用してきましたが、Dockerでは任意のネットワークを作ることができます。ネットワークを作ることで、「あるコンテナは、こちらのネットワークに、別のコンテナはこちらのネットワークに」というように、別々のネットワークに接続することもできます。

Dockerネットワークを作ると、その数だけ、Dockerホスト上には、br-XXXXXXX（XXXXXXはDockerのネットワークIDの先頭）という名前のネットワークインターフェースが作られます（図表6-4）。

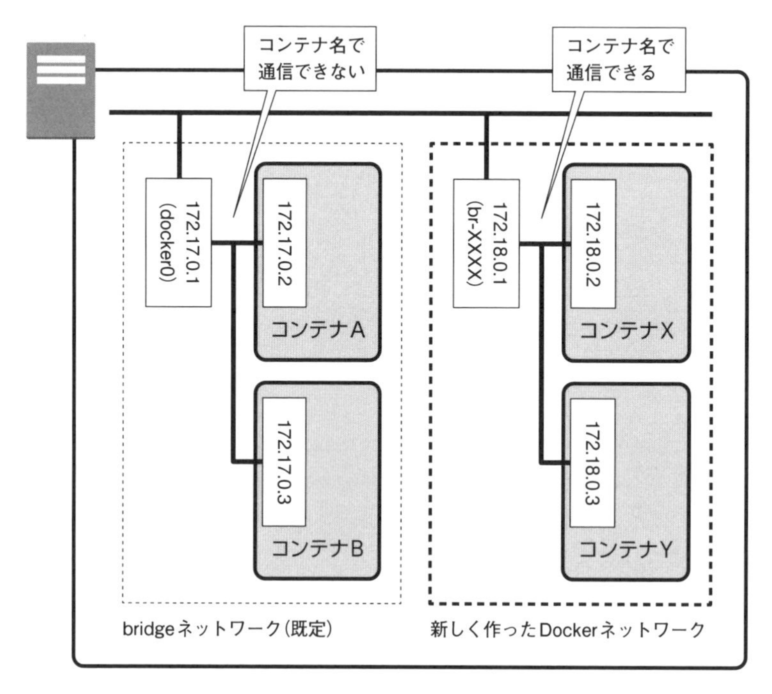


図表6-4　Dockerネットワーク

新たにDockerネットワークを作って、そこにコンテナを参加させる場合は、既定のbridgeネットワークを使う場合と違って、--nameで指定したコンテナ名で互いに通信できます。つまり、bridgeネットワークで問題となっていたIPアドレスでしか通信できないという問題が解決します。

## 6-3-2 Dockerネットワークを作る

Dockerネットワークは、docker network createコマンドを使って作ります。

```
docker network create ネットワーク名
```

IPアドレス範囲を明示的に指定したいときは、--subnetや--iprangeなどのオプションを指定することもできますが、必須ではありません。省略したときは、既存のネットワークと重複しない適当なIPアドレス範囲が使われます。

実際に作ってみましょう。ここでは、「mydockernet」というネットワークを作成します。

## 手順 Dockerネットワークを作成する

### [1] Dockerネットワークを作成する

次のコマンドを入力してDockerネットワークを作成します。

*memo* Dockerネットワークを作成すると、それに伴い、Dockerホストにネットワークインターフェースが追加されます。興味がある人は、ipconfigコマンドを実行して、「br-4f9fad72a83e」など（「-」以降は、ネットワークID）が作られることを確認するとよいでしょう。

```
$ docker network create mydockernet
```

### [2] 作成されたネットワークを確認する

docker network lsコマンドで、作成されたネットワークを確認しておきましょう。新しく「mydockernet」という名前のネットワークがbridgeというドライバーで作成されたことがわかります。

```
$ docker network ls
NETWORK ID      NAME          DRIVER        SCOPE
4f9fad72a83e    bridge        bridge        local
3212cd2e74ea    host          host          local
3bf88a2d5589    mydockernet   bridge        local
06bb99062eea    none          null          local
```

### [3] IPアドレスの設定を確認しておく

さらに、docker network inspectコマンドで、詳細情報を確認しておきましょう。この例では、「172.18.0.0/16」のIPアドレスが設定されたようです。

```
$ docker network inspect mydockernet
[
    {
        "Name": "mydockernet",
        "Id": "3bf88a2d5589e1d00b9f3d9f21e8e6b81f2e874e7e7b5d4d3004c6afde4510fd",
        "Created": "2020-04-11T08:33:36.345517291Z",
        "Scope": "local",
        "Driver": "bridge",
        "EnableIPv6": false,
        "IPAM": {
            "Driver": "default",
            "Options": {},
            "Config": [
                {
                    "Subnet": "172.18.0.0/16",
                    "Gateway": "172.18.0.1"
                }
            ]
        },
        "Internal": false,
        "Attachable": false,
        "Ingress": false,
        "ConfigFrom": {
            "Network": ""
        },
        "ConfigOnly": false,
        "Containers": {},
        "Options": {},
        "Labels": {}
    }
]
```

## コラム 明示的にIPアドレス範囲を指定したいとき

明示的にIPアドレス範囲を指定するには、--subnetと--gatewayを指定します。例えば次のようにすると、「10.0.0.0/16」のネットワークとして作成できます。

```
$ docker network create examplenet --subnet 10.0.0.0/16 --gateway 10.0.0.1
$ docker network inspect examplenet
[
    {
        "Name": "examplenet",
        "Id": "1cefd0b29cf98bc4210a8f1b822b9bd64250550b0b8a4031d25f3229a7580990",
        "Created": "2020-04-11T08:38:02.87211608Z",
        "Scope": "local",
        "Driver": "bridge",
        "EnableIPv6": false,
        "IPAM": {
            "Driver": "default",
            "Options": {},
            "Config": [
                {
                    "Subnet": "10.0.0.0/16",
                    "Gateway": "10.0.0.1"
                }
            ]
        },
        "Internal": false,
        "Attachable": false,
        "Ingress": false,
        "ConfigFrom": {
            "Network": ""
        },
        "ConfigOnly": false,
        "Containers": {},
        "Options": {},
        "Labels": {}
    }
]
$ docker network rm examplenet
```

## 6-3-3 Dockerネットワークにコンテナを作る

では、このネットワークに参加するコンテナを作りましょう。ここでは話を簡単にするため、いま稼働しているweb01コンテナ、web02コンテナをいったん破棄し、新たに、いま作成したmydockernetに接続するようにして作り直すことにします。ネットワークに参加させるには、docker run（もしくはdocker create）するときに、--netオプションを指定します。

*memo* ここでは話を簡単にするため、Dockerコンテナを作り直しますが、起動したまま別のネットワークに接続し直すこともできます。その方法については、コラム「コンテナを破棄せずに接続し直す」（p.192）を参照してください。

### 手順 接続先のネットワークを指定してコンテナを起動する

#### [1] 現在のコンテナを停止・破棄する

web01コンテナ、web02コンテナをいったん止めて、それから破棄します。

```
$ docker stop web01 web02
$ docker rm web01 web02
```

#### [2] mydockernetに接続してコンテナを作成

web01コンテナ、web02コンテナを起動します。このとき、--net mydockernetを付けて、mydocketnetという名前のDockerネットワークに接続するように構成します。

```
$ docker run -dit --name web01 -p 8080:80 --net mydockernet httpd:2.4
$ docker run -dit --name web02 -p 8081:80 --net mydockernet httpd:2.4
```

#### [3] ネットワーク接続を確認する

以上で、mydockernetに接続されたはずです。次のようにして確認しましょう。web01、web02が、このネットワークに接続されていることがわかります。

```
$docker network inspect mydockernet
[
    {
        "Name": "mydockernet",
        "Id": "3bf88a2d5589e1d00b9f3d9f21e8e6b81f2e874e7e7b5d4d3004c6afde4510fd",
```

```
        "Created": "2020-04-11T08:33:36.345517291Z",
        "Scope": "local",
        "Driver": "bridge",
        "EnableIPv6": false,
        "IPAM": {
            "Driver": "default",
            "Options": {},
            "Config": [
                {
                    "Subnet": "172.18.0.0/16",
                    "Gateway": "172.18.0.1"
                }
            ]
        },
        "Internal": false,
        "Attachable": false,
        "Ingress": false,
        "ConfigFrom": {
            "Network": ""
        },
        "ConfigOnly": false,
        "Containers": {
            "151135f99d3217ab55f0f58733aa0c096fa1a31d652c7703686855cb53d8917f": {
                "Name": "web01",
                "EndpointID": "ccda173a0be8631b08b7dabde42586b64e4e8b6d37edb0eff1a52c35af88ad99",
                "MacAddress": "02:42:ac:12:00:02",
                "IPv4Address": "172.18.0.2/16",
                "IPv6Address": ""
            },
            "4aefcd2caaea6a176076f5da9614c0183afd53fee82577ef9480e7adc3cc42f1": {
                "Name": "web02",
                "EndpointID": "af76312dd60bece1a8e45a15c6d24cfd7583dfb6581c37f5191cd2d7ff24c7f3",
                "MacAddress": "02:42:ac:12:00:03",
                "IPv4Address": "172.18.0.3/16",
                "IPv6Address": ""
            }
        },
        "Options": {},
        "Labels": {}
    }
]
```

## コラム コンテナを破棄せずに接続し直す

docker network connectコマンドおよびdocker network disconnectコマンドを使うと、コンテナをネットワークにつないだり、ネットワークから切断したりできます。

【接続】

```
docker network connect ネットワーク名（もしくはネットワークID） コンテナ名（またはコンテナID）
```

【切断】

```
docker network disconnect ネットワーク名（もしくはネットワークID） コンテナ名（またはコンテナID）
```

例えば既定のbridgeネットワークに接続されているweb01コンテナを、破棄することなく、そのままmydockernetという名前のネットワークに参加させるには、次のようにします。

```
$ docker network disconnect bridge web01
$ docker network connect mydockernet web01
```

ここでweb01に対してdocker container inspectしてみると、接続先がmydockernetに変わったことを確認できます。

```
$ docker inspect web01
[
…略…
        "NetworkSettings": {
        …略…
            "Networks": {
                "mydockernet": {
                    "IPAMConfig": {},
                    "Links": null,
                    "Aliases": [
                        "eb7cff17a75d"
                    ],
                    "NetworkID": "3bf88a2d5589e1d00b9f3d9f21e8e6b81f2e874e7e7b5d4d3004c6afde4510fd",
                    "EndpointID": "c9282b7fc4aa2e9159e3409313e4b27b3448a8883b71aec16b049641a36785ba",
                    "Gateway": "172.18.0.1",
```

```
                "IPAddress": "172.18.0.2",
                "IPPrefixLen": 16,
                "IPv6Gateway": "",
                "GlobalIPv6Address": "",
                "GlobalIPv6PrefixLen": 0,
                "MacAddress": "02:42:ac:12:00:02",
                "DriverOpts": {}
            }
        }
    }
}
]
```

## 6-3-4 名前を使った通信ができることを確認する

では次に、この新しいネットワークでは、名前を使って通信できることを確認しましょう。

### 手順 名前を使った通信ができることを確認する

#### [1] 第3のコンテナを作る

先の確認手順と同様に、第3のコンテナを作ります。このとき、--net mydockernetを付けて、mydocketnetという名前のDockerネットワークに接続するように構成します。

**memo** プロンプトの「1bcb2cc4c036」はコンテナIDです。環境によって異なります。

```
$ docker run --rm -it --net mydockernet ubuntu /bin/bash
root@1bcb2cc4c036:/#
```

#### [2] 実験に必要なソフトをインストールする

「ip」「ping」「curl」を使えるようにするため、次のようにしてインストールします。

```
root@1bcb2cc4c036:/# apt update
root@1bcb2cc4c036:/# apt -y upgrade
root@1bcb2cc4c036:/# apt install -y iproute2 iputils-ping curl
```

### [3] 名前で疎通確認する

まずはpingコマンドで疎通確認してみましょう。先ほどのbridgeネットワークの場合と違い、web01という名前でアクセスできます。ここでは省略しますが、web02も同様にアクセスできます。

```
root@1bcb2cc4c036:/# ping -c 4 web01
PING web01 (172.18.0.2) 56(84) bytes of data.
64 bytes from web01.mydockernet (172.18.0.2): icmp_seq=1 ttl=64 time=0.097 ms
64 bytes from web01.mydockernet (172.18.0.2): icmp_seq=2 ttl=64 time=0.066 ms
64 bytes from web01.mydockernet (172.18.0.2): icmp_seq=3 ttl=64 time=0.070 ms
64 bytes from web01.mydockernet (172.18.0.2): icmp_seq=4 ttl=64 time=0.073 ms

--- web01 ping statistics ---
4 packets transmitted, 4 received, 0% packet loss, time 3067ms
rtt min/avg/max/mdev = 0.066/0.076/0.097/0.014 ms
```

### [4] コンテンツが取得できることを確認する

次にcurlコマンドを使って、コンテンツが取得できることを確認します。ここではweb01しか試しませんが、web02も同様にコンテンツを取得できます。

```
root@1bcb2cc4c036:/# curl http://web01/
<html><body><h1>It works!</h1></body></html>
```

### [5] 第3のコンテナの終了

以上で実験は終了です。exitと入力してシェルから抜けてください。--rmオプションを指定しているので、コンテナは自動的に破棄されます（その後、docker rmする必要はありません）。

> ***memo*** もしコラムに示しているDNSサーバーの設定確認をしたいのなら、exitせず、先にコラムの内容を確認してください。

```
root@1bcb2cc4c036:/# exit
```

### コラム Dockerネットワークがコンテナ名でアクセスできるようにする仕組み

Dockerネットワークを使って通信する際、コンテナ名でアクセスできる仕組みは、DNSによって構成されています。Dockerネットワークに参加しているコンテナ（起動時に--net Dockerネットワーク名を指定した、もしくは、docker network connectで接続した）では、Dockerが用意するDNSサーバーが使われます。/etc/resolv.confを確認すると、127.0.0.11というIPアドレスのDNSサーバーが起動していることがわかります。

```
root@1bcb2cc4c036:/# cat /etc/resolv.conf
search ap-northeast-1.compute.internal
nameserver 127.0.0.11
options ndots:0
```

この127.0.0.11のDNSサーバーは、コンテナ名とIPアドレスのひも付けを返すように構成されているため、コンテナ名を通信相手として指定できます。より詳しくは、「Docker コンテナ・ネットワークの理解（http://docs.docker.jp/engine/userguide/networking/dockernetworks.html）」を参照してください。

## 6-3-5 Docketネットワークの削除

さて、実験が終わったので、後始末をしておきましょう。いま作成したmydockernetを削除します。このネットワークは、いまweb01コンテナとweb02コンテナが利用中ですから、これらのコンテナを削除してから、ネットワークを削除します。利用中のコンテナが存在するときは、ネットワークを削除できません。

***memo*** コンテナを破棄せずにネットワークを削除することもできます。そうしたいなら、docker network disconnectコマンドを使ってネットワークから切断します（コラム「コンテナを破棄せずに接続し直す」を参照 (p.192)）。

### 手順 Dockerネットワークの削除

#### [1] ネットワークを利用しているコンテナを停止・破棄する

web01コンテナとweb02コンテナを停止し、破棄します。

```
$ docker stop web01 web02
$ docker rm web01 web02
```

### [2] ネットワークを削除する

mydockernetを削除します。削除は、docker network rmコマンドを使います。

```
$ docker network rm mydockernet
```

### [3] 削除されたことを確認する

docker network lsコマンドで、そのネットワークが存在しないことを確認します。

> ***memo*** Dockerネットワークを削除すれば、それに対応するDockerホストのインターフェース（br-XXXXXX）も削除されます。気になる人は、ifconfigコマンドで確認してみてください。

```
$ docker network ls
NETWORK ID      NAME        DRIVER      SCOPE
4f9fad72a83e    bridge      bridge      local
3212cd2e74ea    host        host        local
06bb99062eea    none        null        local
```

# 6-4 hostネットワークとnoneネットワーク

ここまでで、Dockerネットワークの話は、ほぼ終わりです。最後に、まだ説明していなかった、hostネットワークとnoneネットワークについて補足します。

## 6-4-1 hostネットワーク

hostネットワークは、IPマスカレードを使わずにコンテナがホストのIPアドレスを共有します。-pオプションを指定することはできず、すべてのポートがDockerコンテナ側に流れます。hostネットワークを指定するには、docker run（もしくはdocker create）の際に「--net host」を指定します（もしくは、あとからdocker network connectでhostネットワークを指定します）。

hostネットワークにおいて、Dockerコンテナは個別のIPアドレスを持たないため、同じポート番号を使う複数のコンテナを利用することはできません。例えば、httpdコンテナを2つ起動することはできません。なぜならhttpdコンテナはポート80番を利用するので、もう1つさらに同じポート80番を利用するコンテナを起動するとかち合ってしまうからです（**図表6-5**）。hostネットワークは、全通信ポートを転送するたかだか1個もしくは数個のDockerコンテナを起動するときに使われることがありますが、活用例は、さほど多くありません。

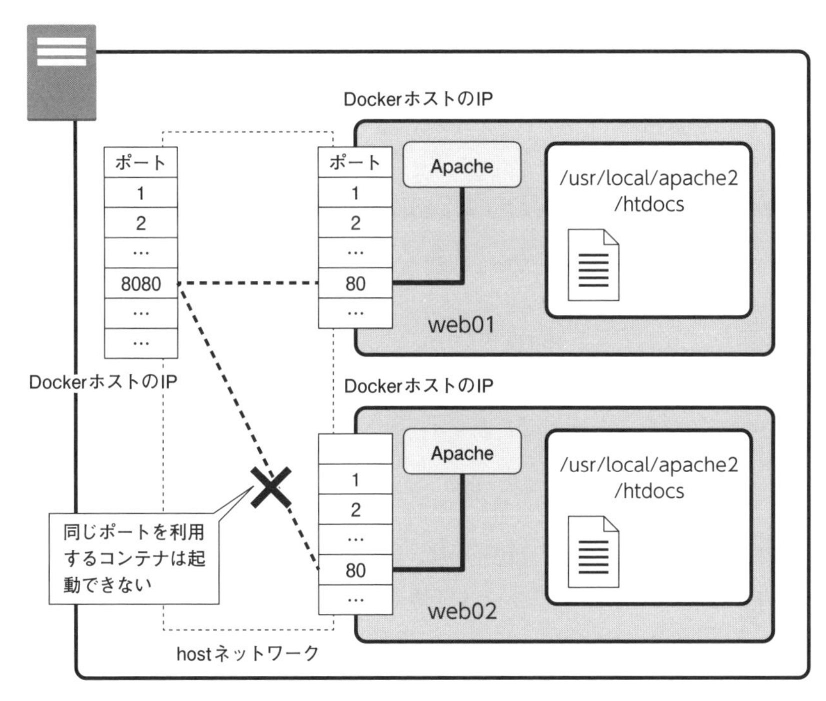


図表6-5　hostネットワーク

## 6-4-2　noneネットワーク

noneネットワークは、コンテナをネットワークに接続しない設定です。docker run（もしくはdocker create）の際に、「--net none」を指定します（もしくは、あとからdocker network disconnectで、ネットワークから切断しても、同じ状態になります）。セキュリティを高めたいなどの理由で、ネットワーク通信からコンテナを完全に隔離したいときに使います。こちらもhostネットワークと同様に、あまり使われることはありません。

# 6-5 まとめ

この章では、Dockerネットワークについて説明しました。

(1)Dockerホスト同士はIPアドレスで通信できる

既定のbridgeネットワークでは、Dockerホスト同士はIPアドレスで接続できます。IPアドレスは、docker network inspectやdocker container inspectで確認できます。

(2) 名前で通信したいときはDockerネットワークを作る

コンテナ間の通信をする際、コンテナ名でアクセスしたいときは、docker network createで新しいDockerネットワークを作り、docker run (もしくはdocker create) する際に、--netオプションで、そのネットワークに参加させます。すると、コンテナ名でアクセスできるようになります。

(3) コンテナ間の通信では-pオプションは関係ない

コンテナ間の通信では、-pオプションは関係なく、コンテナ上の実際のポート番号で通信します。-pオプションが指定されていなくても通信できます。

(4)hostネットワークとnoneネットワーク

DockerホストのIPアドレスを全Dockerコンテナで共有して使うhostネットワークと、まったくネットワークに接続しないnoneネットワークという、特別なネットワークがあります。これらは、あまり使われることはありません。

Dockerの話も、そろそろ大詰めです。次章では、複数のコンテナをまとめて起動できるDocker Composeについて説明します。

# 07

## 第7章
# 複数コンテナをまとめて起動するDocker Compose

複数コンテナを組み合わせてシステムを構成することがあります。例えば、「システム本体のコンテナ」と「データベースコンテナ」を組み合わせるような場合です。組み合わせるときは、コンテナをまとめて起動したり停止したりできると便利です。そのための仕組みが、「Docker Compose」です。この章では、Docker Composeを使って、複数のコンテナをひとまとめにして操作する方法を説明します。

# 7-1 2つのコンテナが通信するWordPressの例

この章では、複数のコンテナを組み合わせて、1つのシステムを構成する方法を扱います。さまざまなシステムが考えられますが、もってこいなのがWordPressです。WordPress社が提供するブログシステムで、ブログ記事をMySQLデータベース（もしくはMariaDBデータベース）に保存します。

**memo** MariaDBは、MySQLの開発者がスピンアウトして作られた、MySQL互換のデータベースです。

Docker Hubでは、オフィシャルなWordPressイメージが提供されています。しかしこのイメージにはMySQLデータベースは含まれておらず、別途、用意しなければなりません。つまり、WordPressを使うには、「WordPressコンテナ」のほか「MySQLコンテナ」が必要で、この2つのコンテナの組み合わせで構成しなければならないということです。MySQLコンテナのほうは、コンテナを破棄したときに、ブログのデータが失われてしまうのを防ぐため、ボリュームマウント（もしくはバインドマウントでもよいですが）して永続化することになるでしょう（**図表7-1**）。

**memo** ここでは話を簡単にするために、MySQLをコンテナとして用意する前提で話を進めています。しかしコンテナではなく、DockerホストにインストールしたMySQL、もしくは、別のサーバーにインストールしたMySQLを利用することもできます。

**memo** この章では話を簡単にするために、WordPressでアップロードした画像ファイルなどの永続化を考慮していません。それらは/var/www/html/以下に保存されるため、ボリュームマウントやバインドマウンドを検討すべきです。

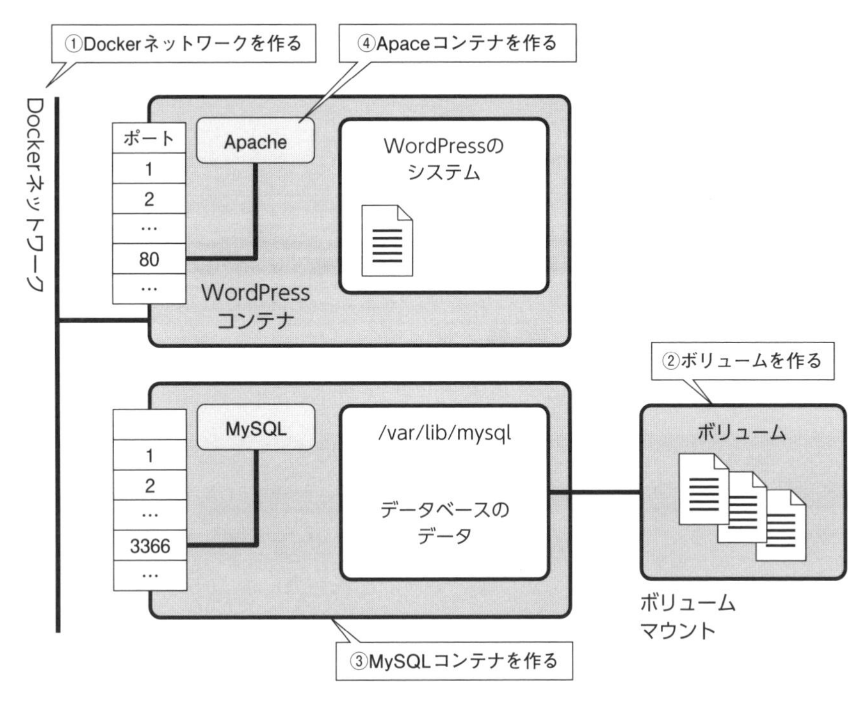


図表7-1　WordPressは、WordPressコンテナとMySQLコンテナで構成する

実際に、やっていきましょう。操作の順序は、次の通りです。

(1)Dockerネットワークを作成する
(2) ボリュームを作る
(3)MySQLコンテナを作る
(4)WordPressコンテナを作る

## 7-1-1　(1)Dockerネットワークを作成する

コンテナ同士をつなぐのに、既定のbridgeネットワークを使ってもよいのですが、それだとわかりにくくなるので、新しくDockerネットワークを作成したほうがよいでしょう。ここでは、wordpressnetという名前のDockerネットワークを作ってみます。

### 手順 Dockerネットワークを作成する

#### [1] Dockerネットワークを作成する

次のコマンドを入力して、wordpressnetという名前のDockerネットワークを作成します。

```
$ docker network create wordpressnet
```

#### [2] ネットワークが作成されたことを確認する

docker network lsコマンドを実行し、ネットワークが作成されたことを確認します。

```
$ docker network ls
NETWORK ID          NAME                DRIVER              SCOPE
c01f350812c7        bridge              bridge              local
3212cd2e74ea        host                host                local
06bb99062eea        none                null                local
8472f0729851        wordpressnet        bridge              local
```

## 7-1-2 (2) ボリュームを作成する

次に、MySQLコンテナのデータベースの永続化に用いるボリュームを作成しておきます。ここでは、wordpress_db_volumeという名前にしておきます。

### 手順 ボリュームを作成する

#### [1] ボリュームを作成する

次のコマンドを入力して、wordpress_db_volumeという名前のボリュームを作成します。

```
$ docker volume create wordpress_db_volume
```

#### [2] ボリュームが作成されたことを確認する

docker volume lsコマンドを実行し、ボリュームが作成されたことを確認します。

```
$ docker volume ls
DRIVER              VOLUME NAME
…略…
local               wordpress_db_volume
```

## 7-1-3 (3) MySQLコンテナを起動する

次にMySQLコンテナを起動します。次の設定で起動します。

コンテナ名

コンテナ名は、「wordpress_db」という名前にします。

データベースの初期値を設定する環境変数

第5章で少し触れたように、MySQLの各種設定は、さまざまな環境変数を通じて指定します。ここでは、パスワードや初期データベースなどを、**図表7-2**に示す環境変数を通じて設定することにします。あとでWordPressコンテナの設定をするときは、これらの設定値と同じものをWordPress側にも指定します。

| 環境変数名 | 意味 | ここでの設定値 |
|---|---|---|
| MYSQL_ROOT_PASSWORD | 管理者パスワード | myrootpassword |
| MYSQL_DATABASE | 起動と同時に作成するデータベース名。ここではwordpressで利用するデータベースを作成することにする | wordpressdb |
| MYSQL_USER | 上記データベースに接続できるユーザー名 | wordpressuser |
| MYSQL_PASSWORD | 上記ユーザーに対するパスワード | wordpresspass |

図表7-2 MySQLコンテナに指定する環境変数

イメージ名とバージョン

すでに第5章で説明したように、MySQLコンテナのイメージは「mysql」という名前です。これは最新版のMySQLを示します。しかし残念ながら、WordPressから利用する場合、既定では、MySQL 5.7以前でなければ接続できないという制約があります(それより新しいバージョンでは、認証方式が変わったためです)。そこで明示的にバージョン5.7系の最新版を利用するよう、「mysql:5.7」というように、「5.7」というタグを指定することにします。

***memo*** 「5.7」は、バージョン番号を指定しているのではなく、「5.7というタグ」を指定しているだけなので注意しましょう。MySQLイメージを開発している人たちが、5.7というタグでバージョン

5.7系を作っているので、こうした指定ができるのです。バージョン名ではなくタグ名ですから、例えば、「mysql:5.7.1」のような、MySQLイメージの開発者が用意していないタグ名を指定することはできません。どのようなタグがあるのかは、[Tags] ページ（https://hub.docker.com/_/mysql?tab=tags）で確認できます。

それではコンテナを作って起動しましょう。その手順は、下記の通りです。

## 手順 MySQLコンテナを起動する

### [1] MySQLコンテナを起動する

コンテナ名（--nameオプション）を「wordpress-db」として、図表7-2に示した環境変数を指定し、mysql:5.7のイメージからコンテナを起動します。-vオプションでのマウント、--netオプションでのネットワーク指定を忘れないようにします。

**memo** ここでは-pオプションは指定していない点に注意してください。MySQLコンテナはWordPressコンテナから接続されますが、コンテナ間の通信は、-pオプションを指定しなくても可能です。

```
$ docker run --name wordpress-db -dit -v wordpress_db_volume:/var/lib/mysql -e MYSQL_ROOT_PASSWORD=myrootpassword -e
 MYSQL_DATABASE=wordpressdb -e MYSQL_USER=wordpressuser -e MYSQL_PASSWORD=wordpresspass --net wordpressnet mysql:5.7
```

### [2] 起動を確認する

docker psコマンドを実行して、起動を確認しておきます。

```
$ docker ps
CONTAINER ID   IMAGE       COMMAND                  CREATED         STATUS         PORTS                 NAMES
8cc24796bb78   mysql:5.7   "docker-entrypoint.s…"   5 seconds ago   Up 4 seconds   3306/tcp, 33060/tcp   wordpress-db
```

## 7-1-4 (4)WordPressコンテナを起動する

最後にWordPressコンテナを起動します。WordPressコンテナに関する解説は、Docker Hubで確認できます。

**【Docker HubのWordPressイメージのページ】**
https://hub.docker.com/_/wordpress/

解説を要約したものを、下記に示します。

ポート番号
ポート80番で待ち受けしているので、docker runするときに、-pオプションで、Dockerホストのポートとマッピングします。ここでは、ポート8080で接続したときに、WordPressのページが見えるようにしましょう。

環境変数
利用するデータベースの設定などを、**図表7-3**に示す環境変数で指定します。これらには、先ほど図表7-2で設定したMySQLの情報と同じものを設定します。接続先のホスト名「WORDPRESS_DB_HOST」には、すでに起動しているMySQLのコンテナ名である「wordpress-db」を指定します。すでに第6章で説明したように、Dockerネットワークに接続している場合、コンテナ名で通信できるからです。

| 環境変数名 | 意味 | ここでの設定値 |
|---|---|---|
| WORDPRESS_DB_HOST | 接続データベースのホスト名 | wordpress-db |
| WORDPRESS_DB_NAME | 接続データベース名 | wordpressdb |
| WORDPRESS_DB_USER | 上記データベースに接続するユーザー名 | wordpressuser |
| WORDPRESS_DB_PASSWORD | 上記ユーザーに対するパスワード | wordpresspass |

図表7-3 WordPressコンテナに指定する環境変数

実際に起動する手順は、次の通りです。

### 手順 WordPressコンテナを起動する

#### [1] WordPressコンテナを起動する

次のコマンドを入力して、WordPressコンテナを起動します。コンテナ名は、「wordpress-app」という名前としました。-eオプションで、図表7-3に示した環境変数を指定するほか、-pオプションでのポート設定、--netオプションでのネットワーク設定も忘れないようにします。

```
$ docker run --name wordpress-app -dit -p 8080:80 -e WORDPRESS_DB_HOST=wordpress-db -e WORDPRESS_DB_NAME=wordpressdb -e
 WORDPRESS_DB_USER=wordpressuser -e WORDPRESS_DB_PASSWORD=wordpresspass --net wordpressnet wordpress
```

#### [2] 起動を確認する

docker psコマンドを実行して、起動を確認しておきます。

```
$ docker ps
CONTAINER ID    IMAGE        COMMAND                   CREATED          STATUS          PORTS                   NAMES
8d71651e27c4    wordpress    "docker-entrypoint.s…"    5 seconds ago    Up 3 seconds    0.0.0.0:8080->80/tcp    wordpress-app
8cc24796bb78    mysql:5.7    "docker-entrypoint.s…"    15 minutes ago   Up 15 minutes   3306/tcp, 33060/tcp     wordpress-db
```

## 7-1-5 動作確認と初期設定

以上で設定完了です。ブラウザから、「http://DockerホストのIP:8080/」を開いてください。WordPressの設定画面が表示されるはずです。ここから初期設定を始めていきます。

*memo* DockerホストのIPは、EC2インスタンスのIPアドレスです。

### 手順 WordPressを初期設定する

#### [1] 言語を選択する

まずは、言語を［日本語］に設定し、［続ける］をクリックします（図表7-4）。

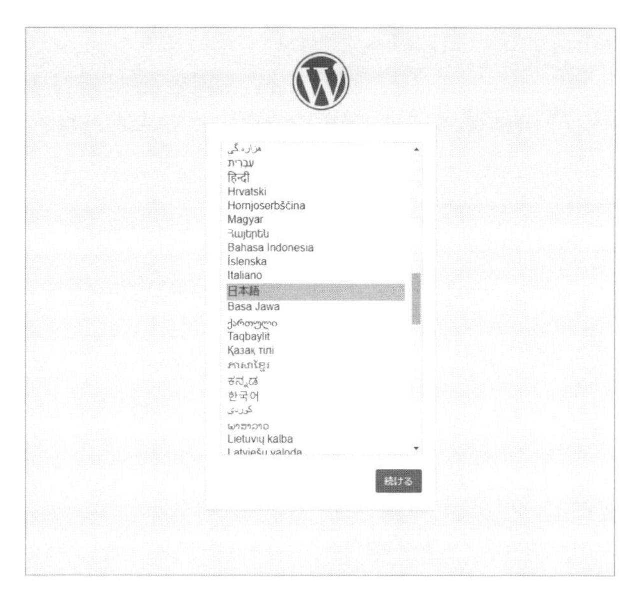

図表7-4　言語を選択する

## コラム　うまく接続できないときは

「Error establishing a database connection」など、データベースエラーが表示されるときは、MySQLコンテナが起動していない、もしくは、環境変数で指定したデータベース、ユーザー名、パスワードなどが間違っていることが考えられます。Dockerコンテナは、docker logsコマンドでログを表示できることを思い出してください。接続できないときは、次のようにして、ログを確認しましょう。

```
$ docker logs wordpress-app
```

すると、例えば、

```
MySQL Connection Error: (1045) Access denied for user 'wordpressuser'@'172.19.0.3' (using password: NO)
```

のようなメッセージが表示されます。エラーの原因をつかむのに役立つはずです。

### [2] サイトのタイトルやユーザー名、パスワードなどを設定する

サイトのタイトルやユーザー名、パスワードなど、必要事項を入力します（**図表7-5**）。ここで指定したユーザー名やパスワードは、管理者ページにログインするのに必要となるので、忘れないように注意してください。

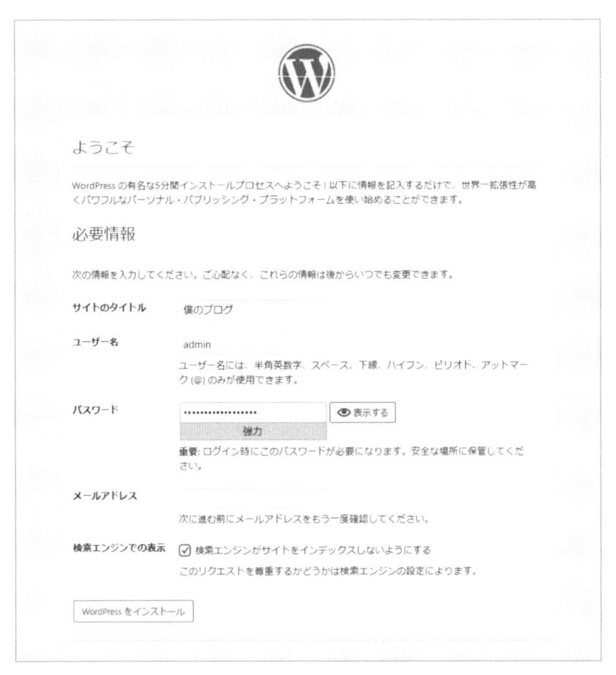


図表7-5 サイトのタイトルやユーザー名、パスワードなどを設定する

### [3] インストール完了

**図表7-6**のページが表示され、インストールが完了します。[ログイン] ボタンをクリックしてください。

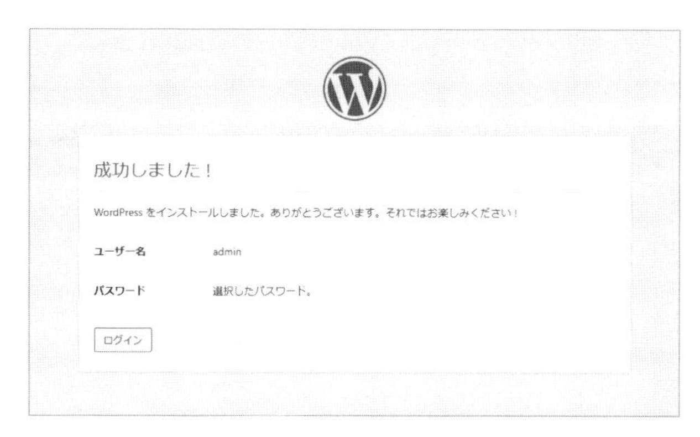


図表7-6　インストールの完了

### [4] ログインする

設定したユーザー名とパスワードを入力してログインします（**図表7-7**）。

図表7-7　ログインする

### [5] 管理画面が表示される

管理画面が表示され、各種設定変更やブログの投稿ができます（**図表7-8**）。この画面の左上の家のマークのボタン（図表7-8では「僕のブログ」と書かれている部分）をクリックすると、作成したブログが表示されます（**図表7-9**）。本書はWordPressの説明をするのが目的ではないので、これ以上、WordPressについての詳細な設定方法は省きます。ウィザードでいくつか設定していけば、ブログの設定が完了し、もう、使い始めることができます。

***memo*** 図表7-9の画面は、「http://DockerホストのIP:8080/」を開いたとき、図7-8の画面は、「http://DockerホストのIP:8080/wp_admin/」を開いたときの画面に相当します。

図表7-8　WordPressの管理画面

図表7-9　作成されたブログ

### 7-1-6　後始末

こうした一連の操作によって、WordPressコンテナとMySQLコンテナが連動して動くことを確認できました。これで実験は、いったん終わりとし、コンテナやネットワーク、ボリュームを削除しておきましょう。

```
$ docker stop wordpress-db wordpress-app
$ docker rm wordpress-db wordpress-app
$ docker network rm wordpressnet
$ docker volume rm wordpress_db_volume
```

## 7-2　Docker Compose

いま見てきたように、複数のコンテナを組み合わせて使うことは難しくありません。Dockerネットワークを作って、--netオプションで、そのネットワークに接続するように構成すればよいからです。

問題は、煩雑さです。この2つのコンテナはセットであり、どちらかを起動し忘れると、正しく動作できません。また、普通に考えると、WordPressコンテナを起動する前には、MySQLコンテナを起動しておかなければならないでしょう（そうしなくても、何度か再接続するうちに、うまく接続できるようになるでしょうが、それは意図したものではないはずです）。

コンテナの起動は、意外と煩雑で間違えやすいものです。1つずつdocker run（もしくはdocker create、docker start）しなければならず、その際、--nameオプションで名前を設定したり、-vオプションでマウントしたり、-eオプションで環境変数を設定したり、-pオプションでポートのマッピングを設定したりと、さまざまなオプション指定が必要です。こうしたオプションは、長く複雑になりがちです。またボリュームを使うのなら、あらかじめボリュームを作成しておく必要もあります。ネットワークについても同様です。コンテナを使い終わって削除するときは、不要になったネットワークも一緒に削除する必要があるでしょう。

こうしたコンテナの作成や停止、破棄の一連の操作をまとめて実行する仕組みが、Docker Composeです。

## 7-2-1 Docker Composeの仕組み

Docker Composeは、あらかじめコンテナの起動方法やボリューム、ネットワークの構成などを書いた定義ファイルを用意しておき、その定義ファイルを読み込ませることで、まとめて実行する方法です（図表7-10）。

この章では扱いませんが、定義ファイルには、起動したコンテナのなかで実行するコマンドや、コンテナに対してファイルコピーするコマンドなどを書くこともできます。Docker Composeを使う場合、定義ファイルやコピーしたいファイルなどを、1つのディレクトリにまとめておきます。定義ファイルは、「Composeファイル」と呼ばれ、既定では「docker-compose.yml」というファイル名です。このファイルをdocker-composeというツールで読み込ませて実行すると、ボリュームやネットワークが作られ、まとめてコンテナが起動します。そして不要になったら、同じくdocker-composeツールを使って、まとめて停止や削除できます。

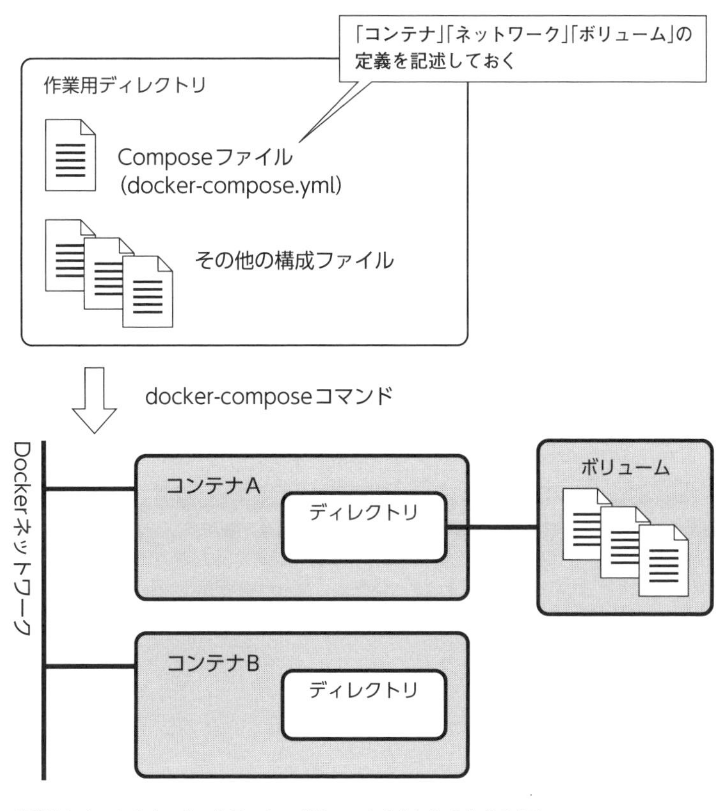


図表7-10　Docker Composeの仕組み

## 7-2-2 Docker Composeが解決するもの

Docker Composeを使えば、いままでdocker runの引数で1つひとつ指定したり、起動後にdocker execでコマンドを実行したりしていたものを、docker-compose.ymlという1つの設定ファイルに集約できます。つまり、次の煩雑さを解決します。

(1) 長い引数からの解放

docker run（もしくはdocker create）の際、長い引数を指定する必要がなくなります。

(2) 複数コンテナの連動

まとめて複数のコンテナを起動できます。起動順序の指定もできます。

(3) まとめての停止・破棄

定義したコンテナをまとめて停止したり破棄したりできます。

(4) コンテナの起動時の初期化やファイルコピー

コンテナ起動後にコマンドを実行したりファイルをコピーしたりする初期化などの操作を行えます。

## 7-2-3 Docker Composeのインストール

Docker Composeは、Docker操作の補佐をするPython製のツールです。Docker Engineの一部ではありません。そのため、Docker Engineとは別にインストールしなければなりません。いくつかのインストール方法がありますが、次のようにpipコマンド（pip3コマンド）でインストールするのが簡単です。

※ docker-composeコマンドはdockerコマンドに統合され、「docker compose」（「-」がなくなり、dockerコマンドのcomposeを実行するという意味）になりました。現在では、下記のインストール手順は不要です。以降、本書中の「docker-compose」と書かれている部分は、「docker compose」（間の「-」をスペースに）と読み替えてください（変更はコマンドのみで、設定ファイルの「docker-compose.yml」は変わらず、「-」があります）。詳細は、「Compose Switch」（https://github.com/docker/compose-switch）や「Docker Compose v2」（https://github.com/docker/compose）を参照してください。

### 手順 Docker Composeをインストールする

#### [1] Pythonをインストールする

まずは、Pythonとpipをインストールします。

**memo** Pythonは、バージョン3を用います。パッケージ名は「python3」「python3-pip」なので注意してください。

```
$ sudo apt install -y python3 python3-pip
```

#### [2] Docker Composeをインストールする

次のようにpip3コマンドを入力して、Docker Composeをインストールします。

```
$ sudo pip3 install docker-compose
```

#### [3] Docker Composeがインストールされたことを確認する

--versionオプションを指定してdocker-composeコマンドを実行することで、コマンドがインストー

ルされたことを確認します（表示されるバージョン番号は、本書に掲載したものとは異なるかも知れません）

```
$ docker-compose --version
docker-compose version 1.25.5, build unknown
```

# 7-3 Docker Composeを使った例

Docker Composeを使うと、コンテナ起動の煩雑さはどのように解決されるのか、実際に試してみましょう。ここでは、いま手動で1つずつ操作した「WordPressコンテナとMySQLコンテナを起動する」という行程を、Docker Composeで実現してみます。

## 7-3-1 作業用ディレクトリとdocker-compose.ymlの準備

Docker Composeを使うには、何か作業用のディレクトリを作り、そこにdocker-compose.ymlファイルを置きます。

### 手順 作業用ディレクトリとdocker-compose.ymlの準備

#### [1] 作業用ディレクトリの作成

まずは、作業用ディレクトリを作成します。ここでは、ホームディレクトリ（/home/ubuntu）の下に、wordpressというディレクトリを作ることにします。ディレクトリを作ったら、そこをカレントディレクトリに移動（cd）します。

```
$ mkdir ~/wordpress
$ cd ~/wordpress
```

#### [2] docker-compose.ymlを作る

次に、そのディレクトリにdocker-compose.ymlファイルを作ります。nanoエディタなどを使って、**リスト7-1**のように編集します。編集したら、保存して終了してください。

**memo** 保存するには [Ctrl] + [X] キーを押し、保存するかどうか尋ねられたら [Y] [Enter] と入力します。

```
$ nano docker-compose.yml
```

docker-compose.ymlは、「YAML形式（YAML Ain't a Markup Language）」と呼ばれる形式のファイルです。YAML形式では、空白によるインデント（字下げ）で構造ブロックを表現します。インデントが間違っていると、正しく動かないので注意してください。インデントに利用できるのは空白のみで、タブ文字は使えません。インデントは、位置が合っていれば、空白何文字でもかまいませんが、「空白2つ」や「空白4つ」にするのが一般的です。

リスト7-1　docker-compose.yml

```
version: "3"

services:
  wordpress-db:
    image: mysql:5.7
    networks:
      - wordpressnet
    volumes:
      - wordpress_db_volume:/var/lib/mysql
    restart: always
    environment:
      MYSQL_ROOT_PASSWORD: myrootpassword
      MYSQL_DATABASE: wordpressdb
      MYSQL_USER: wordpressuser
      MYSQL_PASSWORD: wordpresspass

  wordpress-app:
    depends_on:
      - wordpress-db
    image: wordpress
    networks:
      - wordpressnet
    ports:
      - 8080:80
    restart: always
    environment:
      WORDPRESS_DB_HOST: wordpress-db
      WORDPRESS_DB_NAME: wordpressdb
```

```
      WORDPRESS_DB_USER: wordpressuser
      WORDPRESS_DB_PASSWORD: wordpresspass

networks:
  wordpressnet:

volumes:
  wordpress_db_volume:
```

## 7-3-2 Docker Composeの操作

docker-compose.ymlの意味を説明すると長くなるので、先に、このファイルをdocker-composeコマンドで処理して、どんな動きになるのかを確かめましょう。

### docker-composeのオプションやコマンド

docker-composeコマンドは、次の書式で実行します。

```
docker-compose オプション コマンド 引数
```

「オプション」は、docker-compose.yml以外のファイル名のものを指定したり、別のホスト上で実行したりしたいときなどに指定するものです。指定しなければならない場面は、ほとんどないので、ここでの説明は割愛します。

「コマンド」は、起動や停止など、さまざまな命令のことです。**図表7-11**に示すコマンドが用意されています。最後の「引数」は、コマンドに対して指定するオプション引数です。コマンドによって引数の意味が異なります。たくさんのコマンドがありますが、まず覚えたいのは、起動の「up」、停止・破棄の「down」です。

| コマンド | 説明 |
|---|---|
| up | コンテナを作成し、起動する |
| down | コンテナ、ネットワーク、イメージ、ボリュームをまとめて停止および削除する |
| ps | コンテナ一覧を表示する |
| config | Compose ファイルの確認と表示をする |
| port | ポートの割り当てを表示する |
| logs | コンテナの出力を表示する |
| start | サービスを開始する |
| stop | サービスを停止する |
| kill | コンテナを強制停止（kill）する |
| exec | コマンドを実行する |
| run | コンテナを実行する |
| create | サービスを作成する |
| restart | サービスを再起動する |
| pause | サービスを一時停止する |
| unpause | サービスを再開する |
| rm | 停止中のコンテナを削除する |
| build | サービス用のイメージを構築または再構築する |
| pull | サービス用のイメージをダウンロードする |
| scale | サービス用コンテナの数を指定する |
| events | コンテナからリアルタイムにイベントを受信する |
| help | ヘルプ表示 |

図表7-11　docker-composeのコマンド

### 起動

では、起動してみましょう。起動は、upコマンドです。upコマンドには、**図表7-12**に示すオプションを指定できます。このうち、最もよく使うのが、-dオプションです。コンテナを起動するときのdocker runの-dオプションと同じ機能で、デタッチモードで実行します。もし-dオプションを指定しないと、コンテナ終了まで待ってしまい、次のコマンド入力ができませんから、デバッグなどの特殊な用途を除き、実質、-dオプションの指定は必須と言えます。

| オプション | 説明 |
|---|---|
| -d | デタッチモード（バックグラウンド）で実行する。--abort-on-container-exit と同時指定不可 |
| --no-color | 白黒画面として表示する |
| --no-deps | リンクしたサービスを表示しない |
| --force-recreate | 設定やイメージに変更がなくても、コンテナを再生成する。--no-recreate と同時指定不可 |
| --no-create | コンテナがすでに存在していれば再生成しない。--force-recreate と同時指定不可 |
| --no-build | イメージが見つからなくてもビルドしない |
| --build | コンテナを開始前にイメージをビルドする |
| --abort-on-container-exit | コンテナが 1 つでも停止したら、すべてのコンテナを停止する。-d オプションと同時指定不可 |
| -t、--timeout 秒 | コンテナを停止するときのタイムアウト秒数。既定は 10 秒 |
| --remove-orphans | Compose ファイルで定義されていないサービス用のコンテナを削除 |

図表7-12　upコマンドのオプション

実際にコンテナを実行する手順は、次の通りです。

## 手順 Docker Composeでコンテナを起動する

### [1]　カレントディレクトリを移動する

docker-compose.ymlファイルを置いたディレクトリをカレントディレクトリにします。

```
$ cd ~/wordpress
```

### [2]　実行する

次のように、-dオプションを伴ってupコマンドを実行します。すると、作成中のメッセージが表示され、作成が完了します。

```
$ docker-compose up -d
Creating network "wordpress_wordpressnet" with the default driver
Creating volume "wordpress_wordpress_db_volume" with default driver
Creating wordpress_wordpress-db_1 ... done
Creating wordpress_wordpress-app_1 ... done
```

### [3] 起動の確認

これで起動しています。「http:/DockerホストのIP:8080/」にアクセスすると、WordPressのページのインストールページが表示されるはずです。コンテナの状態が、どのようになっているのかを確認してみましょう。それには、docker-compose psコマンドを実行します。すると次のように、2つのコンテナが稼働していることがわかります。

```
$ docker-compose ps
      Name                    Command          State          Ports
---------------------------------------------------------------------------
wordpress_wordpress-     docker-entrypoint.sh      Up      0.0.0.0:8080->80/tcp
app_1                    apach ...
wordpress_wordpress-     docker-entrypoint.sh      Up      3306/tcp, 33060/tcp
db_1                     mysqld
```

#### コンテナの命名規則

ここでコンテナの名前が、「wordpress_wordpress-app_1」や「wordpress_wordpress-db_1」のように、

```
作業用ディレクトリ名_コンテナ名_1
```

という命名規則になっている点に注目してください。docker-composeコマンドで起動したときは、こうした命名規則になります。

> **memo** 「1」というのは、「1つめ」ということを意味します。本書では説明しませんが、docker composeでscaleオプションを指定すると、docker-composeファイルに記述している同じコンテナを2つ、3つと複数起動できます。その場合、「_2」「_3」･･･、といった命名規則になります。

## 7-3-3 docker-composeで何が起きたのかを確認する

docker-composeは、dockerコマンドを人間が入力するのを肩代わりする便利なツールに過ぎません。docker-composeで作ったコンテナは、いままで手作業で作ってきたコンテナと何ら変わりません。いまdocker-compose psコマンドを使って起動したコンテナを確認しましたが、これまでコンテナの稼働状況を確認するときに使ってきた、docker psコマンドでも確認できます。実際に確認すると、やはり2つのコンテナが存在することがわかります。

```
$ docker ps
CONTAINER ID   IMAGE       COMMAND                  CREATED         STATUS        PORTS                   NAMES
a758812fdbee   wordpress   "docker-entrypoint.s…"   5 seconds ago   Up 32 hours   0.0.0.0:8080->80/tcp    wordpress_wordpress-app_1
c2541ccaa5d3   mysql:5.7   "docker-entrypoint.s…"   5 seconds ago   Up 32 hours   3306/tcp, 33060/tcp     wordpress_wordpress-db_1
```

ネットワークやボリュームについても同様です。docker network psやdocker volume lsで確認した結果を以下に示します。

```
$ docker network ls
NETWORK ID     NAME                    DRIVER   SCOPE
c01f350812c7   bridge                  bridge   local
3212cd2e74ea   host                    host     local
06bb99062eea   none                    null     local
5ffa92660f7b   wordpress_wordpressnet  bridge   local
```

```
$ docker volume ls
DRIVER              VOLUME NAME
…略…
local               wordpress_wordpress_db_volume
```

必要があれば、こうしたコンテナをdocker stopで停止したり、docker rmで削除したりすることもできます。ネットワークについてもdocker network rmで削除できます。しかしそうすると、docker-composeツールから操作した状態と反故が生じて、管理しにくくなります。ですからdocker-composeで作成したコンテナは、dockerコマンドではなく、docker-composeを使った管理に一元化すべきです。その方法については、「7-3-6 サービスを個別に操作する」（p.234）で、改めて説明します。

## 7-3-4 コンテナの停止と破棄

では、いま起動したコンテナ一式を停止してみましょう。それには、docker-compose downコマンドを使います。docker-compose downは、コンテナやネットワークを停止するだけでなく、それらを破棄します。つまりdocker-compose upする前に戻します。ただし既定では、ボリュームは削除しません（もしボリュームが削除されたらデータが永続化されませんから、たいへんなことになります）が、**図表7-13**に示すオプションを指定すると、削除するようにもできます。

**memo** docker-compose.ymlファイルでは、ネットワークやボリュームを定義する際、externalオプションを指定できます。externalオプションは、Docker Compose管理外のネットワークやボリュームであることを示します。これらのオプションが指定されたネットワークやボリュームは、docker-compose downによって、削除されることは、決してありません。

| オプション | 説明 |
|---|---|
| --rmi 種類 | 破棄後にイメージも削除する。種類に「all」を指定したときは、利用した全イメージを削除する。「local」を指定したときは、image にカスタムタグがないイメージのみを削除する |
| -v, --volumes | volumes に記述されているボリュームを削除する。ただし external 指定されているものは除く |
| --remove-orphans | docker-compose.yml で定義していないサービスのコンテナも削除する |

図表7-13 downコマンドのオプション

実際にやってみましょう。

## 手順 コンテナを停止して破棄する

### [1] docker-compose downを実行する

docker-compose.ymlファイルを置いたディレクトリをカレントディレクトリにして、次のように、docker-compose downを実行します。メッセージに表示されるように、コンテナやネットワークが削除されることがわかります。

```
$ docker-compose down
Stopping wordpress_wordpress-app_1 ... done
Stopping wordpress_wordpress-db_1  ... done
Removing wordpress_wordpress-app_1 ... done
Removing wordpress_wordpress-db_1  ... done
Removing network wordpress_wordpressnet
```

### [2] コンテナの状態を確認する

ここで状態を確認してみましょう。まずは、docker-compose psコマンドで確認します。コンテナはありません。

```
$ docker-compose ps
Name   Command   State   Ports
------------------------------
```

docker ps -aコマンドで確認しても同じです。

```
$ docker ps -a
CONTAINER ID        IMAGE           COMMAND         CREATED          STATUS          PORTS          NAMES
```

### [3] ネットワークの状態を確認する

docker network lsコマンドを実行して、Dockerネットワークを確認してみます。こちらも存在しないことがわかります。

```
$ docker network ls
NETWORK ID          NAME                DRIVER              SCOPE
c01f350812c7        bridge              bridge              local
3212cd2e74ea        host                host                local
06bb99062eea        none                null                local
```

### [4] ボリュームの状態を確認する

docker volume lsでボリュームの状態を確認します。こちらは残っています。ですから、次にもう一度、docker-compose upしたときは、このボリュームの内容は、そのまま使われるため、（そこにマウントしているMySQLコンテナが保存しているデータベースの）データが失われることはありません。

```
$ docker volume ls
DRIVER              VOLUME NAME
…略…
local               wordpress_wordpress_db_volume
```

## 停止・破棄の際の注意

つまるところ、docker-compose upで全部起動、docker-compose downで全部停止および破棄という、まとめての操作ができるというのが、Docker Composeの機能です。本当にそれだけの機能で、賢くはありません。そのため、少し扱いに注意しなければならないことがあります。よく問題となるのは、起動時（docker-compose up）と停止時（docker-compose down）とで、docker-compose.ymlファイルが異なる場合です。

docker-compose downは、実行時にカレントディレクトリに置かれているdocker-compose.ymlファイルを見て操作します。（docker-compose upを実行したときの）起動時の状態を把握しているわけではありません。例えばdocker-compose upしたときには、docker-compose.ymlファイルにコンテナAを使う設定があったけれども、そのあとdocker-compose.ymlを編集して、コンテナAを使う設定を削除した場合、docker-compose downすれば、そのコンテナAは除外され、破棄されることはありません。

docker-compose downは、あくまでも、その時点のdocker-compose.ymlファイルの通りに動作します。docker-compose upしたあとにdocker-compose.ymlファイルを書き換えてしまい、docker-compose downしたときに、コンテナの削除残しや、意図しないコンテナやネットワークの削除が発生しないよう、注意してください。

## 7-3-5 docker-compose.ymlの書き方

それではdocker-compose.ymlは、どのように記述すればよいのでしょうか？　その書き方を説明します。docker-compose.ymlでは、「サービス」「ネットワーク」「ボリューム」の3つを定義します。

（1）サービス

全体を構成する1つひとつのコンテナのことです。Docker Composeにおいてサービスとは、コンテナのことだと言い換えて、ほぼ問題ありません。

> ***memo*** 「ほぼ」と言っているのは、scaleオプションを指定すると、1つのサービスに対して複数のコンテナを起動することができるためです。つまり本当は、サービスに対してコンテナが、1対多の関係です。

（2）ネットワーク

サービス（つまりコンテナ。以下同じ）が参加するネットワークを定義します。

（3）ボリューム

サービスが利用するボリュームを定義します。

docker-compose.ymlファイルでは、これらの設定をインデントしたブロック単位で記述します。先ほどのリスト7-1のdocker-compose.ymlファイルをブロックごとに示したものを、**図表7-14**に示します。

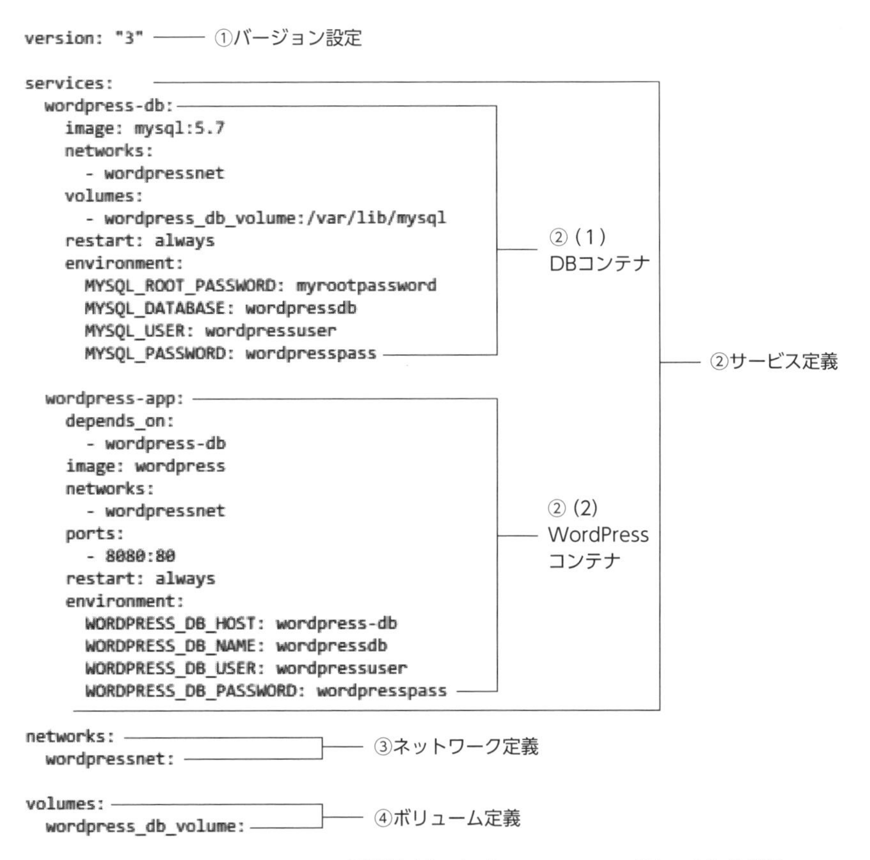


図表7-14　docker-compose.ymlファイルの構造

## コラム　YAML形式について

YAML形式に詳しくない人のために、基本的な書き方を以下に示します。

(1) 設定値の書き方

設定値は、「設定値:値」のように、「:」で区切って記述します。改行は入れても入れなくても同じです。例えば、

```
image:wordpress
```

という表記は、

```
image:
  wordpress
```

と記述しても同じです。

(2) 文字列の指定

明示的に文字列であることを指定するときは、「'」か「"」で囲みます。

(3) 複数値の書き方

複数の値を書くときは、「- 設定値」のように、「-」で区切って記述します。例えばリスト7-1には、ポート8080とポート80をマッピングする設定を、次のように記述しています。

```
ports:
  - 8080:80
```

もしさらに、ポート12345とポート1234をマッピングする設定を書きたければ、次のように追記します。

```
ports:
  - 8080:80
  - 12345:1234
```

(4) コメント

「#」を記述すると、それ以降、行末までがコメントとみなされ、無視されます。

## バージョン番号（version）

冒頭の「version:」では、書式のバージョン番号を記述します。Docker Composeは、過去、何度かバージョンアップしてきており、バージョンによって、docker-compose.ymlの書き方が少し違うので、どのバージョンなのかを指定するためのものです。本書の執筆時点の最新版は、「バージョン3」なので、ここでは、「version: "3"」と記述します。

**memo** 「version: '3'」のようにシングルクォートが囲んでもかまいません。また、バージョンには、マイナーバージョンもあります。詳細なバージョンで特定したいときは、「version: "3.4"」などのようにマイナーバージョンも含めて記述することができます。

```
version: "3"
```

## サービス（services）

「services」の部分では、サービス（すなわち、コンテナの定義）を記述します。次の書式です。

```
services:
  サービスAの名前:
    サービスAの設定
    ...
  サービスBの名前:
    サービスBの設定
```

それぞれのサービスの設定では、主に**図表7-15**に示す項目を設定できます。

**memo** 図表7-15には、主要なオプションのみを記述しています。全オプションについては、Composeファイルのリファレンス（http://docs.docker.jp/compose/compose-file.html）を参照してください。以降の図表7-16、図表7-17についても同様です。

| 項目 | docker run の対応オプション | 意味 |
|---|---|---|
| command | コマンド引数 | 起動時の既定のコマンドを上書きする |
| container_name | --name | 起動するコンテナ名を明示的に指定する |
| depends_on | なし | 別のサービスに依存することを示す。docker-compose up するときや docker-compose down するときに、指定したサービスが先に起動（もしくは後から終了）するようになる |
| dns | --dns | コンテナに対して、カスタムな DNS サーバーを明示的に設定する |
| env_file | なし | 環境設定情報を書いたファイルを読み込む |
| entrypoint | --entrypoint | 起動時の ENTRYPOINT を上書きする |
| environment | -e | 環境変数を設定する |
| external_links | --link | 外部リンクを設定する |
| extra_hosts | --add-host | 外部ホストの IP アドレスを明示的に指定する。docker run するとき、--add-host オプションを指定するのと同じ |
| image | イメージ引数 | 利用するイメージを指定する |
| logging | --log-driver | ログ出力先を設定する |
| network_mode | --network | ネットワークモードを設定する |
| networks | --net | 接続するネットワークを指定する。ネットワークは、docker-compose.yml ファイルの networks のところで定義していなければならない。この設定配下に「ipv4_address」「ipv6_address」を記述すると、固定 IP を割り当てることもできる |
| ports | -p | ポートのマッピングを設定する |
| restart | なし | docker compose up などで起動する際、コンテナが停止したときの再試行ポリシーを設定する。次のいずれかを設定できる。<br>・no　何もしない<br>・always　終了ステータスにかかわらず、いつも再起動する（明示的に docker-compose stop で止めた場合は除く）<br>・on-failure　プロセスが 0 以外のステータスで終了したとき、再起動する。最大試行回数を「on-failure: 回数」のように指定することもできる<br>・unless-stopped　もともと docker-compose stop などで停止していたときは再起動しない。それ以外は always と同じ |
| volumes | -v、--mount | バインドマウントやボリュームマウントなどを設定する |

図表7-15　主なサービスの設定（抜粋）

具体的に見てみましょう。リスト7-1では、「wordpress-db」と「wordpress-app」の2つのサービスを指定しています。

## wordpress-db

MySQLコンテナであるwordpress-dbでは、次の指定をしています。

```
wordpress-db:
  image: mysql:5.7
  networks:
    - wordpressnet
  volumes:
    - wordpress_db_volume:/var/lib/mysql
  restart: always
  environment:
    MYSQL_ROOT_PASSWORD: myrootpassword
    MYSQL_DATABASE: wordpressdb
    MYSQL_USER: wordpressuser
    MYSQL_PASSWORD: wordpresspass
```

イメージ（image）

mysql.5.7というイメージから起動するコンテナを作ります。

ネットワーク（networks）

wordpressnetというネットワークに接続します。このネットワークは、後述のnetworks:の部分で定義しているものです。

ボリューム（volumes）

wordpress_db_volumeというボリュームを/var/lib/mysqlというディレクトリにマウントします。

起動失敗したときの再起動設定（restart）

起動に失敗したときの再起動設定は、「always」としました。もし、コンテナの起動に失敗したときは、再度、起動が試みられます。なお、再起動の際は、待ち時間がだんだんと長くなるように構成されています。

環境変数（environment）

各種環境変数を設定します。これはdocker runするときに-eオプションで指定したのと同じで、MySQLのパスワードやデータベース名などを指定しています。

### コラム ボリュームのマウントを詳細に設定する

リスト7-1では、次のように、docker runするときの-vオプションと同じ書式でマウント方法を指定しています。

```
volumes:
  - wordpress_db_volume:/var/lib/mysql
```

しかし--mountオプションで指定する書式のように、より細かく指定することもできます。

```
volumes:
  - type: volume
  - source wordpress_db_volume
  - target: /var/lib/mysql
```

## wordpress-app

WordPressコンテナであるwordpress-appでは、次の指定をしています。

```
wordpress-app:
  depends_on:
    - wordpress-db
  image: wordpress
  networks:
    - wordpressnet
  ports:
    - 8080:80
  restart: always
  environment:
    WORDPRESS_DB_HOST: wordpress-db
    WORDPRESS_DB_NAME: wordpressdb
    WORDPRESS_DB_USER: wordpressuser
    WORDPRESS_DB_PASSWORD: wordpresspass
```

依存関係（depends_on）

先に定義したwordpress-dbに依存するという定義をしています。この定義によって、この

wordpress-appは、wordpress-dbよりも後に起動するよう、起動順序が調整されます（停止するときは、逆に、wordpress-appが先に停止し、それからwordpress-dbが停止します）。

イメージ（image）

wordpressというイメージから起動するコンテナを作ります。

ネットワーク（networks）

wordpressnetというネットワークに接続します。このネットワークは、後述のnetworks:の部分で定義しているものです。

ポート（ports）

ポートのマッピングを指定します。ここでは、Dockerホストの8080番を、このコンテナの80番に割り当てています。

起動失敗したときの再起動設定（restart）

起動に失敗したときの再起動設定は、「always」としました。もし、コンテナの起動に失敗したときは、再度、起動が試みられます。

環境変数（enviromnent）

各種環境変数を設定します。これはdocker runするときに-eオプションで指定したのと同じで、接続先となるMySQLのホスト名、データベース名、ユーザー名やパスワードを指定しています。ホスト名は、「WORDPRESS_DB_HOST:wordpress-db」のように、先ほど定義した「サービス名」で指定している点に注目しましょう。同じdocker-compose.ymlに記述したサービス（コンテナ）同士は、サービス名を指定することで通信できます。

### ネットワーク

ネットワークは、networksの部分で定義します。ここでは、次のように名前だけを指定していますが、オプションでIPアドレス範囲などを指定することもできます（**図表7-16**）。

```
networks:
  wordpressnet:
```

| 項目 | 意味 |
|---|---|
| driver | ネットワークドライバを指定する |
| config | サブネット（IP アドレス範囲）を指定する |
| external | Docker Compose 管理外のネットワークであることを指定する。このネットワークは、あらかじめ作成されていなければならない。external 指定した場合、docker compose down しても削除されない |

図表7-16　ネットワークの主なオプション（抜粋）

## コラム　ネットワークの指定を省略する

ここではわかりやすくするため、networksの部分でwordpressnetという名前のネットワークを作成し、そのネットワークに属するように指定しました。しかし実際には、こうしたネットワーク設定を省略することもできます（**リスト7-2**）。

Docker-Composeでは、明示的にネットワークを指定しなかったときは、記述しているサービス（コンテナ）がつながる新しいDockerネットワークを自動的に作成し、すべてのサービスを、そのネットワークに接続するように構成します（docker-compose downすれば、そのネットワークは、もちろん、自動的に削除されます）。この場合でも、サービス名を宛先として指定して通信できます。

ですから明示的にネットワークを設定しなければならない必然性はなく、むしろ、指定が省略されることのほうが多いです。

リスト7-2　ネットワーク指定を省略した例

```
version: "3"

services:
  wordpress-db:
    image: mysql:5.7
    volumes:
      - wordpress_db_volume:/var/lib/mysql
    restart: always
    environment:
      MYSQL_ROOT_PASSWORD: myrootpassword
      MYSQL_DATABASE: wordpressdb
```

```
      MYSQL_USER: wordpressuser
      MYSQL_PASSWORD: wordpresspass

  wordpress-app:
    depends_on:
      - wordpress-db
    image: wordpress
    ports:
      - 8080:80
    restart: always
    environment:
      WORDPRESS_DB_HOST: wordpress-db
      WORDPRESS_DB_NAME: wordpressdb
      WORDPRESS_DB_USER: wordpressuser
      WORDPRESS_DB_PASSWORD: wordpresspass

volumes:
  wordpress_db_volume:
```

### ボリューム

コンテナが利用するボリュームは、volumesの部分で定義します。ここでは、次のように名前だけを指定していますが、オプションでマウント方法などを指定することもできます（**図表7-17**）。既定では、ボリュームが存在しない場合は作られ、作られたボリュームは、docker-compose downしても、削除されません。

```
volumes:
  wordpress_db_volume:
```

| 項目 | 意味 |
|---|---|
| driver | ボリュームドライバ名 |
| driver_opts | ボリュームのオプション。例えば、ネットワークドライブ（NFSなど）を指定するときは、パス名など |
| external | Docker Compose管理外のボリュームであることを指定する。このボリュームは、あらかじめ作成されていなければならない。external指定した場合、docker compose downで-v（もしくは-volumes）をしても削除されない |

図表7-17　ボリュームの主なオプション（抜粋）

## 7-3-6 サービスを個別に操作する

このように、docker-composeコマンドでは、upとdownを指定することで、まとめて起動ならびに停止・削除できますが、ときには、1つひとつのサービス（コンテナ）を操作したいこともあります。docker-composeで起動したコンテナは、普通のコンテナですから、もちろん、dockerコマンドを使って1つひとつ操作することもできます。しかし、起動したコンテナ名は、「作業用ディレクトリ名_コンテナ名_1」というような命名規則です。このように別名になることを考慮してコンテナを操作するのは、少し煩雑です。しかもdocker-composeで管理されているものを、dockerコマンドで操作すると、反故が生じる可能性もあります。

こうした理由から、docker-composeで起動したコンテナなどは、docker-composeから操作すべきです。docker-composeには、**図表7-18**に示すオプションがあり、これらのオプションを使えば、1つひとつのサービス（コンテナ）だけを停止したり、開始したりできます。

| docker-compose のコマンド | 対応する docker コマンド | 説明 |
|---|---|---|
| docker-compose logs | docker logs | コンテナの出力を表示する |
| docker-compose rm | docker rm | 停止中のコンテナを削除する |
| docker-compose run | docker run | 特定のコンテナを実行する |
| docker-compose exec | docker exec | コンテナ内でコマンドを実行する |
| docker-compose start | docker start | 特定のサービスを開始する |
| docker-compose stop | docker stop | 特定のサービスを停止する |

図表7-18　docker-composeのコマンドとdockerコマンドとの対応（抜粋）

docker-composeコマンドで実行する場合と、dockerコマンドで実行する場合の違いは、次の通りです。

（1）docker-compose.ymlが必要

docker-composeコマンドは、カレントディレクトリに置かれたdocker-compose.ymlを読み込みます。このファイルがなければ失敗します。

（2）サービス名で指定する

dockerコマンドはコンテナ名またはコンテナIDで指定するのに対し、docker-composeではdocker-compose.ymlのservicesの部分に書かれたサービス名で指定します。

(3) 依存関係が考慮される

docker-composeでは、depends-onで記述された依存関係が考慮されます。例えば今回の例でいえば、wordpress-appはwordpress-dbに依存しているため、「docker-compose start wordpress-app」としたときは、wordpress-dbが先に起動します。同様に、「docker-compose stop wordpress-app」としたときは、wordpress-appが終了したあと、wordpress-dbも終了します。

実際に、いくつか試してみましょう。

## 手順 docker-composeでひとつずつコンテナを操作する

### [1] すべて起動する

いったん、docker-compose upで、すべてを起動しましょう。

```
$ docker-compose up -d
```

### [2] コンテナのシェルを実行する

起動したコンテナのうち、wordpress-appのほうに入り込んでみましょう。docker-compose execを実行すると、任意のコマンドを実行できます。docker execのときは、「-i」「-t」を指定しましたが、docker-composeコマンドで実行するときは、これらのオプションはありません。指定しなくても、キーボードやマウスがコンテナとつながります。下記のようにコマンドプロンプトが変わり、コンテナ内でコマンド入力できるようになります。

```
$ docker-compose exec wordpress-app /bin/bash
root@8eb4cdec2934:/var/www/html#
```

**memo** 8eb4cdec2934はコンテナIDです。環境によって異なります。なお、「ERROR: No container found for wordpress-app_1」のように表示されたときは、docker-compose downして、再度、docker-compose upして試してください。

### [3] コンテナ内でコマンドを実行してコンテナから抜ける

いくつかのコマンドを実行してみましょう。ここでは、「ls /var/www/html」を実行してみます。

```
root@8eb4cdec2934:/var/www/html# ls /var/www/html
index.php        wp-blog-header.php    wp-cron.php          wp-mail.php
license.txt      wp-comments-post.php  wp-includes          wp-settings.php
readme.html      wp-config-sample.php  wp-links-opml.php    wp-signup.php
wp-activate.php  wp-config.php         wp-load.php          wp-trackback.php
wp-admin         wp-content            wp-login.php         xmlrpc.php
```

確認したら、exitと入力して終了します。

```
root@8eb4cdec2934:/var/www/html# exit
```

### [4] MySQLコンテナだけを停止してみる

片方だけのコンテナを停止してみましょう。MySQLコンテナであるwordpress-dbを停止してみます。

```
$ docker-compose stop wordpress-db
Stopping wordpress_wordpress-db_1 ... done
```

docker-compose psで確認すると、片方が止まっていることがわかります。もちろん、この状態でWordPressにアクセスすると、DBエラーになります。

```
$ docker-compose ps
       Name                   Command            State           Ports
--------------------------------------------------------------------------------
wordpress_wordpress-     docker-entrypoint.sh     Up       0.0.0.0:8080->80/tcp
app_1                    apach ...
wordpress_wordpress-     docker-entrypoint.sh     Exit 0
db_1                     mysqld
```

### [5] 再度起動する

再度、起動します。これには、2つの方法があります。1つは、「docker-compose start wordpress-db」することです。この場合、wordpress-dbだけが起動します。

```
$ docker-compose start wordpress-db
Starting wordpress-db ... done
```

docker-compose psで確認すると、起動中であることがわかります。これでWordPressにアクセスしても、DBエラーは発生しなくなります。

```
      Name                      Command            State          Ports
--------------------------------------------------------------------------------
wordpress_wordpress-      docker-entrypoint.sh      Up       0.0.0.0:8080->80/tcp
app_1                     apach ...
wordpress_wordpress-      docker-entrypoint.sh      Up       3306/tcp, 33060/tcp
db_1                      mysqld
```

停止したコンテナを再度実行する方法は、もう1つあります。それは、docker-compose upすることです。この場合、docker-compose.ymlの内容が再実行され、それに伴い、wordpress-dbも起動します。

```
$ docker-compose down
```

# 7-4 まとめ

この章では、複数のコンテナをまとめて起動、停止・破棄できるDocker Composeについて説明しました。

(1)docker-compose.ymlにまとめて書く

起動したコンテナ、ネットワーク、ボリュームの情報をdocker-compose.ymlファイルに記述します。

(2)docker-compose upでまとめて起動する

docker compose.ymlファイルを置いた場所をカレントディレクトリにし、docker-compose upすると、まとめて起動します。必要なネットワーク、ボリュームも作られます。

(3)docker-compose downでまとめて停止・破棄する

docker-compose downすると、まとめてコンテナが停止し、ネットワークも破棄されます。ボリュームは残ります。

(4) コンテナの名前はDocker Composeに基づくものとなる

コンテナの名前は、「作業ディレクトリ名_サービス名_1」のような命名規則に基づくものとなります。

この章までで、「コンテナを使う」という説明は終わりです。次章では、カスタムなDockerイメージを作ることに焦点を当てます。

# 08

## 第8章

# イメージを自作する

これまでは、誰かが作ったイメージを使ってコンテナを利用してきました。しかしイメージを自分で作ることもできます。この章では、イメージを自作する方法について説明します。

# 8-1 カスタムなイメージを作る

Docker Hubなどで公開されているイメージは、汎用的なものです。ですからこれまで見てきたように、コンテナの起動後に、自分が使いたいように、何らかの調整を加えることがほとんどです。具体的には、docker runの-eオプションで環境変数を指定する、docker cpを使ってファイルをコピーする、docker execでコンテナの中に入ってファイルを編集するなどの操作が挙げられます。

カスタムなイメージを作れば、イメージの時点で、こうしたカスタマイズをしておくことができます（図表8-1）。

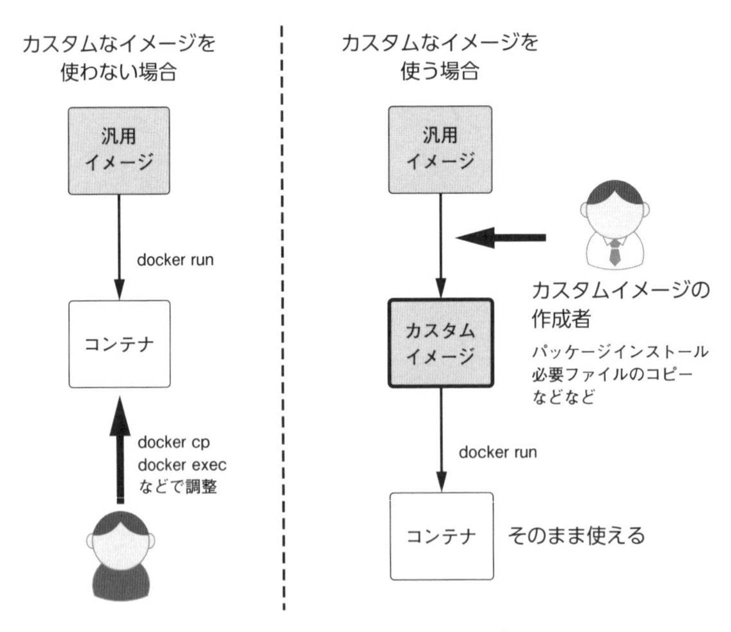


図表8-1　カスタムなイメージを作る

## 8-1-1　カスタムなイメージの利点

　カスタムなイメージを作れば、コンテナを起動したあとに、さまざまな調整が必要なくなります。つまり、すぐに使えるようになります。これによって、次のような利点が生じます。

(1)Dockerに詳しくなくても利用できる
　コンテナ起動後の操作が必要ないため、Dockerに詳しくなくても利用できます。極論を言えば、docker runの使い方さえ知ってさえすれば、使えるはずです。

(2) 設定や調整のミスを排除できる
　コンテナ起動後の設定や調整がないので、これらの設定ミスの可能性がなくなります。

(3) ファイルの配布としても使える
　コンテナには、動作に必要なライブラリやデータなども含められます。つまり、稼働に必要なファイルを一緒に配布でき、1つひとつダウンロードする必要がなく、ワンパッケージ化されます。

(4) イメージのなかで何を操作したのか履歴を残せる
　すぐあとに説明しますが、イメージを作成するときは、コンテナにコピーするファイルや、コンテナで実行するコマンドなどを、1つのファイル（のちに説明するDockerfile）にまとめて記述します。そのため、何をしたのかが明確で操作の履歴を残せます。

　この章を通じて実際に試していきますが、カスタムイメージの作成は複雑ではありません。でも、手間がかかります。ですから、自分1人がちょっとしたコンテナを使うだけであれば、カスタムイメージを作るメリットはあまりないかも知れません。カスタムイメージを作る利点が活きてくるのは、誰かに使ってもらう目的で配布する場合、もしくは、自分で使う場合でも、少なくとも2回以上使うなど、同じ構成のコンテナを繰り返し使う場面です。

## 8-1-2　開発現場での使われ方

　開発の現場においてカスタムなイメージは、次のような場面で、よく使われます（**図表8-2**）。

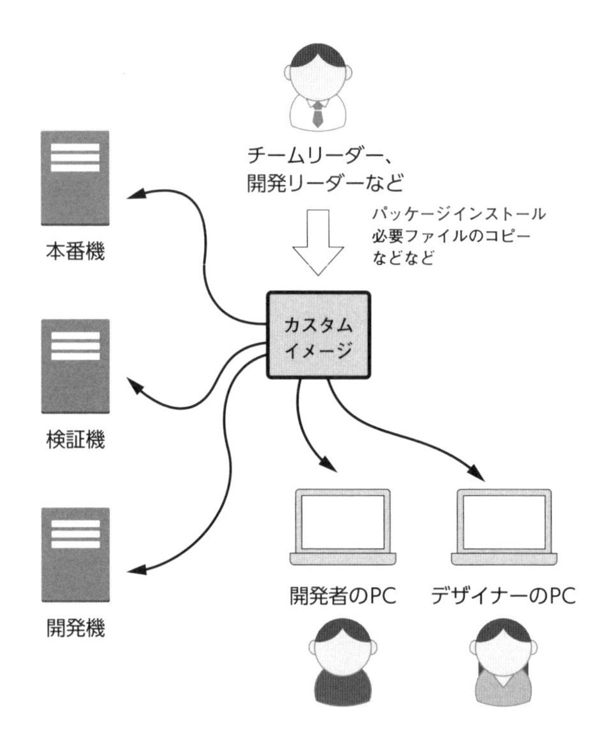


図表8-2 開発の現場でのカスタムなイメージの使われ方

(1) サーバーの運用

開発の現場でDockerを導入する場合、開発機・検証機・本番機で、同じ構成のコンテナを使うことになるはずです。すべて、同じイメージから作ったコンテナを使うことで、同一構成のシステムを簡単に作れます。

(2) 開発者やデザイナーの開発環境

上記のイメージを開発者やデザイナーに配布すれば、それぞれ自分のパソコンで（Docker Desktop for WindowsやDocker Desktop for Macなどを使って）、サーバーと同じ環境で開発できます。

**memo** 最近では、ハンズオン形式の書籍やセミナーにおいて、読者や受講者が試せるような環境を、Dockerイメージとして配布することが増えてきています。特にライブラリなどのインストールが煩雑な機械学習系では、その傾向が強いです。ハンズオン環境をイメージとして提供すれば、事前準備に手を煩わせることがありません。

# 8-2 カスタムなイメージの作り方と仕組み

それではカスタムなイメージを作るには、どのようにすればよいのでしょうか？

## 8-2-1 コンテナからの作成とDockerfileからの作成

カスタムなイメージを作る方法は、2つあります（**図表8-3**）。どちらの場合も、作ったカスタムイメージは、Docker HubやプライベートなDockerレジストリに登録できます。もしくは、作ったカスタムイメージのファイルを別のコンピューターにコピーして、取り込んで利用できます。

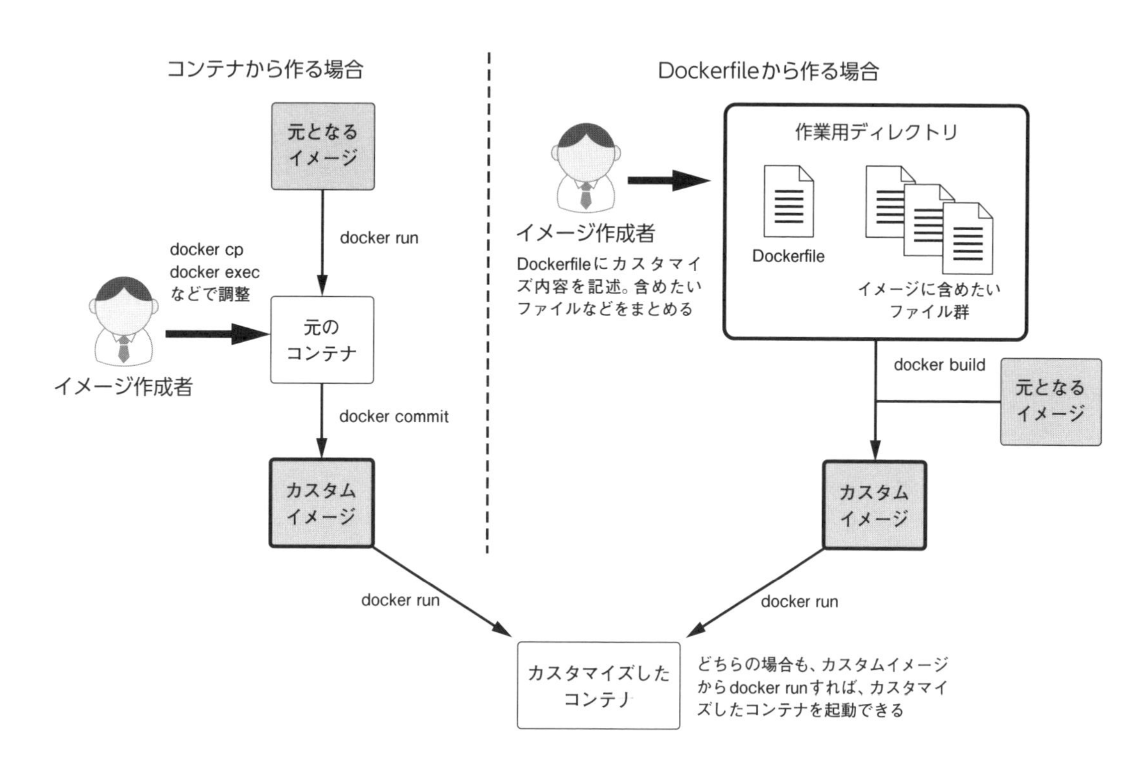


図表8-3　カスタムなイメージを作る方法

(1) コンテナから作る

ベースとなるイメージからコンテナを起動して、そのコンテナに対して、docker execでシェルで入って操作したり、docker cpでファイルコピーしたりして調整を加えます。それから、docker commitコマンドを使ってイメージ化します。

(2)Dockerfileから作る

ベースとなるイメージと、そのイメージに対して、どのような操作をするのかを記したDockerfileと呼ばれるファイルを用意し、そのDockerfile通りにコンテナに対して変更やファイルコピーを加えることによってイメージを作成します。イメージの作成には、docker buildコマンドを使います。

### アーカイブ目的ならコンテナから

コンテナから作る方法は、「現在のコンテナの状態」をありのままイメージする化方法で、コンテナのアーカイブであると捉えることができます。例えば、コンテナをそのまま別のコンピューターに移動したい場合は、この方法がよいでしょう。

> ***memo*** もちろん、コンテナのバックアップにもこの方法は使えます。しかし、そもそも失われてはいけないデータは、バインドマウントやボリュームマウントした別の場所に置き、コンテナ自体は破棄されても問題ないような運用にすべきという方針を忘れないでください。コンテナのバックアップが必要になるのは、ほとんどの場合、設計や運用が何か間違っています。バックアップすべき対象は、コンテナではなく、バインドマウントやボリュームマウントした先のはずです。

### 配布用はDockerfileから作る

コンテナから作る方法の最大のデメリットは、「ベースとなるイメージに対して、どんな変更を加えたのかわからない」という点です。最終的な現在の状態しかわからないのです。これは、他人が作ったイメージを使うときに、とても大きな不安要素となります。なぜなら、悪意ある変更が加えられているかどうかわからないからです。

Dockerfileを使った方法は、この問題を解決します。Dockerfileは、ベースとなるイメージに対する変更指示をまとめたファイルです。これさえ見れば、悪意ある操作や間違った操作が加えられていないかが一目瞭然です。

> ***memo*** もちろん、配布されているイメージが、本当に、そのDockerfileから作られたかどうかは、また別の話です。もしかしたら配布されているイメージは、そのDockerfileから作られたのではないかも知れません。そこまで気になる場合は、Dockerfileだけを入手してきて自分の環境でdocker buildし、イメージを作り直せばよいでしょう。

Dockerfileを使った方法には、もう1つ改良しやすいというメリットもあります。例えば、誰かが作ったイメージにさらに手を加えたい場合、そのDockerfileを入手して、必要箇所を変更するだけで済むからです。

こうした理由から、誰かに配布することを目的とした場合は、Dockerfileを使った方法がほとんどです。実際、Docker Hubに登録されているすべてのイメージは、Dockerfileを使った方法で作られたもので、Dockerfile自身が公開されています（公開されているDockerfileについては後で説明します）。

## 8-2-2 ベースとなるイメージ

図表8-3からわかるように、イメージの作り方によらず、どちらも元となるベースのイメージがあり、そのイメージに対して何か修正していくように変更を加えます。ベースとなるイメージとは、要は、自分が使いたいものに近い既存のイメージです。しかし、「Webサーバー」「DBサーバー」など、何か特定の用途向けに作られた実用的なイメージは、イメージのサイズを小さくするために最低限のコマンドしか入っておらず、その改良がしにくいこともあります。

例えば本書では、Apacheを構成するhttpdイメージを使ってきました。ここにPHPの実行環境を入れたカスタムなイメージを作りたいとしましょう。それは少し困難です。httpdイメージには、PHPをインストールするためのパッケージやビルドするための環境などが含まれていないからです。ファイルの追加や設定変更ぐらいの小さな変更であれば、ベースイメージの種類が問われることは、ほぼありません。しかしアプリケーションやライブラリを追加でインストールするような変更を加えたいときは、イメージに含まれているコマンドやパッケージが足りずに、うまくいかないこともありえます。

### よく使われるLinuxイメージ

こうした理由から、アプリケーションのインストールなどが必要な場面では、何かが入っているイメージではなくて、Linuxの基本的なイメージから作成することがほとんどです。Dockerのオフィシャルイメージとして提供されており、かつ、よく使われるLinuxイメージは、**図表8-4**の通りです。

> ***memo*** ほかにも、centos、fedora、amazonlinux、oraclelinuxなどもあります。Docker Hubのオフィシャルイメージで探してみてください。

ベースイメージの種類によって、含まれる基本的なコマンドが違い、たくさんの機能が含まれていないイメージほど、イメージサイズが小さくなります。ですからベースイメージを選ぶときは、実行に必要となる必要最低限の機能を満たし、できるだけシンプルでイメージサイズが小さいものを使うことが望ましいです。

ある程度、なんでもしたいときはdebianイメージが使われることが多いです。debianイメージほどのフルセットが必要ないときに、alpineイメージを使うのはよい選択です。そしてもし最低限のコマンドしか必要としないなら、busyboxの利用が適しています。Ubuntuに慣れている人は、ubuntuイメージを使うとわかりやすく操作しやすいはずですが、その分、イメージサイズが、少し大きくなります。

| イメージ名 | ディストリビューション | 説明 |
|---|---|---|
| debian | Debian | Debian 公式イメージ。Dockerfile のベストプラクティス（http://docs.docker.jp/engine/articles/dockerfile_best-practice.html）では、このディストリビューションの利用が推奨されている |
| ubuntu | Ubuntu | Ubuntu 公式イメージ。Ubuntu のフルセットが必要なときには、これを使う |
| alpine | Alpine Linux | musl と BusyBox をベースとしたディストリビューション。パッケージマネージャが付属しているため、何かソフトウエアをインストールするときは、busybox よりも、こちらのほうが使い勝手がよい |
| busybox | BusyBox | 組み込み目的で作られた、とても小さい Linux。Unix の基本コマンドのみが収録されている。イメージサイズを極小にしたいときに使う |

図表8-4　よく使われるLinuxイメージ（抜粋）

### コラム 「-alpine」というタグが付いたイメージ

Docker Hubで公開されているイメージのタグに「alpine」という文字が含まれているものを、ときどき見かけます。例えばhttpdイメージは、「2.4」などのタグとは別に「2.4-alpine」というタグがあります。「-alpine」というタグが付けられたものは、Alpineをベースに作られたものです。言い換えると、このイメージには、Alpineに含まれているコマンドやパッケージ一式が含まれています。ですから、それらを使ったカスタマイズがしやすくなっています。

## コラム　Linuxイメージはディストリビューション

Linuxイメージは、あくまでもディストリビューションであり、Linux本体ではありません。例えば、あなたのDockerホストがUbuntu上で動作しているとします。このDockerホスト上で、alpineイメージからコンテナを作ったとします。このときalpineコンテナのなかでは、Alpineが動いているように見えますが、それは、コンテナの中にAlpineを構成するディストリビューションのファイル群が含まれているからにすぎません。Linuxカーネルは、その下で動いているUbuntuのものが使われます。コンテナの中にカーネルはありません（**図表8-5**）。

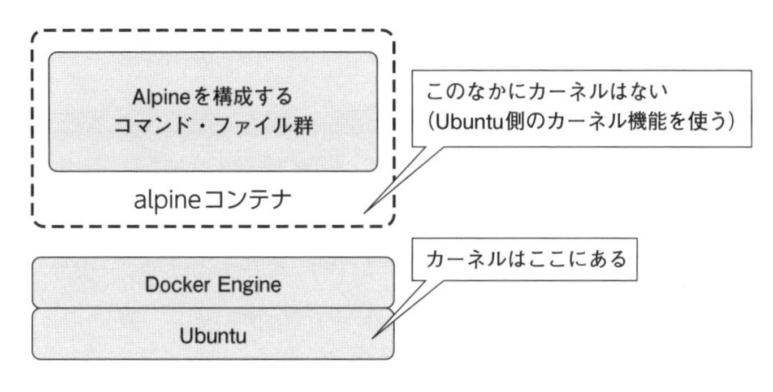


図表8-5　コンテナの中にカーネルはない

## 8-2-3　差分を重ねるレイヤー

Dockerのイメージは、データのサイズを抑えるため、「差分しか収録しない」という作り方をしています。例えば、あなたがalpineイメージに対して、Aという変更を加えたイメージを作ったとします。このとき、alpineイメージと異なる部分だけがAというイメージに含まれます。Aというイメージにさらに Bという変更を加えた場合、Bというイメージには、AとBの差しか含まれません。このようにイメージは、変更箇所が階層化されています。この階層のことを「レイヤー」と言います（**図表8-6**）。

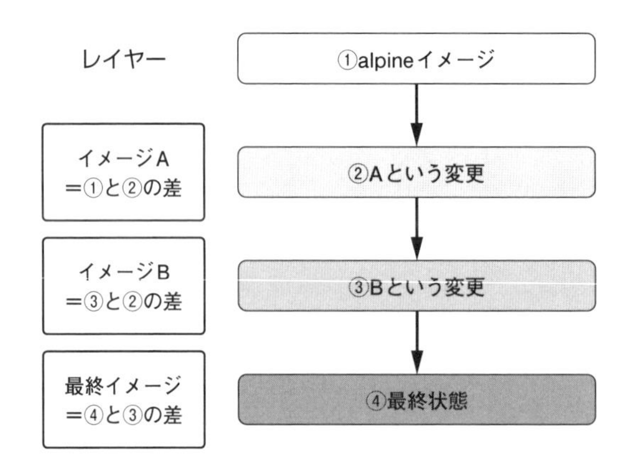


図表8-6　レイヤー

## ベースイメージの共通化

このように差分で構成されているのは、イメージを軽量にするためです。例えば、イメージA、イメージB、イメージCが、すべて同じイメージXをベースに作られたものだとします。このとき、これらのイメージA、イメージB、イメージCからコンテナを作って動かす場合、共通のイメージXからの差だけで構成されます。そのためディスク上のイメージサイズを抑えることができます（**図表8-7**）。

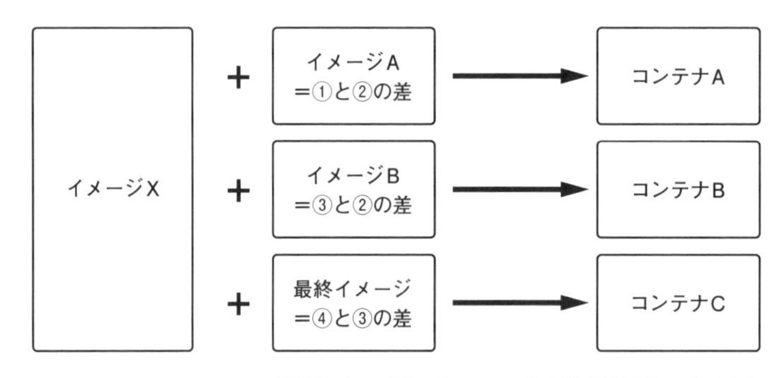


図表8-7　共通のベースイメージを使うことでイメージサイズを抑える

## レイヤーを確認する

どのようなレイヤーで構成されているのかは、docker historyコマンドで確認できます。Docker Hubで公開されているさまざまなイメージも、別のイメージから作られた差分で構成されています。ここでは、mysqlコンテナが、どのようなレイヤーで構成されているのかを確認してみましょう。

## 手順 mysqlコンテナのレイヤーを確認する

### [1] イメージをダウンロードする

docker historyコマンドでレイヤーを確認するには、ダウンロードされたイメージが必要です。そこでdocker pullして、イメージをダウンロードします。ここでは、mysql:5.7をpullしてみます。

> **memo** 5.7を使う大きな理由はありません。前の章で5.7を使ったという理由だけです。タグを指定せず、「mysql」とだけ指定して、最新版で確認してもかまいません。

まずは、実行結果をわかりやすくするため、いまmysql:5.7がダウンロード済みであるならば、それを削除します。

```
$ docker image rm mysql:5.7
```

そして改めて、ダウンロードします。

```
$ docker pull mysql:5.7
```

この結果から、もう、ある程度の答えは出ています。結果は次のようになり、何やら、たくさんのファイルをダウンロードしていることがわかります。

```
$ docker pull mysql:5.7
5.7: Pulling from library/mysql
54fec2fa59d0: Pull complete
bcc6c6145912: Pull complete
951c3d959c9d: Pull complete
05de4d0e206e: Pull complete
319f0394ef42: Pull complete
d9185034607b: Pull complete
013a9c64dadc: Pull complete
e745b3361626: Pull complete
03145d87b451: Pull complete
3991a6b182ee: Pull complete
62335de06f7d: Pull complete
Digest: sha256:e821ca8cc7a44d354486f30c6a193ec6b70a4eed8c8362aeede4e9b8d74b8ebb
Status: Downloaded newer image for mysql:5.7
docker.io/library/mysql:5.7
```

こうした「54fe・・・」「bcc6・・・」というのが、それぞれのレイヤーに相当するイメージの正体です（イメージには、イメージIDが割り当てられます。表示されている「54fe・・・」のような文字は、イメージIDです）。つまりここに示したように、イメージをダウンロードしたときは、連なる差となるイメージが、すべてダウンロードされるのです。

### [2] それぞれのレイヤーの詳細を確認する

docker historyコマンドを使って、レイヤーを確認します。すると次のように、それぞれのレイヤーの工程で、何が実施されたのかがわかります。「CREATED BY」の部分に、前のイメージに対して実行したコマンドや追加したファイルなどが記されています。

**memo** デフォルトでは、「CREATED BY」が長いときは後ろが切れて表示されます。「--no-trunc」オプションを指定すると、切らずにすべてを表示できます。

```
$ docker history  mysql:5.7
IMAGE               CREATED             CREATED BY                                      SIZE
COMMENT
f965319e89de        36 hours ago        /bin/sh -c #(nop)  CMD ["mysqld"]               0B
<missing>           36 hours ago        /bin/sh -c #(nop)  EXPOSE 3306 33060            0B
<missing>           36 hours ago        /bin/sh -c #(nop)  ENTRYPOINT ["docker-entry…   0B
<missing>           36 hours ago        /bin/sh -c ln -s usr/local/bin/docker-entryp…   34B
…略…
```

## 8-2-4 流儀に従って作る

説明はこのぐらいにして、次節から実際にイメージを作っていきますが、重要なことがあります。それは、「Dockerの流儀に従う」ということです。Dockerの世界では、どんなコンテナであってもdocker runで起動します。そして、docker logsでログ情報を参照できます。多くのコンテナは環境変数を使って設定変更できるようになっています。こうした流儀に従わないイメージを作ってしまったら、それは、とても使いにくいものになるでしょう。Docker社は、イメージを作るときのベストプラクティスを、「Dockerfileのベストプラクティス」というドキュメントに示しています。このドキュメントと一部重複しますが、Dockerイメージを作るときのポイントをまとめておきます。

**【Dockerfileのベストプラクティス】**
http://docs.docker.jp/engine/articles/dockerfile_best-practice.html

(1) 1つのコンテナは1つの処理しかしない

1つのコンテナに、たくさんの機能を詰め込まないようにします。第7章で見てきたように、WordPressを構築する場合は、「WordPressのコンテナ」と「データベースのコンテナ」に分けるなど、分離できるものは別のコンテナとして構成します。もちろん、いつも分割するのが正解とは限りません。例えば「Apache+PHP」は、互いに連携して動作するので分けることはできません。ですから実際には、どのぐらい密に連携するのか、分割して問題が起きないのかなど、総合的に判断して決めることになります。

(2) 利用するポートを明確にする

すでにコンテナを使ってきた経緯からわかるように、通信するコンテナをdocker run する際は、-pオプションで、そのポート番号を指定します。自分でイメージを作るときも、どのようなポートを経由して外部からつながれるのかを明確にしておきます（これは後述のDockerfileのEXPOSE命令のことを言っています）。

(3) 永続化すべき場所を明確にする

コンテナ内で書き換えるファイルを置くディレクトリは、まとめておきます。そしてそれを明確にすることで、イメージの利用者が、その場所をバインドマウントやボリュームマウントする際の、手がかりになるようにします（これは後述のDockerfileのVOLUME命令のことを言っています）。

(4) 設定は環境変数で渡す

何か設定を受け取るときは、環境変数でやり取りするのが慣例です。そうした方法にのっとるようにします。

(5) ログは標準出力に書き出す

ログは標準出力に書き出すように構成してください。そうすればイメージの利用者は、docker logs コマンドで、その内容を確認できます。

(6) メインのプログラムが終了するとコンテナが終了することを忘れない

これは改めて説明しますが、コンテナ内のメインのプログラムが終了すると、コンテナは終了します。docker runするときに-dオプションを指定してデタッチモードで実行することを想定するコンテナでは、「決して終了することがないプログラム」をずっと動かしておかなければ、コンテナは勝手に終了してしまうことを意味します（これは後述のDockerfileのCMD命令やENTRYPOINT命令のことを言っています）。

# 8-3 コンテナからイメージを作る

説明はこのぐらいにして、イメージを作る方法を説明しましょう。まずは、コンテナに変更を加えて、それをイメージ化する例を説明します。

## 8-3-1 コンテンツ入りのhttpdコンテナを作る

第5章では、httpdコンテナを作ったあと、docker cpコマンドを使ってindex.htmlファイルをコンテナ内にコピーし、「http://DockerホストのIP:ポート番号/」でアクセスしたときに、そのファイルの内容が見られるようにしました。ここでは、これと同様の方法で作ったコンテナをイメージ化します。そして、そのイメージからコンテナを作り直すことで、index.htmlがすでに入ったコンテナが起動することを確認します（**図表8-8**）。

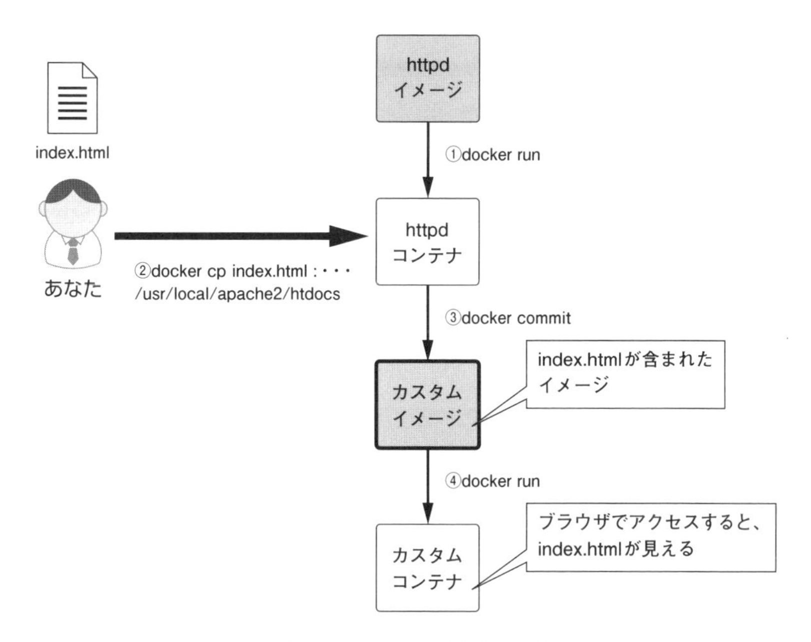


図表8-8　この節で操作する内容

## 8-3-2 コンテナにコンテンツをコピーする

まずは、第5章で行ったのと同様にしてhttpdコンテナを起動し、そのコンテナにindex.htmlファイルをコピーします。手順が重複するので、ここでは簡単にやり方を説明します。より詳しい手順については、第5章を参照してください。

### 手順 httpdコンテナの中にindex.htmlファイルをコピーする

#### [1] httpdコンテナを起動する

docker runコマンドを使って、httpdコンテナを起動します。コンテナ名は、webcontentとしました。

```
$ docker run -dit --name webcontent -p 8080:80 httpd:2.4
```

#### [2] tmpディレクトリにindex.htmlファイルを作る

まずは、コンテナに入れるべきindex.htmlファイルを、/tmpディレクトリに作成します（**リスト8-1**）。nanoエディタなどを使ってファイルを作成してください。

リスト8-1　index.htmlの例

```
<html>
<body>
<div>Docker Contents</div>
</body>
</html>
```

### [3]　コンテナの中にindex.htmlをコピーする

コンテナの中にindex.htmlをコピーします。

```
$ docker cp /tmp/index.html webcontent:/usr/local/apache2/htdocs
```

### [4]　ブラウザで確認する

ブラウザで「http://DockerホストのIPアドレス:8080/」に接続します。index.htmlに書いた「Docker Contents」と表示されることを確認します（**図表8-9**）。

図表8-9　コンテナで公開されたコンテンツを確認する

## 8-3-3 コンテナをイメージ化する

次に、このコンテナをイメージ化します。

### 手順 コンテナをイメージ化する

#### [1] コンテナをイメージ化する

いまカスタマイズしたwebcontentという名前のコンテナをイメージ化します。コンテナをイメージ化するには、docker commitコマンドを使います。このとき作成するイメージに対して、イメージ名やタグ名を付けられます。ここでは、「mycustomed_httpd」という名前を付けることにします。実行すると次のように、「sha256:・・・」という文字列が表示され、イメージ化されます。ここに表示されたのは、イメージIDです。

**memo** イメージ名には、「mycustomed_httpd:1.0」のようにタグ名を伴うこともできます。また、イメージIDは固有のIDなので、みなさんの環境で異なる値になるはずです。

```
$ docker commit webcontent mycustomed_httpd
sha256:4467ec3717850ce7043fccad8fcd6eac9e24ceba5960d95884a7d96d7337743e
```

#### [2] イメージを確認する

docker image lsコマンドでイメージを確認します。いま作成したmycustomed_httpdが存在することがわかります。

```
$ docker image ls
REPOSITORY          TAG          IMAGE ID          CREATED              SIZE
mycustomed_httpd    latest       4467ec371785      About a minute ago   165MB
・・・略・・・
```

#### [3] イメージの履歴を確認する

docker historyで、このイメージの履歴を確認します。実行結果からわかるように、CREATED_BYの部分には「httpd-foreground」と書かれています。これはもともとのhttpdコンテナが実行している内部プログラムの名前にすぎず、「index.htmlをコピーした」などの履歴は残りません。

```
$ docker image history mycustomed_httpd
IMAGE               CREATED             CREATED BY                                      SIZE
COMMENT
4467ec371785        About a minute ago  httpd-foreground                                59B
c5a012f9cf45        2 months ago        /bin/sh -c #(nop)  CMD ["httpd-foreground"]     0B
<missing>           2 months ago        /bin/sh -c #(nop)  EXPOSE 80                    0B
…略…
```

## 8-3-4 カスタムなイメージを使う

作成されたmycustomed_httpdというカスタムイメージは、もちろん、すぐに使うことができます。このイメージからコンテナを作成してみましょう。コンテナの名前は、「webcontent_new」としましょう。

### 手順 カスタムなイメージを使う

#### [1] コンテナを作る

次のように入力してコンテナを起動します。ここではwebcontent_newという名前とし、ポート8081に割り当てました。

```
$ docker run -dit --name webcontent_new -p 8081:80 mycustomed_httpd
```

#### [2] コンテナを確認する

docker psで、コンテナが動いたことを確認しましょう。

```
$ docker ps
CONTAINER ID   IMAGE              COMMAND              CREATED          STATUS          PORTS                  NAMES
ffb6088f73e0   mycustomed_httpd   "httpd-foreground"   23 seconds ago   Up 21 seconds   0.0.0.0:8081->80/tcp   webcontent_new
8d61e41982b6   httpd:2.4          "httpd-foreground"   23 minutes ago   Up 23 minutes   0.0.0.0:8080->80/tcp   webcontent
```

#### [3] コンテナにindex.htmlがあることを確認する

起動したwebcontent_newコンテナの/usr/local/apache2/htdocsには、カスタマイズしたindex.htmlファイルがあるはずです。その内容を確認しましょう。まずは、docker execで、このコンテナ内のシェルに入ります。

**memo** root@ffb6···の部分はコンテナIDです。環境によって異なります。

```
$ docker exec -it webcontent_new /bin/bash
root@ffb6088f73e0:/usr/local/apache2#
```

コンテナ内のプロンプト（root@ffb6···#）が表示されたら、catコマンドで/usr/local/apache2/htdocs/index.htmlの内容を表示します。リスト8-1と同じ内容になっているはずです。

```
root@ffb6088f73e0:/usr/local/apache2# cat /usr/local/apache2/htdocs/index.html
<html>
<body>
<div>Docker Contents</div>
</body>
</html>
```

確認したら「exit」と入力して、コンテナから抜けましょう。

```
root@ffb6088f73e0:/usr/local/apache2# exit
```

### [4] ブラウザで確認する

ブラウザで「http://DockerホストのIPアドレス:8081/」に接続します。先ほどの図表8-9と同様に「Docker Contents」と表示されるはずです。

### [5] 後始末

これで実験は完了です。作成したコンテナやイメージを削除しておきましょう。

```
$ docker stop webcontent webcontent_new
$ docker rm webcontent webcontent_new
$ docker image rm mycustomed_httpd
```

# 8-4 Dockerfileからイメージを作る

このようにコンテナからイメージを作るのは、docker commitコマンドを使うだけなので、とても簡単です。次に、Dockerfileを使ってイメージを作る方法を説明します。こちらは少し複雑ですが、こちらが本流です。

## 8-4-1 必要なファイルをコピーするだけのコンテナの例

まずは、簡単な例から始めます。先の例と同様に、httpdイメージの/usr/local/apache2/htdocs/index.htmlを書き換えたカスタムイメージを作ってみます。

### イメージに含めるファイル群とDockerfileの用意

Dockerfileを使ってイメージを作る場合、「イメージに含めたいファイル」と「Dockerfile」を1つのディレクトリに置き、それをdocker buildして作るという方法をとります（図表8-10）。このディレクトリに含めているファイルは、イメージを作成したときに、たとえ利用していないものであっても含まれてしまうので、余計なものは置かないようにしてください。

***memo*** ただし、同ディレクトリに.dockerignoreファイルを置くと、除外ファイルを指定できます。しかしこの機能は、ファイル名のマッチングで除外するため、ファイル数が多いと、イメージの作成に時間がかかってしまう恐れもあるので注意してください。

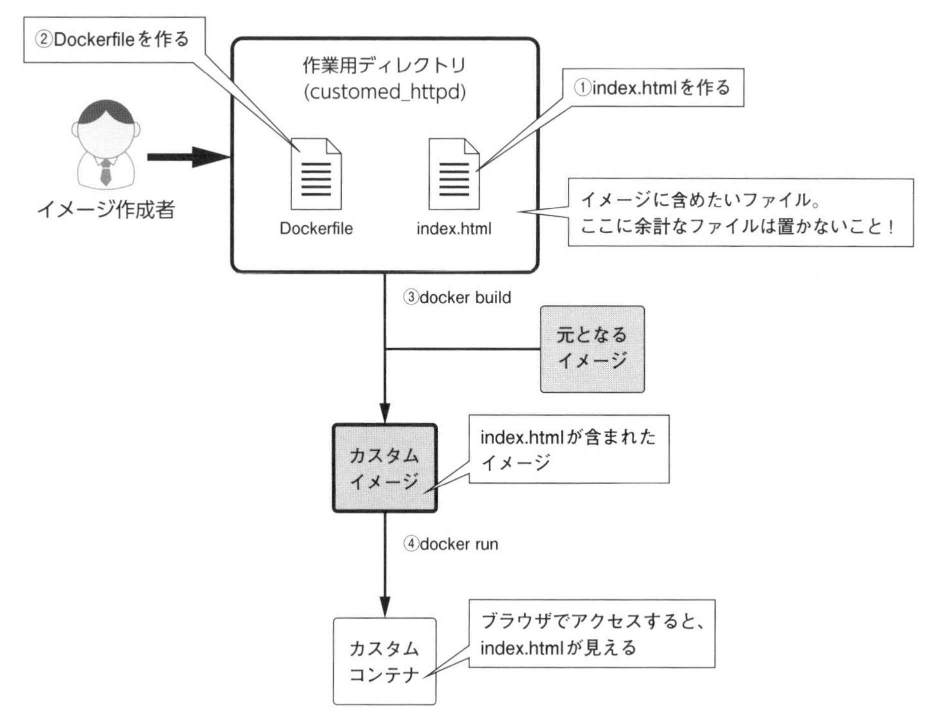


図表8-10　作業用のディレクトリにDockerfileとindex.htmlを置く

実際に、このようなディレクトリを作り、index.htmlファイルとDockerfileを用意しましょう。

## 手順 イメージの作成に必要なファイル群やDockerfileを用意する

### [1]　作業用ディレクトリを作る

まずは作業用のディレクトリを作成します。ここでは、customed_httpdという名前のディレクトリを作ります。

```
$ mkdir ~/customed_httpd
```

作成したら、ここにカレントディレクトリを移動しておきます。

```
$ cd ~/customed_httpd
```

### [2] index.htmlファイルを作る

nanoなどのエディタを使って、index.htmlファイルを作ります。内容は、リスト8-1（p.254）と同じ内容とします。

### [3] Dockerfileを作る

Dockerfileを作ります。ファイル名の先頭は大文字で、残りは小文字なので注意してください。内容は、**リスト8-2**の通りとします。このファイルの意味については、すぐあとに説明します。

リスト8-2 Dockerfile

```
FROM httpd
COPY index.html /usr/local/apache2/htdocs/
```

### イメージをビルドする

これで準備完了です。イメージを作成しましょう。Dockerfileからイメージを作成することを「ビルド」と言います。

## 手順 イメージをビルドする

### [1] カレントディレクトリを対象ディレクトリに移動する

Dockerfileやイメージに含めたいファイル群を置いたディレクトリに移動します。

```
$ cd ~/customed_httpd
```

### [2] ビルドする

docker buildコマンドを使ってビルドします。このとき作成するイメージ名ならびにタグ名は、-tオプションで作成します。ここでは、「myimage01」という名前にしてみます。

> **memo** ここでは「myimage01」のようにイメージ名のみ指定していますが、「myimage01:1.0」のようにタグ名を指定することもできます。

```
$ docker build -t myimage01 .
```

すると次のように、ビルドに成功するはずです。

```
Sending build context to Docker daemon  3.072kB
Step 1/2 : FROM httpd
 ---> c5a012f9cf45
Step 2/2 : COPY index.html /usr/local/apache2/htdocs/
 ---> 01b5c2fe64ad
Successfully built 01b5c2fe64ad
Successfully tagged myimage01:latest
```

### [3] 確認する

docker image lsコマンドで、イメージができたことを確認します。

```
$ docker image ls
REPOSITORY          TAG                 IMAGE ID            CREATED              SIZE
myimage01           latest              01b5c2fe64ad        About a minute ago   165MB
...
```

さらにdocker historyで詳細情報も確認しておきましょう。すると次のように、COPY fileというレイヤーが存在することがわかります。これはリスト8-2に示したDockerfileの2行目に書いた「COPY ･･･」の命令に相当します。

```
$ docker history myimage01
IMAGE               CREATED             CREATED BY                                      SIZE                COMMENT
01b5c2fe64ad        2 minutes ago       /bin/sh -c #(nop) COPY file:5d2bb95806485d92…   57B
…略…
```

後ろが切れていますが、--no-truncオプションを指定すると、さらに表示できます。index.htmlが、「5d2b･･･」というファイルに変わっていますが、これはindex.htmlの実体です。/usr/local/apache2/htdocs/にコピーしていることがわかります。このように履歴が残るのが、docker commitでコンテナからイメージを作成した場合との、大きな違いです。

```
$ docker history --no-trunc myimage01
IMAGE               CREATED             CREATED BY                                      SIZE                COMMENT
sha256:01b5c2fe64add22cbc2017ca994c41a74d6fa07448840ef081d0ee5446d9563b   4 minutes ago       /bin/sh -c #(nop)
COPY file:5d2bb95806485d92495179ad714f230258d1a80d5315506439c1ff6f5f0c9af0 in /usr/local/apache2/htdocs/
```

### ビルドしたイメージを利用する

ビルドしたイメージを使う方法は、先ほどのときとまったく同じです。次のようにすれば、このイメージからコンテナを起動できます。下記のコマンドを入力してコンテナを作成したら、「http://DockerホストのIPアドレス:8080/」にアクセスしたとき、やはり図表8-9のように表示されるはずです。

```
$ docker run -dit --name webcontent_docker -p 8080:80 myimage01
```

### 後始末

これで実験は終わりです。作成したコンテナとイメージを削除しておきましょう。

```
$ docker stop webcontent_docker
$ docker rm webcontent_docker
$ docker image rm myimage01
```

## 8-4-2 Dockerfileの書式

リスト8-2に示したのは、既存のイメージに、index.htmlをコピーするだけの、とても単純な内容です。次の2行しかありません。

```
FROM httpd
COPY index.html /usr/local/apache2/htdocs/
```

1行目のFROMは、ベースとなるイメージの名前です。2行目のCOPYは、ファイルをコピーするコマンドです。Dockerfileには次の書式で、1行に1コマンドずつ記述します。

```
命令 引数
```

(1) 記述順序

docker buildすると、Dockerfileが読み取られ、先頭から順に、1行ずつ処理されます。言い換えると、記述順には意味があります。最初にベースイメージを指定しないと何も始まりませんから、ほぼすべての場合において、1行目はFROM命令です。

(2) コメント

「#」を記述すると、それ以降、行末までがコメントとして扱われます。

(3) 行をまたぐとき

行をまたぐときは、末尾に「\」を記述します。

(4) 環境変数

「${環境変数名}」と記述すると、OSで設定されている現在の環境変数の値が、そこに埋め込まれます。

## 8-4-3 指定できる命令

指定できる命令一覧を**図表8-11**に示します。以下、これらの命令の主要なものを、項目ごとに説明します。

| 命令 | 説明 |
|---|---|
| FROM | ベースイメージを指定する |
| ADD | イメージにファイルやフォルダを追加する。Dockerfile を置いたディレクトリ外のリモートファイルも指定できる。圧縮ファイルを指定したときは自動的に展開される |
| COPY | イメージにファイルやフォルダを追加する。Dockerfile を置いたディレクトリ内のファイルしか指定できない。圧縮ファイルを指定したときは、圧縮ファイルのままコピーされる |
| RUN | イメージをビルドするときにコマンドを実行する |
| CMD | コンテナを起動するときに実行する既定のコマンド（docker create や docker run で実行するコマンドを省略したとき）を指定する |
| ENTRYPOINT | イメージを実行するとき（docker create や docker run するとき）のコマンドを強要する |
| ONBUILD | ビルド完了したときに任意の命令を実行する |
| EXPOSE | 通信を想定するポートをイメージの利用者に伝える |
| VOLUME | 永続データが保存される場所をイメージの利用者に伝える |
| ENV | 環境変数を定義する |
| WORKDIR | RUN、CMD、ENTRYPOINT、ADD、COPY の際の作業ディレクトリを指定する |
| SHELL | ビルド時のシェルを指定する |
| LABEL | 名前やバージョン番号、制作者情報などを設定する |
| USER | RUN、CMD、ENTRYPOINT で指定するコマンドを実行するユーザーやグループを設定する（USER を指定しない場合は root） |
| ARG | docker build する際に指定できる引数を宣言する |
| STOPSIGNAL | docker stop する際に、コンテナで実行しているプログラムに対して送信するシグナルを変更する（既定は SIGTERM） |
| HEALTHCHECK | コンテナの死活確認をするヘルスチェックの方法をカスタマイズする |

図表8-11　Dockerfileで指定できる命令

## 8-4-4 ファイルコピー

ファイルコピーには、「ADD」か「COPY」のいずれかの命令を指定します。すでに見てきたように、

```
COPY index.html /usr/local/apache2/htdocs/
```

というように、「コピー元のファイルまたはディレクトリ」と「コピー先の場所（とファイル名）」を指定します。ディレクトリを指定すれば、そのディレクトリに含まれるファイルおよびサブディレクトリすべてが対象となります。コピー元として「foo/*.txt」などのワイルドカードを指定することもできます。

*memo* コピー元はDockerfileファイルが置かれている場所からの相対パスです。コピー先は、WORKDIR命令で指定したパスからの相対パスです。

COPY命令では、このような書式のほか、

```
COPY ["コピー元ファイル", "コピー元ファイル", …, "コピー先ディレクトリ"]
```

のように、[]で囲んだリスト形式でも記述できます。複数のファイルを同じ場所にコピーするときや、ファイル名に空白を含むときには、こちらの書式を使います。

COPY命令に似た機能として、ADD命令があります。ADD命令は、次の点が異なります。

- コピー元としてtarファイル（およびtar.gz、tar.bz2、tar.xz）を指定すると、コピー先のディレクトリに展開されます。
- コピー元としてリモートのURLを指定し、そのURLからファイルをダウンロードできます（この場合、上記のtar展開はされません）。

ADD命令は便利なのですが、挙動がわかりにくくなるため、Dockerfileのベストプラクティスでは、ADDコマンドよりもCOPYコマンドを使うことが推奨されています。

## 8-4-5 コマンドの実行

コマンドを実行する系統の命令は、「RUN」「CMDとENTRYPOINT」の2種類あります。前者はイメージの作成時に、後者はコンテナの実行時に実行されます（図表8-12）。

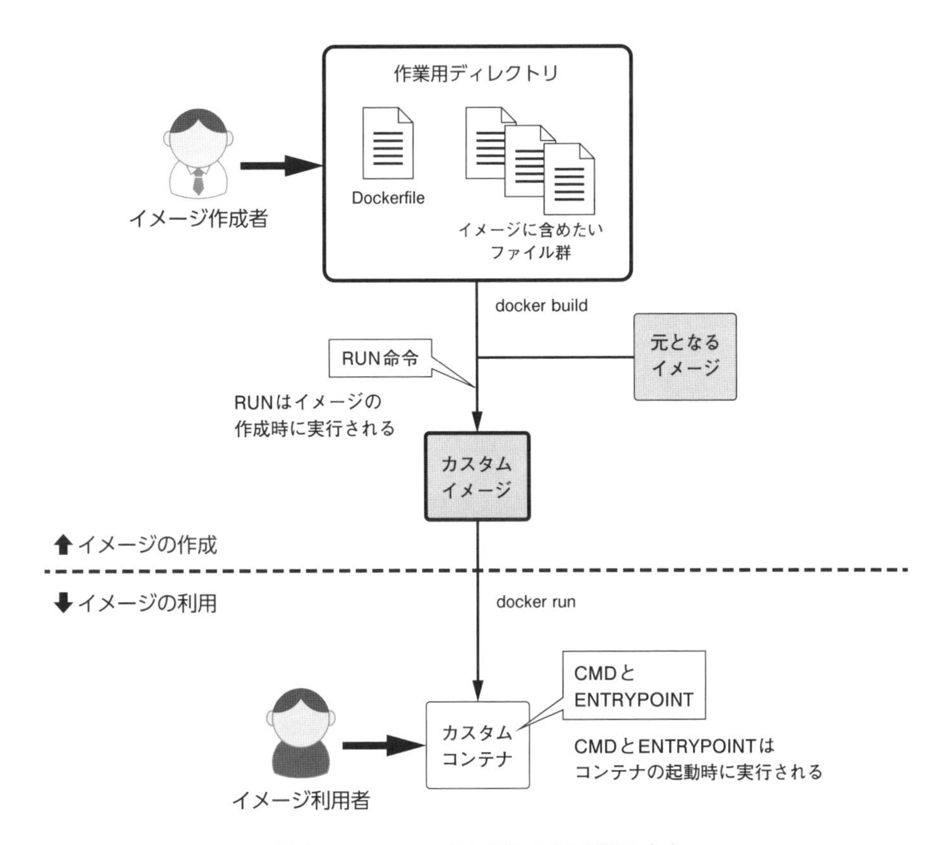


図表8-12　コマンドを実行する2種類の命令

## RUN

RUNコマンドは、docker buildするタイミング（すなわち、イメージを生成するとき）に実行します。ここには、イメージの時点で実行しておきたいコマンドを書きます。例えば、ソフトウエアパッケージのインストールやファイルのコピー、変更などの処理です。RUNコマンドでは、次のいずれかの書式で、実行したいコマンドを記述します。

（1）シェル形式

次のように、実行したいコマンドを、そのまま記述する書式です。この場合、シェル（/bin/sh -c）を経由して、コマンドが実行されます。

```
RUN 実行したいコマンド 引数 …
```

(2)exec形式

次のように、実行したいコマンドや引数を[]で囲んで記述します。この場合、シェルを経由せず、直接実行されます。

```
RUN ["コマンド", "引数", …]
```

***memo*** 既定のシェルは、SHELL命令で変更することもできます。

RUN命令を使うときは、1つ、大事な注意点があります。それは、複数のコマンドを実行するときも、できるだけ1つのRUNコマンドで済ませるように書くという点です。Dockerのイメージは、その差分がレイヤーとして構成されると説明しました。実は、このレイヤー、RUNコマンドを実行するたびに増えていく仕組みになっています。例えば、次のように3つのRUNコマンドを記述すると、3つのレイヤーが作られてしまいます。

```
RUN コマンド1
RUN コマンド2
RUN コマンド3
```

これでは効率が悪いので、特に意図がなければ、1つのRUNコマンドで実現するようにします。Linuxのシェルでは、「&&」でコマンドをつなげると、それを順に実行してくれます。そこで、次のように記述します。

```
RUN コマンド1 && コマンド2 && コマンド3
```

こうすると行が長くなって読みにくくなります。そういうときは、行を分割できる表記の「\」を使って、次のように記述するとよいでしょう。この例は、すぐあとに実際に使います。

```
RUN コマンド1 \
&& コマンド2 \
&& コマンド3
```

### コラム イメージのビルド完了時に実行するONBUILD命令

ときには、イメージのビルドが完了した後に、何か命令を実行したいことがあります。そのようなときには、命令の直前に「ONBUILD」と書きます。例えば、ビルド後にファイルをコピーしたいときは、次のようにします（もちろん[]を使った記法でも書けます。次のRUNについても同様です）。

```
ONBUILD COPY コピー元 コピー先
```

コマンドを実行したいのであれば、RUNコマンドを次のように記述します。

```
ONBUILD RUN コマンド 引数 …
```

## CMDとENTRYPOINT

CMDとENTRYPOINTは、コンテナを起動したときのタイミング（docker startやdocker runするときのタイミング）で、コンテナの中で実行するコマンドを指定するものです。docker run（もしくはdocker create）では、コンテナの中で実行するコマンドを指定し、そのコマンドが終了するとコンテナが終了するという仕組みだったことを思い出してください。

```
$ docker run イメージ名 コマンド
```

この既定のコマンドを指定するものこそが、CMDやENTRYPOINTです。CMDとENTRYPOINTの違いは、次の通りです。

(1)ENTRYPOINT

コマンドの指定を強要します。イメージの利用者は基本的に、この設定を変更することはできません（「基本的に」と記述しているのは、docker runするときに--entry-pointオプションを指定すると、強制上書きできるためです）。ENTRYPOINTを指定した場合、docker run（もしくはdocker create）の最後に指定するコマンドは、このENTRYPOINTで指定したコマンドへの引数となります。

(2)CMD

docker run（もしくはdocker create）の際に指定する、最後のコマンドのデフォルト値を変更します。ユーザーが明示的にコマンドを記述すれば、このCMDでの設定は無視されます。ほとんどの場合、CMDが使われます。そうすることでユーザーは、既定のコマンドも任意のコマンドも、どちらも実行できるからです。CMD命令やENTRYPOINT命令は、RUN命令と同様、シェル形式とexec形式の、いずれの書式もとることができます。

シェル形式

```
CMD コマンド 引数 …
EMTRYPOINT コマンド 引数 …
```

exec形式

```
CMD ["コマンド", "引数", …]
ENTRYPOJNT ["コマンド", "引数", …]
```

CMDやENTRYPOINTを指定しない場合は、ベースイメージの設定値が引き継がれます。リスト8-2では、どちらも書いていませんから、httpdイメージの設定が引き継がれます。なおCMDやENTRYPOINTは、それぞれDockerfileに1つしか記述できません（CMDとENTRYPOINTをそれぞれ記述することはできますが、CMDを2つとかENTRYPOINTを2つとかは記述できません）。複数記述したときは、もっとも後ろにある設定が採用され、それ以外は無視されます。

## 8-4-6 公開するポート番号やボリュームの指定

イメージが通信しようとするポート番号は、EXPOSEで指定します。

```
EXPOSE ポート番号, ポート番号, …
```

この指定をすると、docker run（もしくはdocker create）する際、-pオプションだけを指定し、ポート番号を省略したときに、ここで指定したポートのマッピングが行われるようになります。EXPOSEの設定はポートのマッピングを強要するものではありません。-pオプションの既定値を指定するものにすぎません。-pオプションを指定しなければマッピングされませんし、EXPOSEの指定をし忘れても、-pオプションで任意のポートにマッピングできます。

同様にして、イメージが永続化されることを期待する場所は、VOLUME命令で記述します。

```
VOLUME ["パス名", "パス名", …]
```

EXPOSEと同様に、こちらもdocker runするときに-vオプション(もしくは--mountオプション)を指定してバインドマウントやボリュームマウントしない限り、何も起こりません。

このようにEXPOSEやVOLUMEは、利用しているポートや永続化を期待しているディレクトリを、イメージの利用者に伝えるという意味合いのものです。指定することで何か起きるわけではありませんが、利用者に対してわかりやすくするために、指定しておくことを推奨します。

**memo** EXPOSEやVOLUMEで指定した値は、作成したイメージに対してdocker image inspectを実行することで確認できます。

## 8-4-7 既存のイメージのDockerfileに学ぶ

説明だけを見ていてもわかりにくいと思うので、ここでDockerfileの具体例を示します。Docker Hubで公開されているオフィシャルイメージは、GitHub上で、そのソースコードを公開しています。例えばhttpdイメージのソースファイルは、下記のGitHubにあります(**図表8-13**)。

**【httpdイメージのソース】**
https://github.com/docker-library/httpd/tree/master/2.4

開くとDockerfileが存在するのがわかります。これを開くと、**リスト8-3**に示すように、その内容を確認できます。

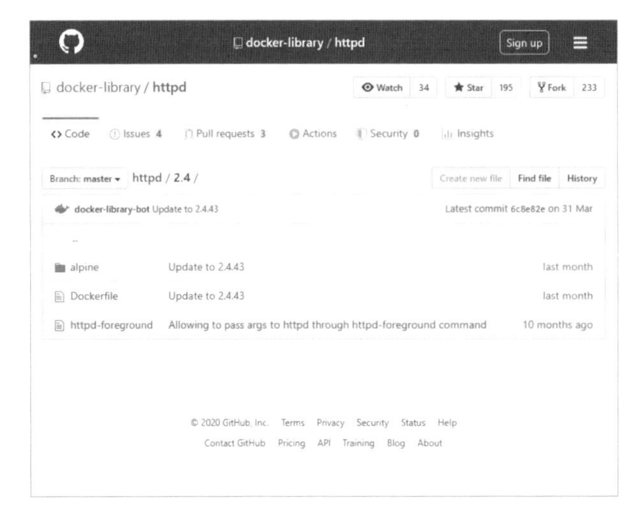


図表8-13　GitHubでhttpdイメージのDockerfileを開く

リスト8-3　httpdイメージのDockerfile（抜粋）

```
FROM debian:buster-slim

ENV HTTPD_PREFIX /usr/local/apache2
ENV PATH $HTTPD_PREFIX/bin:$PATH
RUN mkdir -p "$HTTPD_PREFIX" \
        && chown www-data:www-data "$HTTPD_PREFIX"
WORKDIR $HTTPD_PREFIX

# install httpd runtime dependencies
# https://httpd.apache.org/docs/2.4/install.html#requirements
RUN set -eux; \
        apt-get update; \
        apt-get install -y --no-install-recommends \
                libapr1-dev \
                libaprutil1-dev \
                libaprutil1-ldap \
        ; \
        rm -rf /var/lib/apt/lists/*

…略…

COPY httpd-foreground /usr/local/bin/
```

```
EXPOSE 80
CMD ["httpd-foreground"]
```

全部を掲載するとわかりにくいので、ここでは主な部分だけを抜粋して示しました。この設定の意味は、次の通りです。

(1)debian:buster-slimをベースにしている

FROMでは「debian:buster-slim」が指定されており、このイメージをベースにしていることがわかります。

(2)RUN命令でパッケージをインストールしている

RUN命令を使ってパッケージをインストールしています。ここでは掲載を省略していますが、httpd(Apache)のソースコードをダウンロードし、それにパッチを当ててビルドするなどの処理も記述されています。

(3)ポート80をEXPOSEしている

EXPOSE 80と記述されており、このイメージがポート80で通信することを期待していることがわかります。

(4)既定のコマンドはhttpd-foreground

docker run(もしくはdocker create)したときには、httpd-foregroundというコマンドが実行されるように仕込まれていることがわかります。

この例でわかるように、Dockerfileは、ファイルのコピーや実行、コンテナを実行するときのコマンドを指定するだけの一連のファイルにすぎません。

### コラム httpd-foregroundとは何か

Apacheに詳しい読者は、Apacheを起動するのは、「service httpd start」などではないのかと思われるかも知れません。DockerfileのCMD命令には、こうしたコマンドではなく、httpd-foregroundが指定されています。Dockerでは、CMDもしくはENTRYPOINTに指定したコマンド(もしくはdocker runやdocker createの引数で指定したコマンド)が終了すると、コンテナ自身が終了する挙動だったことを思い出してください。「service httpd start」を実行した場合は、httpdをバックグラウンドで実行して、serviceコマンド自体は、すぐに終了します。その結果、コンテナ自体がすぐに終了してしまいます。

コンテナを動かしっぱなしにしたいのであれば、CMDやENTRYPOINTには、「ずっと動きっぱなしでいるコマンド」を指定しなければなりません。かつ、docker logsでログを確認するには、そのコマンドがエラーなどの情報を標準出力に出力する構成でなければなりません。httpd-foregroundは、まさにそうした挙動をするプログラムです。GitHubの同ディレクトリでソースが公開されており、その内容は、下記の通りです。Apache本体であるhttpdを（バックグラウンドではなく）フォアグラウンドで実行するように構成されています。

```
#!/bin/sh
set -e

# Apache gets grumpy about PID files pre-existing
rm -f /usr/local/apache2/logs/httpd.pid

exec httpd -DFOREGROUND "$@"
```

## 8-4-8 コマンドの実行やパッケージインストールを伴う例

説明はこのぐらいにして、もう少し複雑なイメージを作ってみましょう。ここではdebianイメージをベースに、PHP入りのApacheを作ってみます。

**memo** PHP入りのApacheを作るのは、実用を目的としたものではなく練習です。そのような構成のコンテナは、すでにオフィシャルなイメージとして、phpイメージが提供されているので、本番運用では、そちらを利用するのが賢明です。

### Dockerfileとサンプルphpの準備

まずは、DockerfileとサンプルPHPを準備します。ここでは、アクセスすると、自分のIPアドレスを表示するindex.phpを、サンプルとして、コンテナに含めることにします。

## 手順 Dockerfileとサンプルphpの準備

### [1] ディレクトリの準備

Dockerfileや含めたいファイルを置くディレクトリを作ります。ここでは「phpimage」という名前のディレクトリを作ります。

```
$ mkdir ~/phpimage
$ cd ~/phpimage
```

### [2] index.phpを配置する

nanoなどのテキストエディタを使って、サンプルとなるindex.phpを作成します（**リスト8-4**）。本書はPHPの本ではないのでプログラムの詳細は省きますが、$_SERVER['REMOTE_ADDR']に、アクセスしてきたユーザーのIPアドレスが含まれています。それをecho文で画面に表示するようにしています。

リスト8-4　index.php

```
<html>
<body>
Your IP <?php echo $_SERVER['REMOTE_ADDR'] ?>。
</body>
</html>
```

### [3] Dockerfileを用意する

Dockerfileを用意します。ベースイメージはdebianとします。やりたいことは、①Apacheのインストール、②PHPのインストール、③index.phpのコピーです。そしてApacheをフォアグラウンドで実行することも必要です。そのようなDockerfileを、**リスト8-5**に示します。

リスト8-5　Dockerfile

```
FROM debian
EXPOSE 80
RUN apt update \
&& apt install -y apache2 php libapache2-mod-php \
&& apt clean \
&& rm -rf /var/lib/apt/lists/* \
&& rm /var/www/html/index.html
COPY index.php /var/www/html/
CMD /usr/sbin/apachectl -DFOREGROUND
```

それぞれの意味は、次の通りです。

(1)FROM

debianイメージをベースイメージとして選択しています。

(2)EXPOSE

ポート80で通信するつもりだと伝えています。

(3)RUN

次の5つのコマンドを、つなげて実行しています。

1. apt update
2. apt install -y apache2 php libapache2-mod-php
3. apt clean
4. rm -rf /var/lib/apt/lists/*
5. rm /var/www/html/index.html

1.でaptパッケージをアップデートし、2.でApacheとPHPをインストールしています。3.と4.は、パッケージを削除する常套句です。このように削除しておくことで、パッケージの中間ファイルを消すことができ、構築したDockerイメージのサイズを小さくできます。5.は、このイメージ固有の話で、index.htmlを削除しています。index.htmlを削除するのは、index.htmlとindex.phpを同じディレクトリに置いたときには、index.htmlが優先されるので、「http://DockerホストのIPアドレス:ポート番号/」のようにアクセスしたときに、index.htmlではなくindex.phpを見せるためです。

(4)COPY

index.phpを/var/www/htmlにコピーしています。これで「http://DockerホストのIPアドレス:ポート番号/」にアクセスしたときに、このファイルが表示(Webサーバー上で実行)されるようになります。

(5)CMD

Apacheをフォアグラウンドで実行するようにしています(p.271のコラムを参照)。

## イメージをビルドする

以上で準備ができました。イメージをビルドしてみます。ここでは「myphpimage」というイメージ名で作成することにします。

## 手順 イメージをビルドする

### [1] イメージをビルドする

Dockerfileを置いたディレクトリをカレントディレクトリにし、次のように入力してイメージをビルドします。

```
$ cd ~/phpimage
$ docker build . -t myphpimage
```

すると、RUN命令のところに書いておいたaptコマンドによるパッケージのインストールなどが始まり、イメージが作られます（しばらく時間がかかります）。最後に、イメージIDとイメージ名が表示されます。

```
Sending build context to Docker daemon  3.072kB
Step 1/5 : FROM debian
 ---> 3de0e2c97e5c
…略…
Successfully built d0b60b2d1b6d
Successfully tagged myphpimage:latest
```

### [2] 作成されたイメージを確認する

作成されたイメージを確認しておきましょう。作成したmyphpimageが存在することがわかります。

```
$ docker image ls
REPOSITORY          TAG                 IMAGE ID            CREATED             SIZE
myphpimage          latest              d0b60b2d1b6d        2 minutes ago       262MB
…略…
```

## コラム ワーニングを消す

docker buildしたとき、次のようなワーニングが表示されることがあります。これはaptコマンドを、ユーザーと対話するターミナルではなく、スクリプトから実行しているのが理由です。

```
WARNING: apt does not have a stable CLI interface. Use with caution in scripts.
```

ワーニングなので、このままでも影響ありませんが、もし、解決したいのであれば、DEBIAN_FORONTENDという環境変数を「noninteractive」に設定してください。すなわち、

```
ENV DEBIAN_FRONTEND=noninteractive
```

という命令を、RUN命令の前に書いておけば、ワーニングが出なくなります。他の方法として、「apt」の代わりに「apt-get」を使うことでも回避できます。詳しい情報は、Docker Engineの「よくある質問と回答（FAQ）」のページを参照してください（http://docs.docker.jp/v1.11/engine/faq.html）。

### コンテナを作成して動作確認する

イメージができたら、コンテナを作成して動作確認しましょう。

## 手順 コンテナを作成して動作確認する

### [1] コンテナを起動する

いま作成したmyphpimageイメージからコンテナを作成します。コンテナ名は、ここではmyphpとします。

```
$ docker run -dit --name myphp -p 8080:80 myphpimage
```

### [2] ブラウザで確認する

「http://DockerのIPアドレス:8080/」にアクセスします。自分のIPアドレスが表示されることを確認します（図表8-14）。

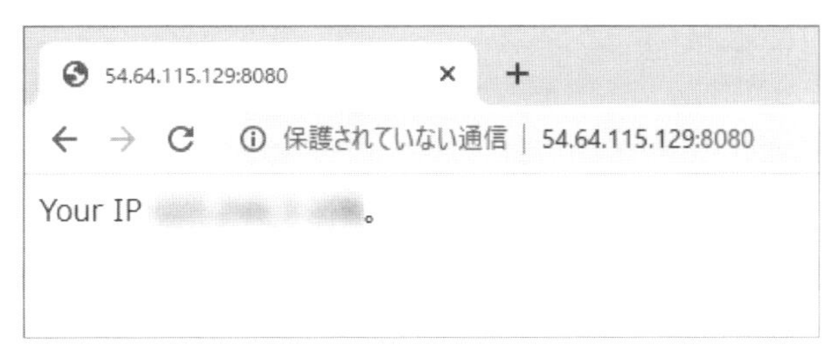


図表8-14　自分のIPが表示されたことを確認する

### [3]　後始末

以上で動作確認は終わりです。コンテナを停止して破棄しておきましょう。

```
$ docker stop myphp
$ docker rm myphp
```

#### コラム　docker stopが遅い

実際に試してみると、docker stopしたとき、「いつもより遅いな」と気づいた人もいるかも知れません。これは、httpdが強制終了するまで待っているからです。docker stopすると、デフォルトではSIGTERMというシグナルが、コンテナで実行中の（CMDやENTRYPOINT、docker runやdocker createの引数で指定した）コマンドに送信され、そのシグナルを受け取って、実行中のプロセスが終了し、そのあとにコンテナ自体が終了するという流れになっています。しかしApacheは、SIGTERMではなく、SIGWINCHというシグナルで終了するという仕様になっています。それゆえ、docker stopしても、DockerfileのCMDで指定している「/usr/sbin/apachectl -DFOREGROUND」が終了しないので、タイムアウトまで待ち、それから強制終了させられているのです。Apacheに限った話になりますが、正しく終了させるには、docker stopしたときに、SIGTERMではなく、SIGWINCHを送信するように修正する必要があります。そのためには、Dockerfileに次の記述を追加して、イメージを作りなおしてみてください（追記する場所はどこでもかまいません）。

```
STOPSIGNAL SIGWINCH
```

するとdocker stopしたときに、きちんと/usr/sbin/apachectlが終了するようになり、コンテナを迅速かつ安全に終了できるようになります。

## 8-4-9 Dockerfileとキャッシュ

概ね、Dockerfileの作り方はわかったと思います。単純に、コピーやコマンドの実行などを書けばよいので、さほど難しくはないはずです。しかしここで1つ注意点があります。それはキャッシュの問題です。docker buildは、Dockerfileに記述された1行1行のビルド行程をキャッシュします。そして、そこまでに変更がなければ、キャッシュが使われます。この挙動は、実際に、docker buildを何度か実行してみるとわかります。例えば、2回目に実行すると、次のようにただちに終了します。「Using cache」と書かれているので、キャッシュが使われていることがわかります。

```
$ docker build . -t myphpimage
Sending build context to Docker daemon  3.072kB
Step 1/5 : FROM debian
 ---> 3de0e2c97e5c
Step 2/5 : EXPOSE 80
 ---> Using cache
 ---> a2aef08d0e72
Step 3/5 : RUN apt-get update && apt-get install -y apache2 php libapache2-mod-php && rm /var/www/html/
index.html
 ---> Using cache
 ---> 669a8e75e92f
Step 4/5 : COPY index.php /var/www/html/
 ---> Using cache
 ---> 6ea897dfc42c
Step 5/5 : CMD /usr/sbin/apachectl -DFOREGROUND
 ---> Using cache
 ---> cefd67be6d72
Successfully built cefd67be6d72
Successfully tagged myphpimage:latest
```

docker buildする際、キャッシュを使うかどうかは、次の基準で決まります。

(1)FROMで指定しているベースイメージのキャッシュが変わった
(2)Dockerfile自体の命令が変わった
(3)ADDやCOPYしているファイルの対象が変わった

例えば、ここではaptコマンドでApacheやPHPのパッケージをインストールしていますが、ApacheやPHPのパッケージがアップデートされたかどうかは、キャッシュの判定基準になりません。もう少しわかりやすく言えば、RUNコマンドで、どこかからのサイトからファイルをダウンロードしているような場合、その対象ファイルが更新されたかどうかまでを判定するものではありません（当たり前ですが）。キャッシュを使わずに、すべてやり直したいときは、次のように、--no-cacheオプションを指定します。

```
docker build . -t myphpimage --no-cache
```

コラム　**キャッシュを活用してビルドを高速化する**

たくさんのパッケージをインストールし、内部でコンパイルするようなコンテナを作ると、docker buildするとき、とても時間がかかるようになります。そのようなときは、キャッシュを活用すると高速化できます。本文中では、RUNコマンドは1つにまとめると説明しましたが、あえて複数に分けるのです。そうすると、そこで別のキャッシュが作られますから、変更されていない部分は、そのRUNコマンドの実行を飛ばすことができ、高速化に貢献します。

# 8-5 イメージの保存と読み込み

作成したイメージは、そのコンピューターの中にあります。イメージをファイル化すると、それを取り出して、別のコンピューターに持って行くことができます。ファイル化するには、docker saveを使います。ファイルから取り出してイメージを使えるようにするには、docker loadを使います（**図表8-15**）。

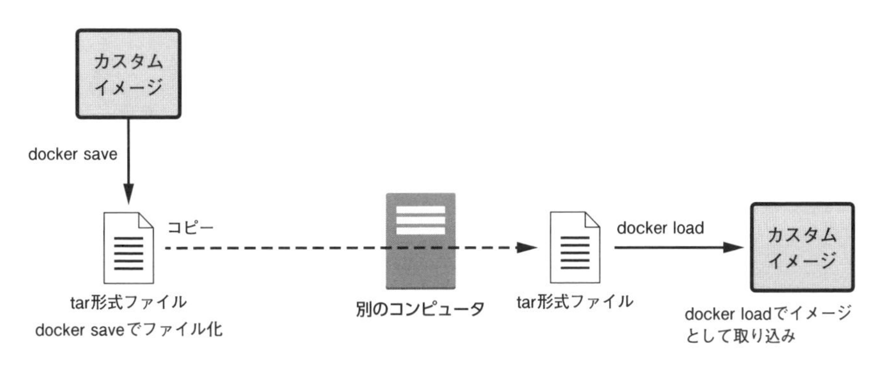


図表8-15　イメージの保存

## 8-5-1 docker saveでイメージからファイル化する

実際にやってみましょう。ここでは、いま作成したmyphpimageというイメージをファイル化してみます。ファイル名は、「saved.tar」としましょう。-oオプションで出力先ファイル名を指定します。

### 手順 docker saveでファイル化する

#### [1] docker saveする

下記のコマンドを入力して、myphpimageイメージをsaved.tarというファイルとして保存します。

```
$ docker save -o saved.tar myphpimage
```

#### [2] ファイルサイズと内容を確認する

ファイルサイズを確認します。

```
$ ls -al saved.tar
-rw-------  1 ubuntu ubuntu 253540352 Apr 30 17:13 saved.tar
```

#### [3] 内容を確認する

内容を確認します。たくさんのディレクトリが存在することがわかるかと思います。これは、それぞれのレイヤーに相当するファイルです。

```
$ tar tvf saved.tar
drwxr-xr-x 0/0               0 2020-04-30 07:27 1f616f851c470eecd432ba8f0c01cd0a
3ad6755466a9ac2cc7c6e4998ef7bf96/
-rw-r--r-- 0/0               3 2020-04-30 07:27 1f616f851c470eecd432ba8f0c01cd0a
3ad6755466a9ac2cc7c6e4998ef7bf96/VERSION
-rw-r--r-- 0/0             477 2020-04-30 07:27 1f616f851c470eecd432ba8f0c01cd0a
3ad6755466a9ac2cc7c6e4998ef7bf96/json
-rw-r--r-- 0/0       134317568 2020-04-30 07:27 1f616f851c470eecd432ba8f0c01cd0a
3ad6755466a9ac2cc7c6e4998ef7bf96/layer.tar
drwxr-xr-x 0/0               0 2020-04-30 07:27 3245765ba0b045f553eb3ad429ec8a29
f080a5a532bbc92e3d558c99d80f2c38/
-rw-r--r-- 0/0               3 2020-04-30 07:27 3245765ba0b045f553eb3ad429ec8a29
f080a5a532bbc92e3d558c99d80f2c38/VERSION
-rw-r--r-- 0/0             401 2020-04-30 07:27 3245765ba0b045f553eb3ad429ec8a29
f080a5a532bbc92e3d558c99d80f2c38/json
```

```
-rw-r--r-- 0/0       119202816 2020-04-30 07:27 3245765ba0b045f553eb3ad429ec8a29
f080a5a532bbc92e3d558c99d80f2c38/layer.tar
drwxr-xr-x 0/0               0 2020-04-30 07:27 40e00dd85f92c2d18f54ba658d2a8866
18b5b816d5d2e80ca93115fa046acb09/
-rw-r--r-- 0/0               3 2020-04-30 07:27 40e00dd85f92c2d18f54ba658d2a8866
18b5b816d5d2e80ca93115fa046acb09/VERSION
-rw-r--r-- 0/0            1361 2020-04-30 07:27 40e00dd85f92c2d18f54ba658d2a8866
18b5b816d5d2e80ca93115fa046acb09/json
-rw-r--r-- 0/0            3584 2020-04-30 07:27 40e00dd85f92c2d18f54ba658d2a8866
18b5b816d5d2e80ca93115fa046acb09/layer.tar
-rw-r--r-- 0/0            2444 2020-04-30 07:27 90661fa8874ee8c7775b7745910b2daa
d9c0b9aa80c55037bc7a819e85db07cc.json
-rw-r--r-- 0/0             360 1970-01-01 00:00 manifest.json
-rw-r--r-- 0/0              93 1970-01-01 00:00 repositories
```

### docker loadで読み込む

このsaved.tarファイルを別のコンピューターにコピーして、そのコンピューター上でdocker loadすれば、そのコンピューターでもmyphpimageイメージを利用できるようになります。確認のためにもう1台コンピューター（EC2インスタンス）を用意するのが理想ですが、それは煩雑なので、ここでは作成したイメージを削除して、いま作成したsaved.tarファイルからイメージを作り直せることを確認しましょう。

## 手順 docker loadする

### [1] いまのイメージを削除する

myphpimageイメージを削除します。

```
$ docker image rm myphpimage
```

### [2] 削除されたことを確認する

docker image lsして、削除されたことを確認します。

```
$ docker image ls
```

### [3] docker loadする

先ほどdocker saveで保存したsaved.tarをdocker loadで読み込みます。ファイルは「-i」オプションで指定します。すると、次のように取り込まれます。

```
$ docker load -i saved.tar
301d11d71b07: Loading layer  134.3MB/134.3MB
8078f52df1b2: Loading layer  3.584kB/3.584kB
Loaded image: myphpimage:latest
```

### [4] myphpimageイメージが利用できることを確認する

myphpimageイメージが利用できることを確認します。まずは、docker image lsで、myphpimageイメージが存在することを確認します。

```
$ docker image ls
REPOSITORY          TAG                 IMAGE ID            CREATED             SIZE
myphpimage          latest              90661fa8874e        10 hours ago        245MB
…略…
```

このイメージからコンテナを作成してみましょう。myphp02という名前にします。

```
$ docker run -dit --name myphp02 -p 8080:80 myphpimage
```

あとは先ほどと同様に、「http://DockerホストのIP:8080/」に接続してコンテンツが表示できるかなどを確認してください。

### [5] 後始末

確認できたら、いまのコンテナを停止して削除しておきましょう。

```
$ docker stop myphp02
$ docker rm myphp02
```

## コラム export/importによるファイル化

dockerでは、save/loadを使ったファイル化以外に、もう1つexport/importによるファイル化もあります。こちらはDockerコンテナの情報を残さずに、ファイルだけをアーカイブします。export/importは、イメージではなくコンテナが対象です。簡単に実例を挙げて説明します。例えば、次のようにまず、コンテナを作成します。

```
$ docker run -dit --name myphp02 -p 8080:80 myphpimage
```

こうして作成したmyphp02をexportします。

```
$ docker export -o exported.tar myphp02
```

ここでexportされたファイルの内容を確認すると、コンテナ全体がディレクトリ構造になったものしか含まれていないことがわかります。レイヤー情報が失われています。

```
$ tar tvf exported.tar
-rwxr-xr-x 0/0               0 2020-04-30 17:23 .dockerenv
drwxr-xr-x 0/0               0 2020-04-30 07:27 bin/
-rwxr-xr-x 0/0         1168776 2019-04-18 04:12 bin/bash
-rwxr-xr-x 0/0           38984 2019-07-10 19:17 bin/bunzip2
hrwxr-xr-x 0/0               0 2019-07-10 19:17 bin/bzcat link to bin/bunzip2
lrwxrwxrwx 0/0               0 2019-07-10 19:17 bin/bzcmp -> bzdiff
-rwxr-xr-x 0/0            2227 2019-07-10 19:17 bin/bzdiff
lrwxrwxrwx 0/0               0 2019-07-10 19:17 bin/bzegrep -> bzgrep
…略…
```

このファイルは、docker importでインポートできます。インポートするときは、イメージ名を指定できます。ここではtmp_httpdとしました。

```
$ docker import exported.tar tmp_httpd
```

こうしてインポートしたtmp_httpdは、docker runできるかというと、実はできません。

```
$ docker run -dit --name myphp03 -p 8080:80 tmp_httpd
docker: Error response from daemon: No command specified.
See 'docker run --help'.
```

理由は、Dockerコンテナに関する情報が欠落し、CMDやENTRYPOINTなどで指定している各種設定などが、すべて失われているためです。そのためdocker runの最後の引数に、コマンド（この例では、/usr/sbin/apachectl -DFOREGROUND）を明示的に指定しない限り、実行できません。このように、export/importを使った方法では、コンテナ情報が失われるため、あまり使われません。使われるときは、もっぱら、「コンテナに含まれるファイル全体を取り出したい」というように、含まれているファイルだけをファイル化したい場面に限られます。

# 8-6 Docker Hubに登録する

さて、イメージを他のコンピューターとやり取りするときは、いま見てきたようにファイルでやり取りするのではなく、Dockerレジストリに登録して、そこからdocker pull（もしくはdocker run）してもらうという構成にするほうが使いやすいでしょう。

Dockerレジストリは、Dockerイメージを管理するサービスです。その代表は、これまで使ってきたDocker Hubですが、プライベートなレジストリを使うこともできます。レジストリは、リポジトリという単位でイメージを管理します。リポジトリ単位で、「誰でも利用できるのか」「特定のユーザーしか利用できないのか」などの権限を設定できます。

docker pushというコマンドを使うと、リポジトリに登録できます。誰もが勝手に登録できるのは改ざんの恐れがあり、セキュリティー上、望ましくないので、push操作できるユーザーは制限し、特定のユーザーしか登録できないようにされていることがほとんどです。事前に、リポジトリにアクセスするためのアカウントを取得しておき、docker pushするときは、そのアカウントでログインする必要があります（**図表8-16**）。

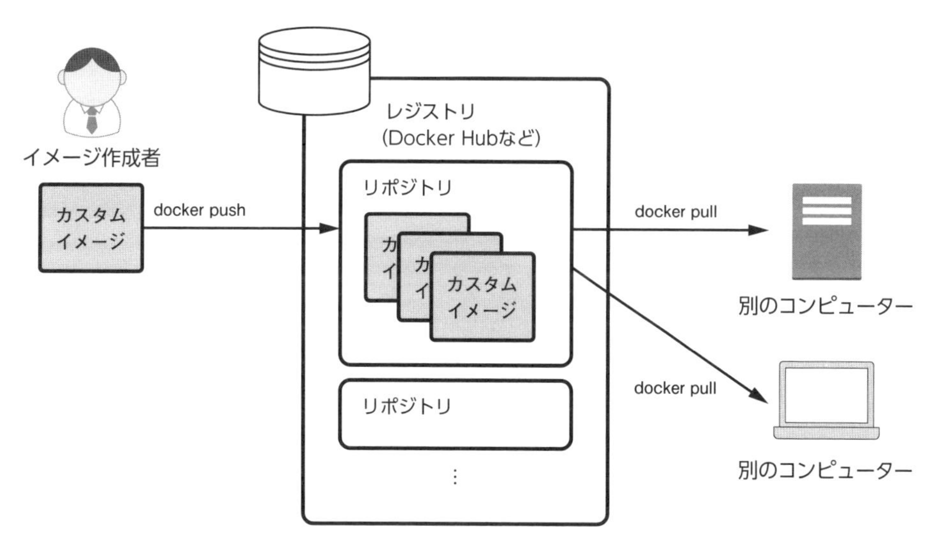


図表8-16　リポジトリに登録する

ここでは、Dockerの標準的なレジストリサービスであるDocker Hubにイメージを登録する方法を説明します。Docker Hubの無料プランでは、1アカウントにつき1つだけ、プライベートなリポジトリを作れます。

## 8-6-1　Docker Hubのアカウントを作成する

まずは、Docker Hubのアカウントを作成します。メールアドレスがあれば、誰でも作れます。

### 手順 Docker Hubのアカウントを作成する

#### [1]　Sign Upする

Docker Hubのページを開きます。

**【Docker Hubのページ】**
https://hub.docker.com/

すると、「Sign Up Today」の項目があるので、次のように入力し、[私はロボットではありません] にチェックを付けてから、[Sign Up] ボタンをクリックします（図表8-17）。

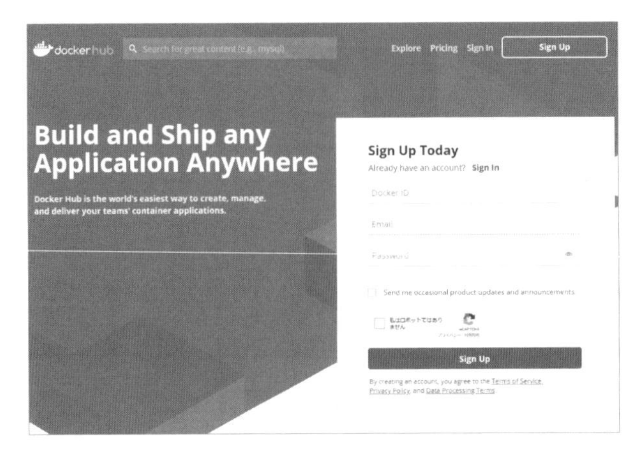


図表8-17 [Sign Up] する

Docker ID
　ログインするときに使う任意の名前です。

Email
　メールアドレスを入力します。

Password
　設定したいパスワードを入力します。

### [2] プランを選ぶ

　プランを選びます。ここでは無償の［Community］を選択します（図表8-18）。

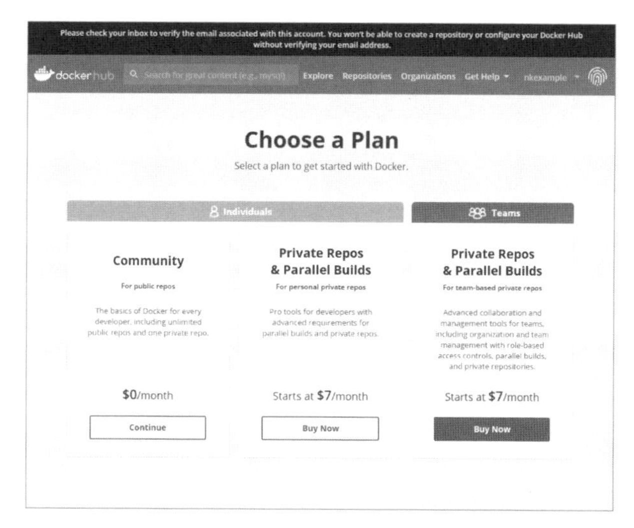


図表8-18　Communityを選択する

### [3]　メールを確認してリンクをクリックする

登録メールが届きます。[Verify email address] のリンクをクリックします（図表8-19）。

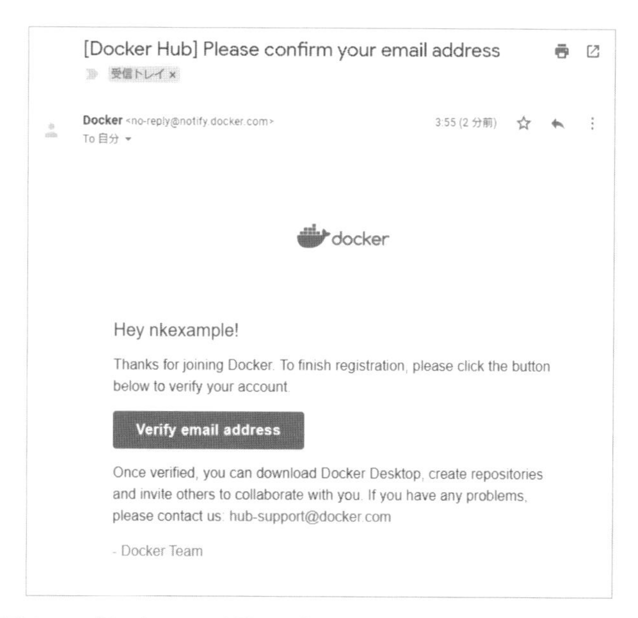


図表8-19　届いたメールを開き、[Verify email address] をクリックする

### [4] 登録完了

登録完了です。Docker Hubのメインメニューが開きます（**図表8-20**）。

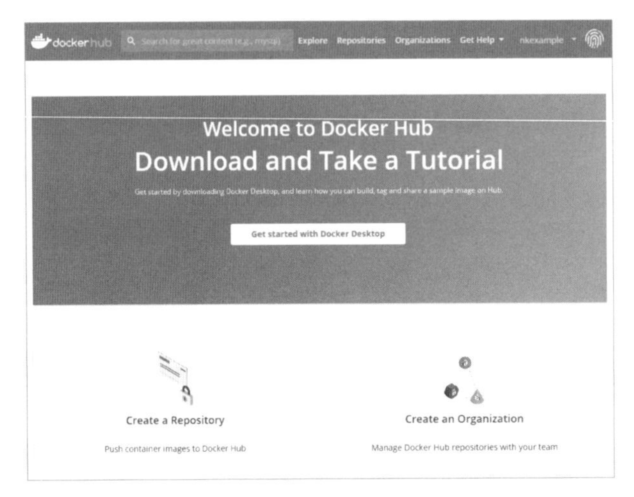


図表8-20　登録完了

## 8-6-2 リポジトリを作る

これでDocker Hubの操作ができるようになりました。図表8-20に示したのがメインメニューです。まずは、リポジトリを作成します。ここでは「myexample」という名前の、プライベートなリポジトリを作ってみます。

### 手順 プライベートなリポジトリを作る

### [1] リポジトリの作成を始める

前述の図表8-20において、［Create a Repository］をクリックします。

### [2] リポジトリを作る

「リポジトリ名」を入力します。任意の名称を入力してください。ここでは、「myexample」としました。［Visibility］は、公開か非公開かの設定です。ここでは［Private］を選択して、非公開にすることにします。そして一番下にある［Create］ボタンをクリックすると、リポジトリを作れます（**図表8-21**）。

*memo* Docker Hubのフリープランでは、Privateなリポジトリは1つしか作れません。本書で扱うのはサンプルで、誰に見られても問題ないので、「それが見られてしまう」という認識があるのなら、[Public] を選択しても問題ありません。

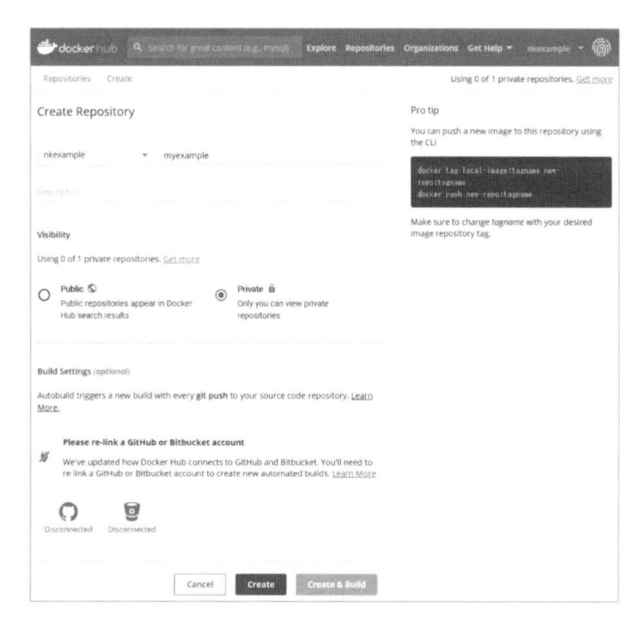

図表8-21　リポジトリ名を入力する

## コラム　GitHubやBitbucketとの連携

Docker Hubは、Gitリポジトリを提供するGitHubやBitbucketと連携できます。連携すると、GitリポジトリにDockerfileをコミットしたとき、自動的にdocker buildしたものをDocker Hubに登録できます。連携は、図表8-21の [Build Settings] の部分で設定できます。

### [3]　リポジトリが作成された

リポジトリが作成されました。「自分のDocker ID/入力したリポジトリ名」という名称が付きます。この名称は控えておいてください。イメージをpushするときに合致させる必要があるためです（**図表8-22**）。

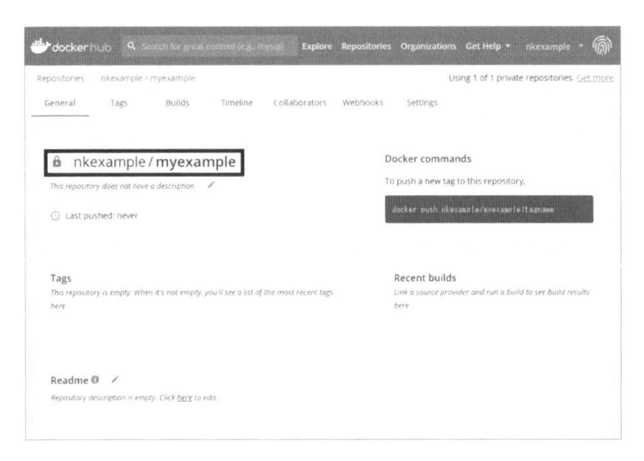


図表8-22　リポジトリができた

## 8-6-3　Dockerイメージ名を調整する

それでは、この作成したリポジトリにDockerイメージを登録していきたいところですが、その前に、やらなければならないことがあります。それは、作成するイメージの名前を、図表8-22で確認しておいた「自分のDocker ID/リポジトリ名」に合わせなければならないという点です。イメージ名は、docker buildするときに、-tオプションで指定できますが、すでにビルド済みであれば、docker tagで変更できます。リポジトリ名が「myexample」であれば、次のようにしてタグ付けします。

```
$ docker tag myexample 自分のDocker ID/myexample
```

## 8-6-4　リポジトリに登録する

準備が終わったら、このイメージを登録してみましょう。次のようにします。

### 手順 Dockerイメージをリポジトリに登録する

#### [1]　ログインする

まずは、Docker Hubにログインします。docker loginコマンドを使うと、Docker IDとパスワードが尋ねられるので、先ほどDocker Hubに作成したアカウント情報でログインします。

**memo** ログイン情報は、~/.docker/config.jsonファイルに保存されます。もし別のアカウントでログインしたいときは、一度、docker logoutコマンドでログアウトし、もう一度、試してください。うまくいかないときは、~/.docker/config.jsonファイルを削除してください。Docker Hub以外のレジストリを使うときは、loginの引数に、そのレジストリのURLを指定します。

```
$ docker login
Login with your Docker ID to push and pull images from Docker Hub. If you don't have a Docker ID, head
over to https://hub.docker.com to create one.
Username: ←Docker IDを入力
Password: ←パスワードを入力
WARNING! Your password will be stored unencrypted in /home/ubuntu/.docker/config.json.
Configure a credential helper to remove this warning. See
https://docs.docker.com/engine/reference/commandline/login/#credentials-store

Login Succeeded
```

### [2] イメージを登録する

イメージを登録するには、docker pushコマンドを使います。引数には、イメージ名を指定します。指定すべきイメージ名は、先ほどdocker tagで指定した「自分のDocker ID/リポジトリ名」です。例えばリポジトリ名がmyexampleであれば、次のようにします。

```
$ docker push 自分のDocker ID/myexample
```

すると、次のようにアップロードされます（表示される「66e2・・・」「dc62・・・」などはイメージIDなので、環境によって異なります）。

```
The push refers to repository [docker.io/自分のDocker ID/myexample]
66e22d15b807: Pushed
dc62413d9f53: Pushed
e40d297cf5f8: Mounted from library/debian
latest: digest: sha256:a46c30e48e6d7906587b3d1cc61438f8908b6e77f9594ffb58b93648e7663f30 size: 948
```

### [3] 登録されたイメージを確認する

Docker Hubのサイトで、登録されたイメージを確認しましょう。先ほどのリポジトリのページを見ると、［Tags］のところに［latest］というタグが追加されたことがわかるはずです（**図表8-23**）。

**memo** 表示されないときは、イメージ名を間違えた可能性があります。コラム「まだ作っていないリポジトリ名でpushするとpublicなリポジトリができる」（p.293）を参照してください。タグ名が「latest」なのは、イメージ名の後ろの「:タグ名」を省略しているからです。タグ名を明示的に付ければ、そのタグ名が使われます。

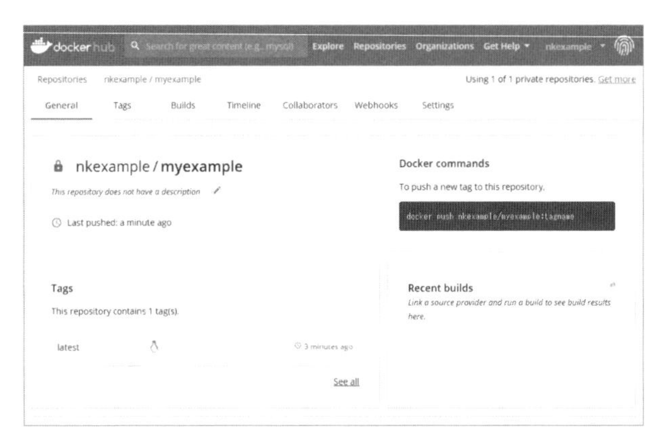


図表8-23　latestタグが追加された

### [4]　イメージの詳細を確認する

［Tags］タブをクリックします。すると、タグ一覧が表示されるので［latest］をクリックします（**図表8-24**）。すると、そのイメージの詳細が、**図表8-25**のように表示されます。これは作成したDockerfileの内容です。

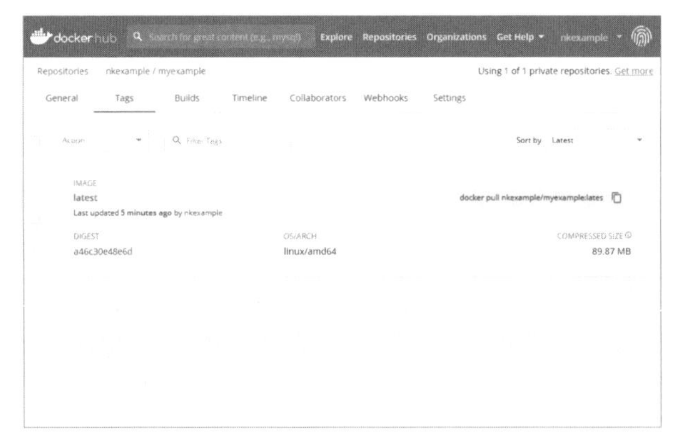


図表8-24　イメージの詳細を確認する

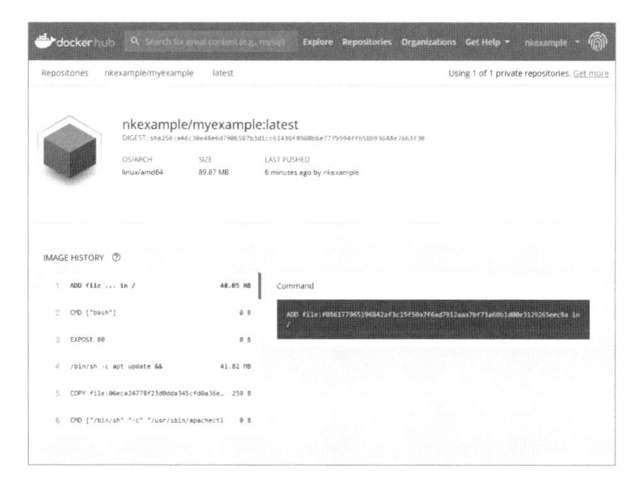


図表8-25　イメージのDockerfileの内容がわかる

## コラム　まだ作っていないリポジトリ名でpushするとpublicなリポジトリができる

docker pushしたとき、まだ作っていないリポジトリに対応するイメージを指定すると、その場で、イメージ名と同名のpublicなリポジトリが作られます。リポジトリ名を間違えたときは、この動作になるので注意してください（**図表8-26**）。意図せずにpublicなリポジトリを作ってしまったときは、コラム「リポジトリを削除するには」（p,295）を参考に、リポジトリを削除してから、正しい名前でやり直してください。

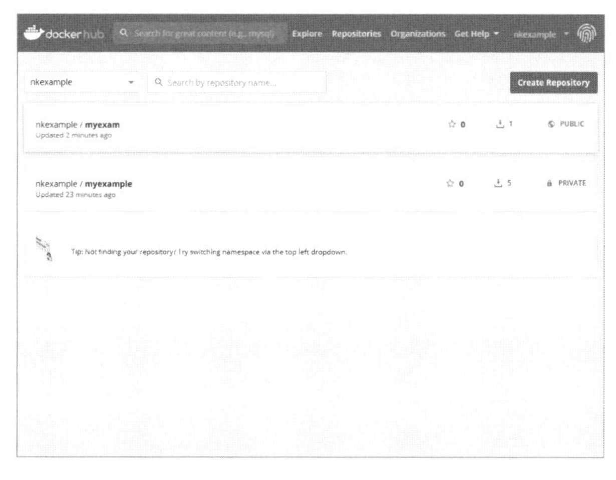


図表8-26　publicなリポジトリが勝手にできる

## 8-6-5 リポジトリに登録したイメージを使う

Docker Hubに登録したイメージは、これまで使ってきたオフィシャルなイメージと同様に利用できます。使い方は、docker pullするときに、登録した名前（Docker ID/リポジトリ名）を指定するだけです。つまり次のようにすれば、docker pullできます。そもそもdocker pullせずにも、直接、docker runすることもできます。

```
$ docker pull 自分のDocker ID/myexample
Using default tag: latest
latest: Pulling from 自分のDocker ID/myexample
Digest: sha256:a46c30e48e6d7906587b3d1cc61438f8908b6e77f9594ffb58b93648e7663f30
Status: Image is up to date for 自分のDocker ID/myexample:latest
docker.io/自分のDocker ID/myexample:latest
```

ただし、いま登録したリポジトリはPrivateに設定しているため、docker loginしないと利用できません。実際に試してみましょう。まずは、docker logoutでログアウトします。

```
$ docker logout
```

そしてdocker pullすると、次のようにエラーが表示されることがわかります。

```
$ docker pull 自分のDocker ID/myexample
Using default tag: latest
Error response from daemon: pull access denied for 自分のDocker ID/myexample, repository does not exist
or may require 'docker login': denied: requested access to the resource is denied
```

しかしログインすれば、正しくpullできるはずです。

> ***memo*** 一度ログインすると、その情報が保存されているので、2回目以降は、ユーザー名やパスワードは尋ねられません。

```
$ docker login
$ docker pull 自分のDocker ID/myexample
Using default tag: latest
latest: Pulling from 自分のDocker ID/myexample
Digest: sha256:a46c30e48e6d7906587b3d1cc61438f8908b6e77f9594ffb58b93648e7663f30
Status: Image is up to date for 自分のDocker ID/myexample:latest
docker.io/自分のDocker ID/myexample:latest
```

## コラム リポジトリを削除するには

リポジトリを削除するには、次のようにします。

### 手順 リポジトリを削除する

#### [1] 設定画面を開く

[Settings] タブをクリックして、設定画面を開きます。すると [Delete repository] ボタンがあるのでクリックします (図表8-27)。

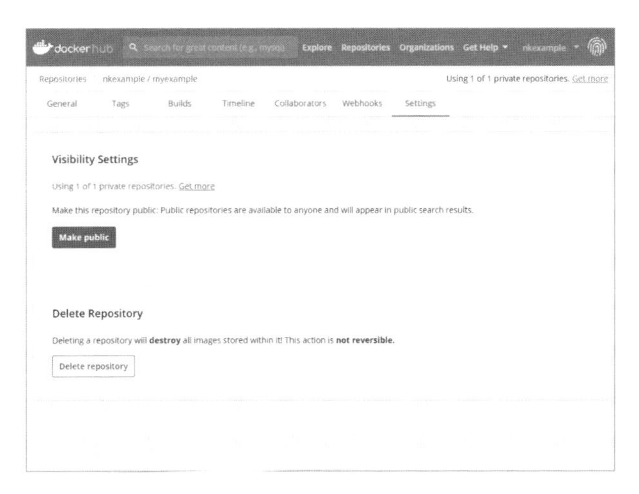


図表8-27 [Delete repository] ボタンをクリックする

#### [2] 削除する

リポジトリ名を入力するように求められます。入力して [Delete] ボタンをクリックすると、削除できます (図表8-28)。

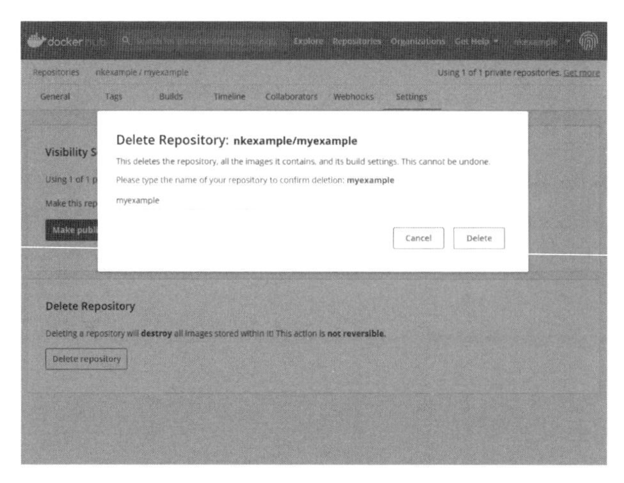


図表8-28 リポジトリ名を入力して削除する

# 8-7 プライベートなレジストリを使う

このようにDocker Hubを使えば、イメージを登録できますが、Docker Hubのフリープランでは、プライベートなリポジトリは1つしか登録できません。そしてまた、リポジトリを作成していないイメージ名で登録すると、それがPublicなリポジトリとして作成されるため、意図せずに、公開してはいけないイメージを公開してしまう操作ミスが生じる可能性もあります。

完全にプライベートに管理したいのであれば、Docker Hubではなく、プライベートなレジストリを使うとよいでしょう。例えばAWSには、Amazon ECR（Amazon Elastic Container Registry）というプライベートなDockerレジストリサービスがあります。ここでは、その使い方を説明します。

**memo** Amazon ECRは、1年間の無償利用枠の対象で、月500MBまでは無料です。この容量・期限を越えると、費用がかかるので注意してください。別の方法として、Docker Hubで公開されているオフィシャルなrepositoryイメージを使ったコンテナを作り、EC2インスタンスなどの自分のサーバーでプライベートレジストリを構築する方法もあります。そうした場合、自由度は高まりますが、自分で保守管理しなければなりません。

## 8-7-1 Amazon ECRを使う流れ

Amazon ECRは、少し複雑です。その設定の流れは、図表8-29に示す通りです。

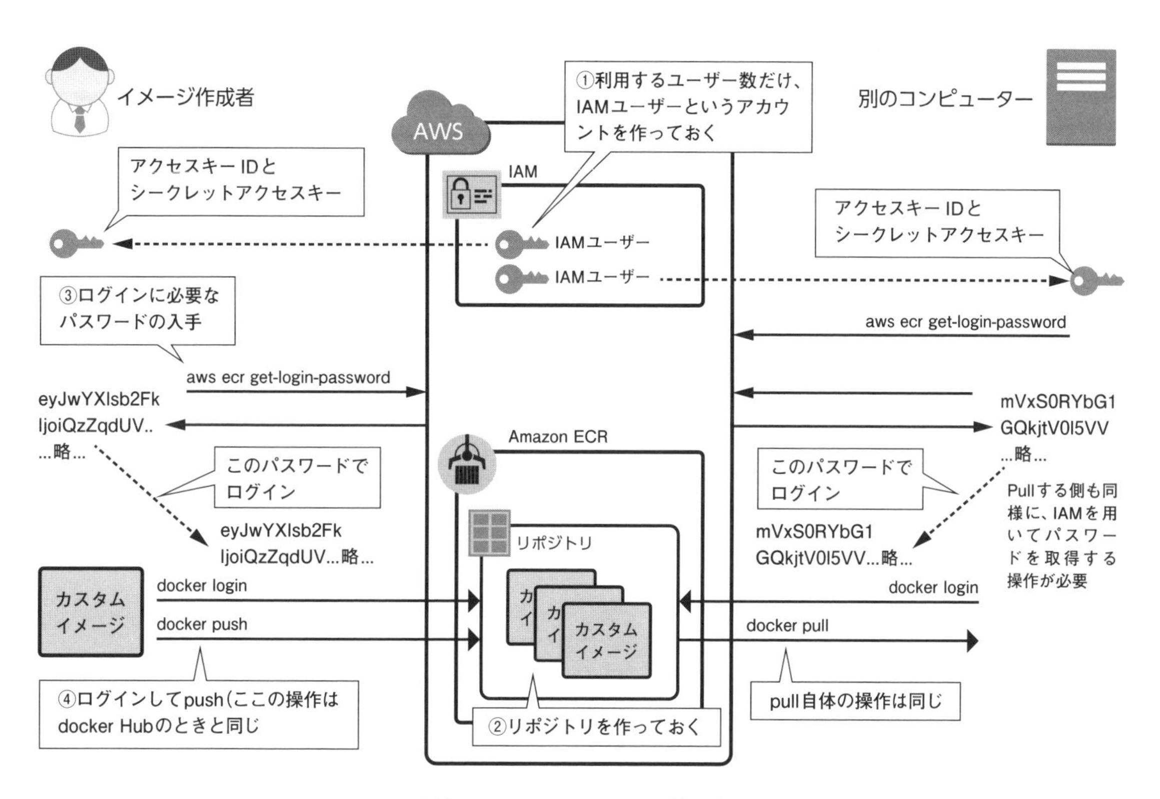


図表8-29　Amazon ECRを使う流れ

話をややこしくしているのが認証です。AWSでは、ユーザー認証に「IAM（Identity and Access Management）」という仕組みを使います。そのため、まず、利用するユーザーの数だけ「IAMユーザー」と呼ばれるユーザーアカウントを作成する必要があります。このIAMユーザーには、Amazon ECRにアクセスできる権限を付与しておきます。作成するIAMユーザーには、コマンドから接続するときの認証情報となる「アクセスキーID」と「シークレットアクセスキー」を発行します。この2つの値が、Amazon ECRにアクセスするときに必要な情報となります。

Amazon ECRにログインするには、Docker Hubのときと同様に、docker loginコマンドを使うのですが、このときのパスワードが必要です。パスワードは安全のために12時間しか有効ではありません。このパスワードを取得するため、awsというコマンドを使って、先の「アクセスキーID」と「シークレットアクセスキー」を提示してAWSにアクセスします。パスワードさえ入手すれば、docker pushでイメージを登録するという部分は、Docker Hubと同じです。こうした認証は、docker pullするときにも必要です。docker pullするユーザーも、同様にIAMユーザーとして登録しておきます。

### コラム IAMユーザーとawsコマンド、アクセスキーIDとシークレットアクセスキー

IAMユーザーとは、AWSを利用するユーザーアカウントのことです。awsコマンドは「AWS CLI」とも呼ばれ、awsに対して、さまざまな操作をするコマンドラインのツール（CLI：Command Line Interface）です。ブラウザで操作するAWSマネジメントコンソールと同じもしくはそれ以上の操作ができます。IAMユーザーには、そのユーザーとしてAWSにアクセスするための「ユーザー名」と「パスワード」に相当する「アクセスキーID」と「シークレットアクセスキー」を発行できます。awsコマンドでは、これらの値を提示してAWSにアクセスします（図表8-30）。

**memo** 「発行できます」と表現しているのは、発行しないこともできますし、複数個発行することもできるためです。

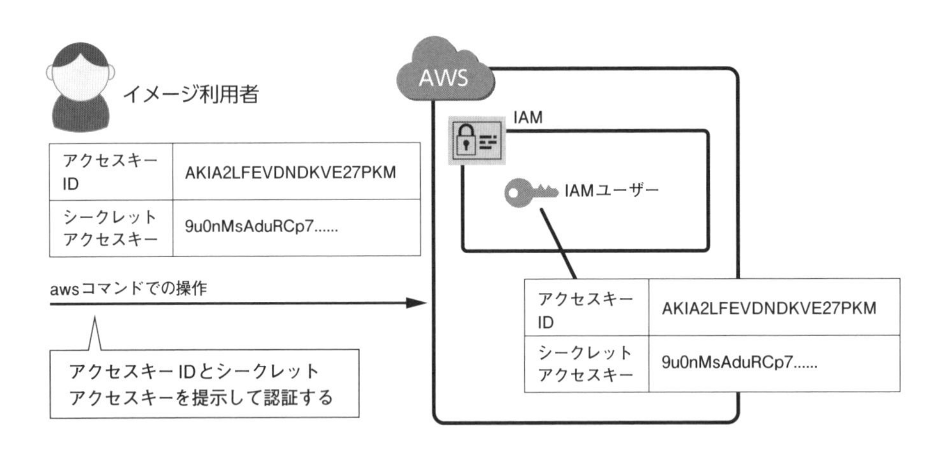


図表8-30　IAMユーザー、アクセスキーID、シークレットアクセスキーの関係

## 8-7-2 IAMユーザーを作る

それでは始めましょう。まずは、Amazon ECRにアクセスするためのユーザーを作成します。

*memo* すでにIAMユーザーを作成している場合は、以下[4]の設定を既存のIAMユーザーに対して操作するとよいでしょう。

## 手順 IAMユーザーを作る

### [1] IAMコンソールを開く

「IAM」を検索して選択することで、IAMコンソールを開きます（図表8-31）。

図表8-31　IAMコンソールを開く

### [2] IAMユーザーの追加を始める

［IAMユーザー］メニューを開き、［ユーザーを追加］ボタンをクリックします（図表8-32）。

図表8-32　IAMユーザーの追加を始める

### [3] ユーザー名とアクセスの種類を設定する

ユーザー名とアクセスの種類を設定します。ユーザー名には、好きな名前を入力してください。ここでは「user01」とします。アクセスの種類では、[プログラムによるアクセス]にチェックを付けて、[次のステップ：アクセス権限]ボタンをクリックしてください（図表8-33）。

**memo** [プログラムによるアクセス]は、コラム「IAMユーザーとawsコマンド、アクセスキーIDとシークレットアクセスキー」（p.298）に記述したように、アクセスキーIDとシークレットアクセスキーを発行して、awsコマンドなどでアクセスできるユーザーのことです。[AWSマネジメントコンソールへのアクセス]は、パスワードを発行して、AWSマネジメントコンソールにアクセスできるユーザーのことです。ここではAWSマネジメントコンソールにアクセスする必要はないので、後者のチェックボックスはオフのままとしますが、オンにしてもかまいません（ただしそうするとパスワードが発行され、そのパスワードでAWSマネジメントコンソールにアクセスできるので、セキュリティに注意してください）。

図表8-33 ユーザー名とアクセスの種類を設定する

### [4] アクセス権限の設定

アクセス権限を設定します。ここではAmazon ECRにアクセスできる権限を設定します。[既存のポリシーを直接アタッチ]をクリックします。ECRで接続するときの権限は、「AmazonEC2ContainerRegistry」という名前が含まれる項目です。「containerreg」などと入力すると絞り込めます。それぞれの意味は、次の通りです。

AmazonEC2ContainerRegistryFullAccess
　Amazon ECRに対して、すべての権限を与える。リポジトリの作成や削除もできる。

AmazonEC2ContainerRegistryPowerUser
　リポジトリに対する、ほぼすべての権限を与える。push操作などができる。

AmazonEC2ContainerRegistryReadOnly
　リポジトリに対するpull操作のみができる。

　ここではリポジトリに対してpushできる「AmazonEC2ContainerRegistryPowerUser」という権限を追加します（**図表8-34**）。

図表8-34　AmazonEC2ContainerRegistryPowerUserを追加する

## コラム　より細かく権限を設定する

　ここでは話を簡単にするために、作成したIAMユーザーに対して AmazonEC2ContainerRegistryPowerUserを設定しています。この場合、Amazon ECRで管理した、どのリポジトリに対してもpushできます。しかしときには、特定のリポジトリだけpushできるようにしたいというように、リポジトリごとに権限を設定したいこともあるでしょう。そのような場合は、リポジトリの権限設定画面から、より細かい設定をすることもできます。詳細については、下記のドキュメントを参考にしてください。

> **【Amazon ECR 管理ポリシー】**
> https://docs.aws.amazon.com/ja_jp/AmazonECR/latest/userguide/ecr_managed_policies.html

### [5] タグの設定

メールアドレスや所属部署など任意の情報を、タグとして設定できます。ここでは何も設定せず、そのまま［次のステップ：確認］をクリックしてください（図表8-35）。

図表8-35 タグの設定

### [6] ユーザーを作成する

［ユーザーの作成］ボタンをクリックして、ユーザーを作成します（図表8-36）。

図表8-36　ユーザーを作成する

## [7]　アクセスキーIDとシークレットアクセスキーを控える

ユーザーが作成されます。「アクセスキーID」と「シークレットアクセスキー」が表示されるので、これらを控えてから［閉じる］ボタンをクリックしてください。そのまま画面に表示されている文字をコピペしてもよいですし、［csvのダウンロード］ボタンでダウンロードしても、どちらでもかまいません。

［シークレットアクセスキー］は「****」と伏せ字で表示されていますが、［表示］リンクをクリックすることで、表示されます。シークレットアクセスキーは、この画面を閉じると再確認できません。忘れてしまったときは、アクセスキーID/シークレットアクセスキーを再発行するしかないので注意してください（**図表8-37**）。

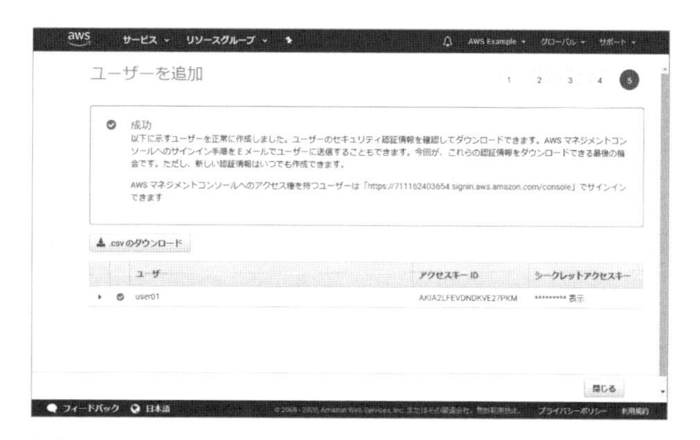


図表8-37　アクセスキーIDとシークレットアクセスキーを控える

### [8] ユーザーが作成された

ユーザーが作成されました（**図表8-38**）。

図表8-38　ユーザーが作成された

### コラム　アクセスキーIDとシークレットアクセスキーを忘れたときは

アクセスキーIDとシークレットアクセスキーを忘れたときは、図表8-38で該当ユーザーをクリックしてユーザーの詳細を表示し、[認証情報] タブにある [アクセスキーの作成] ボタンをクリックして、新たに発行します（**図表8-39**）。シークレットアクセスキーを忘れてしまったアクセスキーIDは、削除しておいたほうがよいでしょう。

図表8-39　アクセスキーIDを発行する

## 8-7-3　Amazon ECRでリポジトリを作る

ユーザーができたら、次に、Amazon ECRでリポジトリを作りましょう。

### 手順　Amazon ECRでリポジトリを作る

#### [1]　Amazon ECRコンソールを開く

「ECR」を検索して［Elastic Container Registry］を選択することで、［Amazon ECR］のコンソールを起動します（**図表8-40**）。

図表8-40 ［Amazon ECR］のコンソールを開く

## [2] リポジトリの作成を始める

［使用方法］をクリックして、リポジトリの作成を始めます（**図表8-41**）。

図表8-41 リポジトリの作成をはじめる

## [3] リポジトリ名を入力して作成する

リポジトリ名を入力し、［リポジトリを作成］をクリックします。ここでは、「myexample_ecr」という名前にしておきます（**図表8-42**）。

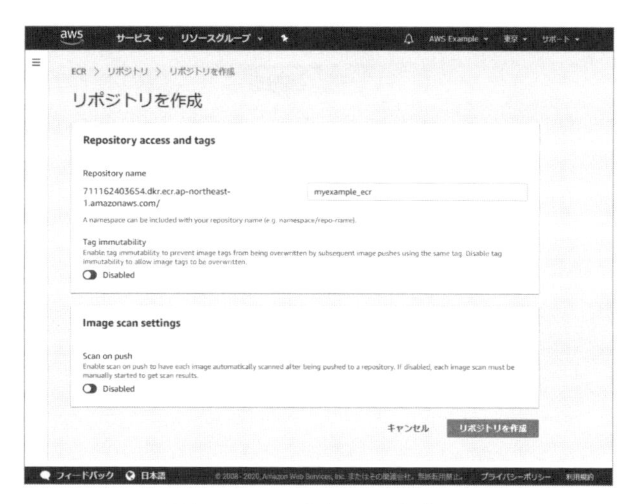


図表8-42　リポジトリを作成する

## [4]　リポジトリのURLを確認する

リポジトリが作られました。ここでリポジトリのURLを確認しておきます。URLは、**図表8-43**の［URI］の欄で確認することができます。ここでコピペしておきましょう。例えば、次のようなURLです。

```
XXXXXXXXXXXX.dkr.ecr.ap-northeast-1.amazonaws.com/myexample_ecr
```

図表8-43　リポジトリが作られた

## [5]　Dockerコマンドを確認する

必須なのは、URLだけですが、のちの行程では、awsコマンドを使ってパスワードを取得するコマンドを入力します。そのコマンドのひな型が見られてコピーできるので、ここでコピーしておきましょう。図表8-43において、リポジトリ（「myexample_ecr」と表示されている部分）をクリックします。すると、

図表8-44の画面が表示されます。ここで右上の［プッシュコマンドの表示］をクリックすると図表8-45のように表示されるので、このコマンドをコピーしておきます。次の4つのコマンドがあります。URLや名称は環境によって違うので、各自、画面に表示されたものを控えておいてください。

（1）認証トークンの取得

docker loginするときに必要なパスワードを入手するコマンドです。

```
aws ecr get-login-password --region ap-northeast-1 | docker login --username AWS --password-stdin
XXXXXXXXXXXX.dkr.ecr.ap-northeast-1.amazonaws.com/myexample_ecr
```

（2）Dockerイメージの構築

docker buildするときのコマンドです。

```
docker build -t myexample_ecr .
```

（3）イメージ名をリポジトリ名に合わせる

docker pushする前に、イメージ名をリポジトリが期待する名前と合わせるためのコマンドです。

```
docker tag myexample_ecr:latest XXXXXXXXXXXX.dkr.ecr.ap-northeast-1.amazonaws.com/myexample_ecr:latest
```

（4）docker pushのコマンド

docker pushするときのコマンドです。pushするURLなどを引数として渡します。

```
docker push XXXXXXXXXXXX.dkr.ecr.ap-northeast-1.amazonaws.com/myexample_ecr:latest
```

図表8-44　リポジトリの詳細画面

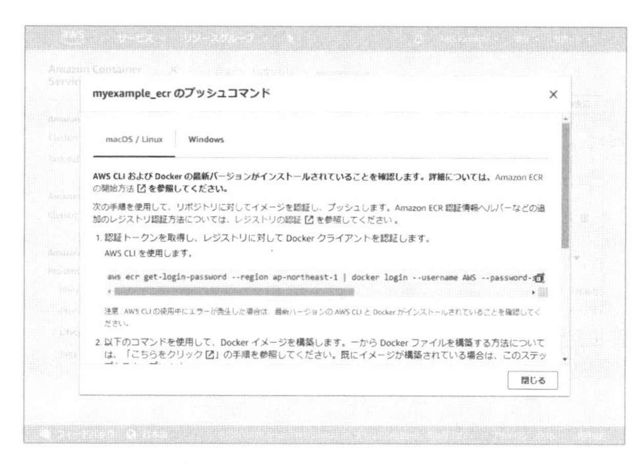


図表8-45　プッシュコマンドの確認

## 8-7-4　awsコマンド周りを整備する

これで準備が整いました。それでは作成したリポジトリを使っていきましょう。Amazon ECRにアクセスするにはdocker loginするのですが、その際に提示するパスワードを取得するため、awsコマンドが必要です。そこで事前に、EC2インスタンスにawsコマンドをインストールし、アクセスする際のアカウントなどを設定しておきます。

### awsコマンドをインストールする

まずは、awsコマンドをインストールします。awsコマンドには、バージョン1系とバージョン2系があり、一部、コマンドの互換性がありません。ここではバージョン2系を使います。awsコマンドのインストールについての詳細は、下記の「AWS CLIのインストール」ドキュメントを参照してください。インストールするときに入力すべきコマンドについては、下記の「Linux での AWS CLI バージョン 2 のインストール」に記載されているので、そちらのドキュメントのコマンドをコピペするのが簡単です。

**【AWS CLI のインストール】**
https://docs.aws.amazon.com/ja_jp/cli/latest/userguide/cli-chap-install.html

**【Linux での AWS CLI バージョン 2 のインストール】**
https://docs.aws.amazon.com/ja_jp/cli/latest/userguide/install-cliv2-linux.html

### 手順 awsコマンドをインストールする

#### [1] unzipコマンドをインストールする

インストールには、unzipコマンドが必要です。事前にインストールしておきます。

```
$ sudo apt install -y unzip
```

### コラム unzipがインストールできない

環境によっては、下記のエラーが表示されて、unzipをインストールできないことがあります。

```
You might want to run 'apt --fix-broken install' to correct these.
The following packages have unmet dependencies:
 linux-headers-aws : Depends: linux-headers-5.3.0-1017-aws but it is not going to be installed
E: Unmet dependencies. Try 'apt --fix-broken install' with no packages (or specify a solution).
```

この場合は、エラーメッセージにもあるように、「--fix-broken」というオプションを使い、次のコマンドを試してみてください。

```
$ sudo apt --fix-broken install -y
```

画面に次のように表示されたら、デフォルトのまま［Enter］キーを押します（**図表8-46**）。

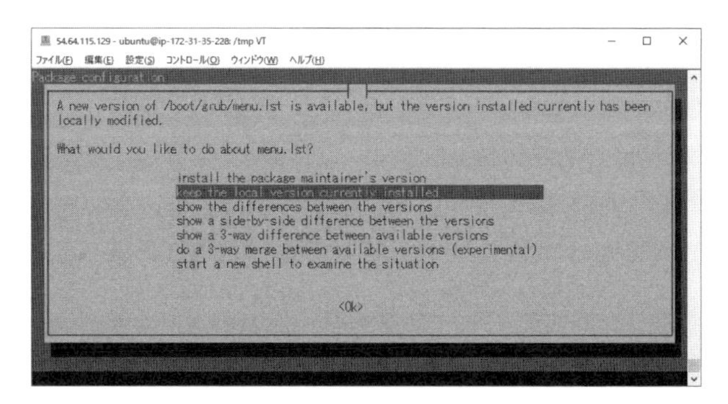


図表8-46　警告が表示されたとき

それから改めて、unzipをインストールしてください。

```
$ sudo apt install -y unzip
```

## ［2］　awsコマンドをダウンロードする

次のように入力して、awsコマンドをダウンロードします。

```
$ curl "https://awscli.amazonaws.com/awscli-exe-linux-x86_64.zip" -o "awscliv2.zip"
```

## ［3］　展開する

awscliv2.zipファイルができるので、次のように展開します。

```
$ unzip awscliv2.zip
```

## ［4］　インストールコマンドを実行する

下記のように入力してインストールします。/usr/local/aws-cliにインストールされます。

```
$ sudo ./aws/install
You can now run: /usr/local/bin/aws --version
```

### [5] インストールされたことを確認する

次のように入力して、インストールされたことを確認します。エラーが発生せず、バージョン番号が表示されればインストールされています（バージョンは、異なることがあります）。

```
$ aws --version
aws-cli/2.0.10 Python/3.7.3 Linux/4.15.0-1065-aws botocore/2.0.0dev14
```

### [6] インストールに使ったディレクトリやファイルを削除する

インストールに使ったディレクトリやファイルを削除しておきます。

```
$ rm -rf aws awscliv2.zip
```

## awsコマンドに認証情報を設定しておく

awsコマンドでは、IAMユーザーに対して発行した「アクセスキーID」と「シークレットアクセスキー」を用いてawsにアクセスします（これらの2つのキーについては、「8-7-2 IAMユーザーを作る」（p.298）を参照）。そこでまずは、awsコマンドの環境設定をして、これらのキーを使うように設定します。

> ***memo*** アクセスキーIDやシークレットアクセスキーが変わったときは、もう一度、aws configureを実行してください。なお設定した情報は、~/.awsディレクトリに保存されます。記憶したアクセスキーIDやシークレットアクセスキーを削除したいときは、~/.aws/credentialsファイルを削除してください。

## 手順 awsコマンドに認証情報を設定する

### [1] awsコマンドの環境設定を始める

次のように、aws configureを実行します。

```
$ aws configure
```

### [2] アクセスキーIDを設定する

次のように尋ねられたら、アクセスキーIDを入力します。

```
AWS Access Key ID [None]:
```

### [3] シークレットアクセスキーを設定する

次のように尋ねられたら、シークレットアクセスキーを入力します。

```
AWS Secret Access Key [None]:
```

### [4] リージョン名を設定する

既定のリージョン名を設定します。例えば「ap-northeast-1」などを入力すると、東京リージョンを既定にするなどの設定ができますが、本書では、特に意識しないので未入力とし、そのまま［Enter］キーを押してください。

```
Default region name [None]:
```

### [5] 出力フォーマットを設定する

続いて、出力フォーマットを設定します。テキスト形式かJSON形式かなどを選べるのですが、本書では、特に意識しないので未入力とし、そのまま［Enter］キーを押してください。

```
Default output format [None]:
```

## 動作確認する

以上で設定完了です。このユーザーで、Amazon ECRが利用できるかどうかを確認します。次のように入力して、Amazon ECRに接続するためのパスワードが表示されれば、疎通確認できています（パスワードの値は、都度、変わります）。

**memo** ここで表示されるパスワードは、本当にログインできるパスワードなので、漏洩しないように注意してください。本書ではバージョン2系のawsコマンドを使っています。本書の手順通りではなく、古いバージョン1系のawsコマンドは、「get-login-password」に対応していないものもあります。そのようなときは、awsコマンドをアップデートしてください。

```
$ aws ecr get-login-password
eyJwYXlsb2FkIjoiQzZqdUV・・・略・・・
```

もし次のように表示されたときは、IAMユーザーの権限が間違っています。再確認してください。

```
An error occurred (AccessDeniedException) when calling the GetAuthorizationToken operation: User:
arn:aws:iam::XXXXXXXXXXXX:user/user01 is not authorized to perform: ecr:GetAuthorizationToken on
resource: *
```

## 8-7-5 プライベートなリポジトリに登録する

準備ができたので、イメージを作ってpushしてみましょう。ここでは、「8-4 Dockerfileからイメージを作る」で作成したmyphpimageイメージを使います。ただしこのとき、Docker Hubの場合と同様に、イメージ名とリポジトリ名は、合致させておく必要があります。

### 手順 プライベートなリポジトリに登録する

#### [1] リポジトリにログインする

まずはリポジトリにログインします。docker loginするわけですが、すでに説明したように、awsコマンドを使ってパスワードを取得し、そのパスワードをdocker loginに渡します。このコマンドは、先に、「プッシュコマンドの確認」（図表8-45（p.309））で確認済みです。そのままコピペします。

```
$ aws ecr get-login-password --region ap-northeast-1 | docker login --username AWS --password-stdin
XXXXXXXXXXXX.dkr.ecr.ap-northeast-1.amazonaws.com/myexample_ecr
```

次のように表示され、ログインできるはずです。

**memo** 下記のワーニングに示されていますが、取得したパスワードは、~/.docker/config.jsonに書き込まれて保存されます。

```
WARNING! Your password will be stored unencrypted in /home/ubuntu/.docker/config.json.
Configure a credential helper to remove this warning. See
https://docs.docker.com/engine/reference/commandline/login/#credentials-store

Login Succeeded
```

#### [2] ビルドする

もしまだビルドしていなければ、図表8-45で提示されているコマンドに従ってビルドします。ここでは「8-4　Dockerfileからイメージを作る」で作ったphpimageを用い、「myexample_ecr」という名前でビルドします。

```
$ cd ~/phpimage
$ docker build -t myexample_ecr .
```

### [3]　タグ付けする

Amazon ECRが要求するタグを付けます。すでに控えておいたコマンドを入力します。

```
$ docker tag myexample_ecr:latest XXXXXXXXXXXX.dkr.ecr.ap-northeast-1.amazonaws.com/myexample_ecr:latest
```

### [4]　プッシュする

次のようにしてプッシュします。これも、すでに控えておいたコマンドを入力するだけです（といっても、末尾にpush先のレジストリ（これはAmazon ECRです）のURLを指定するだけです）。

```
$ docker push XXXXXXXXXXXX.dkr.ecr.ap-northeast-1.amazonaws.com/myexample_ecr:latest
```

次のように表示され、プッシュ完了するはずです。「66e2･･･」などはイメージIDなので、環境によって異なります。

> ***memo***　権限のエラーが表示されるときは、IAMユーザーの権限設定を再確認してください。

```
The push refers to repository [XXXXXXXXXXXX.dkr.ecr.ap-northeast-1.amazonaws.com/myexample_ecr]
66e22d15b807: Pushed
dc62413d9f53: Pushed
e40d297cf5f8: Pushed
latest: digest: sha256:a46c30e48e6d7906587b3d1cc61438f8908b6e77f9594ffb58b93648e7663f30 size: 948
```

### [5]　登録された内容を確認する

Amazon ECRコンソールで、該当のリポジトリをクリックして詳細画面を表示します。「latest」として登録されていることがわかります（図表8-47）。

> ***memo***　もしこのイメージが必要なくなったときは、イメージにチェックを付けて［削除］ボタンをクリックします。

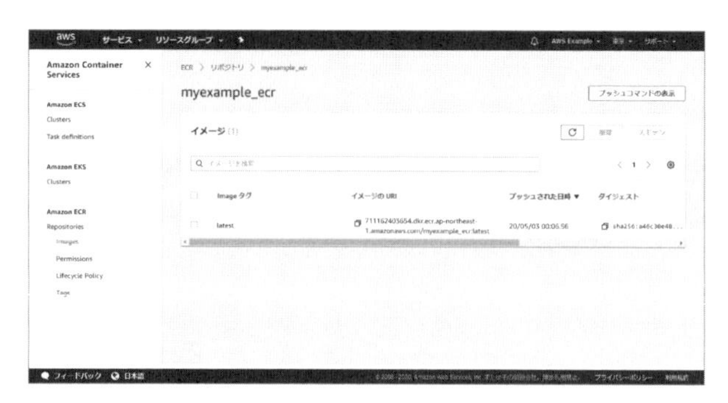

図表8-47　Amazon ECRに登録された

## 8-7-6 プライベートなリポジトリに登録したイメージを使う

これで登録完了です。次に、リポジトリの使い方を説明します。といっても、Docker Hubを使ったときと同様に、ログインしてからdocker pullするだけです。

(1) ログインする

ログインの方法は、イメージを登録するときと同じです。控えておいたコマンドをコピペします。

```
$ aws ecr get-login-password --region ap-northeast-1 | docker login --username AWS --password-stdin
XXXXXXXXXXXX.dkr.ecr.ap-northeast-1.amazonaws.com/myexample_ecr
```

(2)pullする

pullする際には、末尾にAmazon ECRのURLを追加します。

```
docker pull XXXXXXXXXXXX.dkr.ecr.ap-northeast-1.amazonaws.com/myexample_ecr:latest
```

Docker Hubを使う場合と違って、「イメージ名やURLが複雑」「事前にawsコマンドを使って取得したパスワードを使ってログインしなければならない」という点以外、大きく異なる点はありません。

# 8-8 まとめ

この章では、既存のイメージを改良して、カスタムなイメージを作る方法を説明しました。

(1)docker commitとdocker build

カスタムなイメージを作る方法は2つ。コンテナをイメージ化するdocker commitと、Dockerfileに記述した通りにイメージを作るdocker buildです。配布を目的とした場合は、後者が望まれます。

(2)docker saveとdocker load

docker saveを使うと、イメージをtar形式のファイルに変換して、バックアップしたり、他のコンピューターに持っていったりできます。tar形式のファイルからイメージに戻すには、docker loadを使います。

(3) リポジトリへの登録

イメージはリポジトリに登録できます。まずは、そのレジストリのアカウントを取得し、リポジトリを作成します。docker tagでリポジトリ名と同じ名前でタグ付けします。それからdocker loginして、docker pushすると登録できます。

コンテナは、コマンド1つで起動して、手間がかからないようにするのが理想です。そうした理想を目指すために、この章で説明した、イメージをカスタマイズする方法を活用しましょう。この章で、Dockerの使い方は終わりです。次の章では、Dockerの運用について説明します。

# 09

第9章

# Kubernetesを用いたコンテナ運用

コンテナを本番サーバーで使うときは、さまざまな運用上の工夫が必要です。例えば、障害が生じても止まらないようにするための冗長性、負荷が高まっても耐えられるようにするスケーラビリティ、データを失わないためのバックアップ、そして、システム更新時の入れ替えなどです。こうした運用を手助けするのが「Kubernetes」です。この章では、Kubernetesの概念と注意点、そして、基本的な使い方を説明します。

# 9-1 コンテナの本番運用のポイント

コンテナの本番運用は、開発の時と考え方が大きく異なります。使いやすさよりも、堅牢性が第一に求められるからです。

## 9-1-1 冗長性とスケーラビリティのためのロードバランサー

コンテナに限ったことではありませんが、本番運用では、冗長性とスケーラビリティが求められます。目的は異なりますが、どちらも、仕組みとして、同じ構成のサーバーを複数台配置して処理を分散することで実現します。

冗長性

複数のサーバーのうち、何台かが故障しても、残りのサーバーで処理できるようにします。

スケーラビリティ

負荷が高くなったときは、サーバーの台数を増やすことで、より高負荷に耐えられるようにします。

こうした分散のためには、ロードバランサー（Load Balancer。負荷分散装置）をサーバーの前に設置して、処理を振り分けるように構成します。コンテナの運用であれば、それぞれのサーバーに、いくつかのコンテナを動かし、それらに対して負荷分散するような構成になるでしょう（**図表9-1**）。

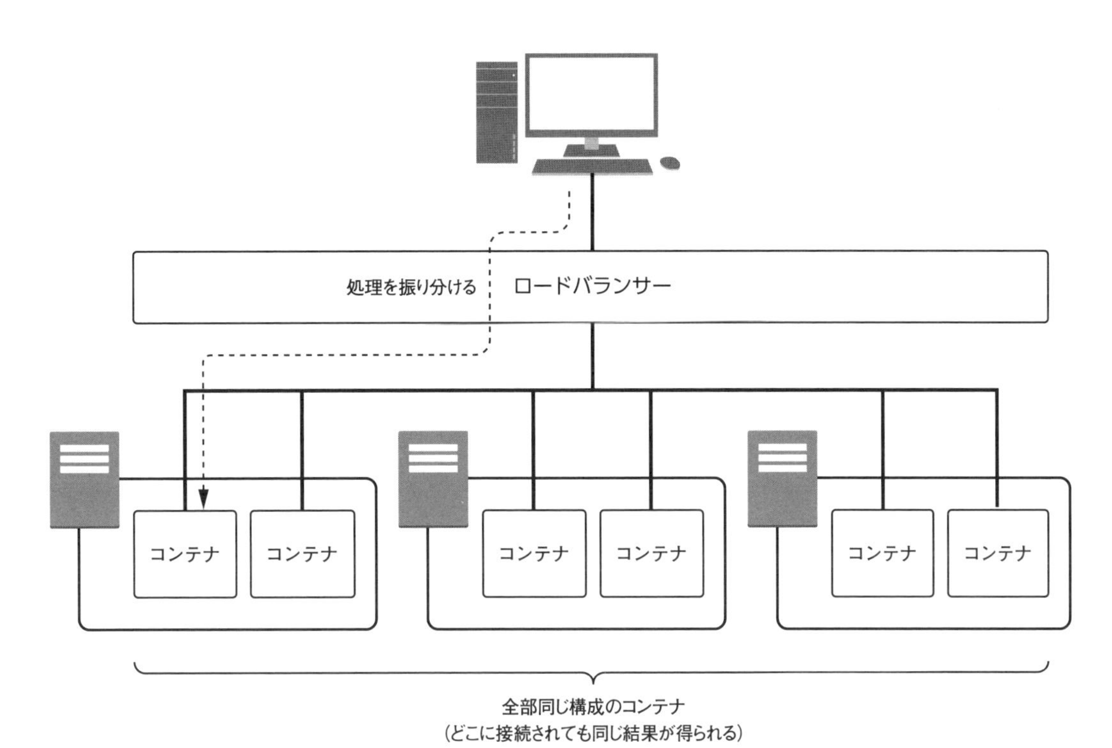


図表9-1　冗長性とスケーラビリティのためにロードバランサーで処理を振り分ける

## 9-1-2　全体を統括するオーケストレーションツール

こうした冗長性やスケーラビリティを実現するには、多数のサーバーやコンテナを管理しなければなりません。管理者が、サーバーやコンテナの状態を1つひとつ監視して、都度、手作業でサーバー構築やコンテナ構築をしていたのではたいへんです。そこで必要となるのが、オーケストレーションツールです。オーケストレーションツールは、システム全体を統括管理するツールです。管理者が、全体を管理するサーバーに対して指示を出すと、その通りにサーバーやコンテナ、ネットワークなどが構成されて、システム全体が自動構成されます。

例えば、コンテナ技術に対応するオーケストレーションツールでは、全体の状態を監視し、もしどこかのコンテナが応答を返さなくなった場合は、そのコンテナを破棄し、別の新しいコンテナを作ることで復旧を試みます。そうすることで、一部のコンテナに不具合が起きたとしても、システム全体としては、何ごともなかったかのように動かせます。同様に、負荷を監視し、負荷が高まってきたときは、自動的にコンテナの数を増やすことで、負荷が高まらないようにします（**図表9-2**）。

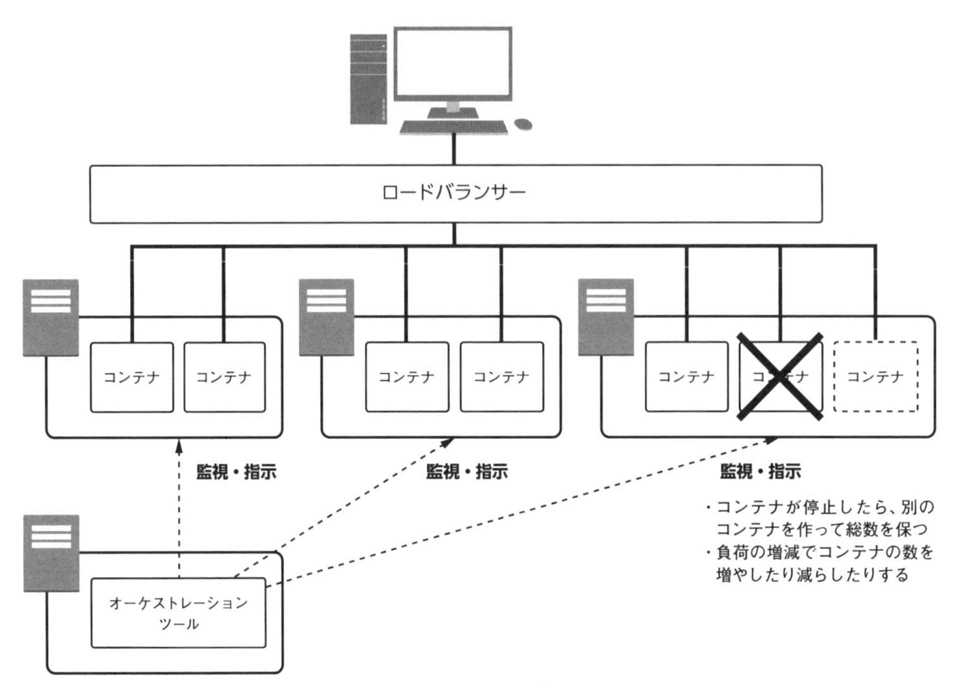


図表9-2　オーケストレーションツールでシステム全体を調整する

## 9-1-3 プログラムとデータの分離

すでに前章までで見てきたように、コンテナはイメージから作るので、図表9-2に示したように、同一構成のコンテナを増減するのは簡単です。イメージがリポジトリで管理されているなら、新しいコンテナを作るのに、docker runするだけです。

> ***memo*** docker runで済むというのは実は大きなポイントです。第8章で説明したカスタムイメージが活きてきます。コンテナを作ったあとに調整を加えないといけない場合は、docker run後の処理が必要ですから、構成が複雑になってきます。

図表9-2に示した仕組みでは、コンテナの総数は必要数に保たれますが、実際には、なくなったり新しく作られたりしている点に注意してください。コンテナの中に、データを保持するような仕組みはNGです。コンテナが障害を起こしてなくなれば、そのコンテナの中のデータも失われてしまうからです。バインドマウントやボリュームマウントを使って、コンテナの外にデータを出す必要がありますが、バインドマウントやボリュームマウントだけでは、次の2つの場面が解決しません。これらの解決には、サーバー間で共有できるストレージが必要です。

***memo*** AWSでこうした共有ストレージを作るには、AWSのストレージサービスであるS3やEBSを使うことができます。

(1) 別のサーバーにコンテナが移動する場合

コンテナではなくサーバー自体が不具合を起こした場合、やむなく正常稼働している別のサーバーでコンテナを動かすことになるでしょう。つまり、コンテナの移動が必要になります。もしコンテナが利用しているデータが、サーバーの中にあるのなら、そのデータが失われてしまいます。こうしたコンテナの移動においてもデータを失わないようにするなら、ネットワークストレージなどの共有ストレージを使うように構成する必要があります（図表9-3）。

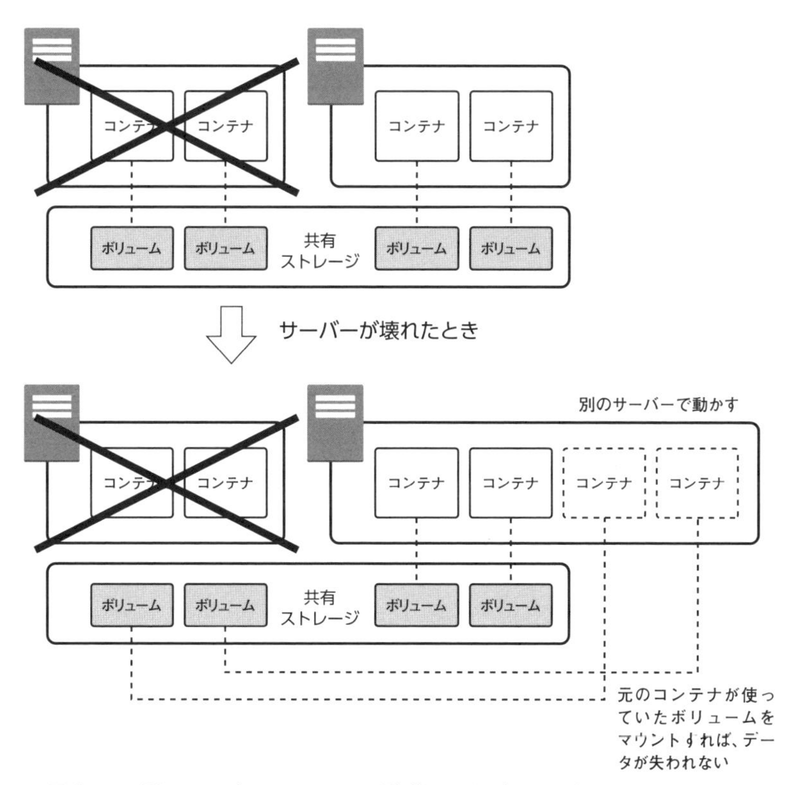


図表9-3　別のサーバーにコンテナが移動してもデータが失われないようにする

(2) サーバー間でデータを共有する場合

これはコンテナに限った話ではありませんが、ユーザーは、ロードバランサーによってどのコンテナに接続されても、同じデータが見えなくてはなりません。例えばブログのようなシステムで、あるコンテナからデータをアップロードしたとき、そのアップロード先が、そのサーバー内のストレージである場合、ロードバランサーによって、別のコンテナに分配されたときは、そのアップロードしたコンテンツを見ることができないでしょう。こうしたことがないようにするには、ファイルのアップロード先などは、共通のネットワークストレージにマウントする必要があります（**図表9-4**）。

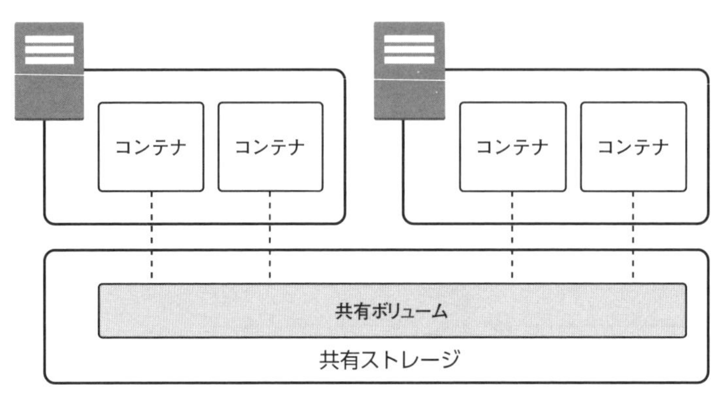


コンテンツのアップロードなどは、同じ場所に保存するようにし、どのコンテナからでも同じ内容が見られるようにする。

図表9-4　共通のネットホークストレージにマウントする

*memo* 図表9-3や図表9-4では、共有ストレージが単一障害点となっている点に注意してください。共有ストレージが壊れると、システム全体が動かなくなります。

# 9-2 コンテナのオーケストレーションツール「Kubernetes」

このように複数台のサーバーでコンテナを運用するのは、とてもたいへんです。そこで、なにかしらのオーケストレーションツールが必要になってきます。コンテナ技術に対応したオーケストレーションツールには、いくつかの種類がありますが、Dockerコンテナのオーケストレーションツールとして幅広く使われているのが、「Kubernetes」です。Kubernetesは、単語が長く綴りが覚えにくいことから、略して「k8s」（8は、uberneteという8文字があるという意味）と表記されることもあります。

## 9-2-1 Kubernetesとは

Kubernetesは、コンテナ技術を中心に、それらをつなぐネットワークやストレージなど、複数台のサーバーにまたがってコンテナを動かすのに必要となるプラットフォームを提供します。元々はGoogleが開発したシステムでしたが、オープンソース化され、現在は、Cloud Native Computing Foundationがメンテナンスしています。Kubernetesはプラグイン型のソフトウエアで、さまざまなツールと連携して動きます。特定のコンテナ技術を対象にしたものではありませんが、もっぱらDockerコンテナの管理に使われています。

## 9-2-2 Kubernetesの構成

Kubernetesは、複数台のサーバー群で構成されます。Kubernetesシステムを構成するサーバー群のことを「Kubernetesクラスター」(もしくは略して単純に「クラスター」)と言います。クラスターを構成するサーバー群は、その用途により、「マスターノード」と「ワーカーノード」の2種類に分かれます(図表9-5)。

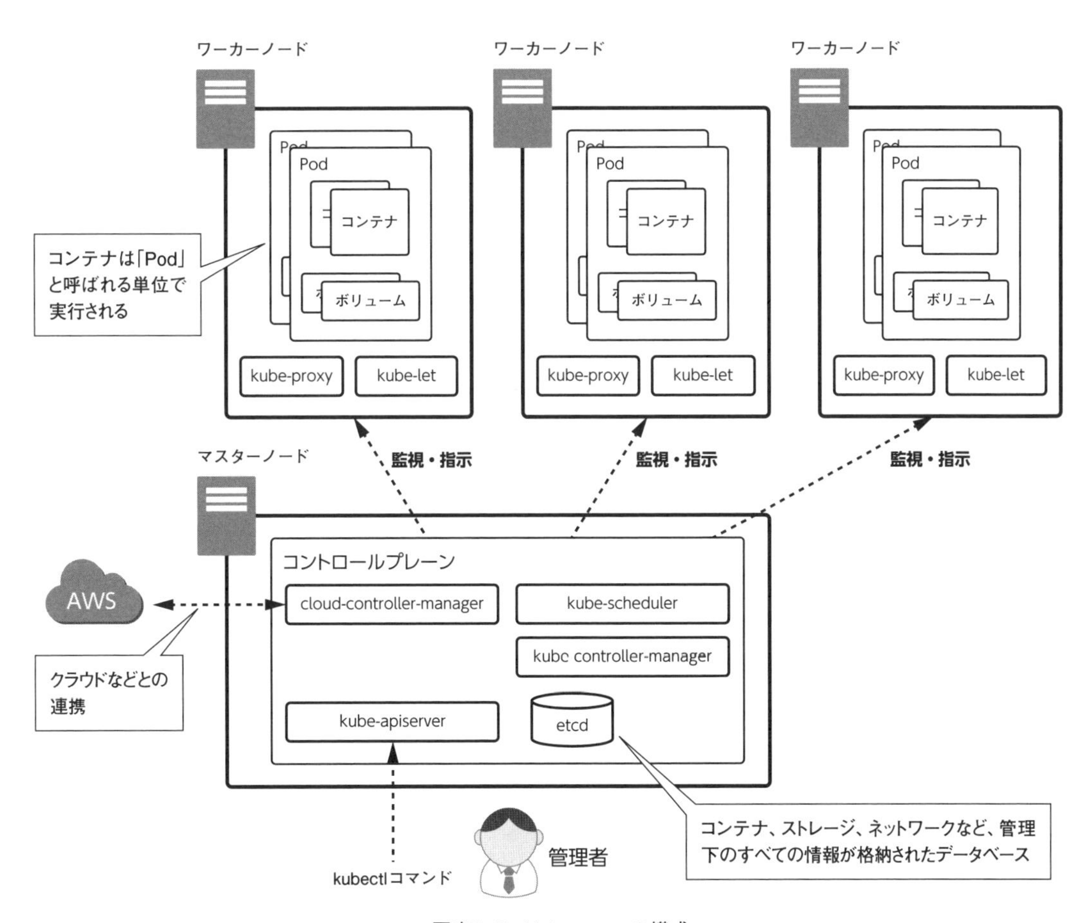


図表9-5　Kubernetesの構成

### マスターノード

Kubernetesクラスター全体を統括管理するための「コントロールプレーン」と呼ばれるシステムをインストールしたサーバー群です。管理者は、このマスターノードに対して指示を出します。コントロールプレーンには、次の5つのコンポーネントが含まれています。これらが連携して、Kubernetesクラスターを統括管理します。

kube-apiserver

外部とやり取りするプロセスです。すぐあとに説明するように、管理者は、Kubernetesの管理に「kubectl」というコマンドを使うのですが、その指示の出す先が、このkube-apiserverです。

etcd

Kubernetesクラスターの情報を全管理するデータベースです。

kube-controller-manager

一連のKubernetesオブジェクトを処理する「コントローラ」と呼ばれるコンポーネントを統括管理・実行する部分です。

kube-scheduler

Pod（コンテナが格納された最小実行単位のこと）を、ワーカーノードへと割り当てる処理をします。

cloud-controller-manager

Kubernetesを運用するクラウドサービス（AWS、Azure、GCPなど）と連携して、クラウドサービス上で必要となるモノ（サービス）を作る仕組みです。例えばネットワークのルーティングやロードバランサー、ストレージとなるボリュームの構成などの処理が、この部分で動いています。

### ワーカーノード

ネットワークやストレージなどを構成し、実際にコンテナを動かすサーバー群です。ワーカーノード内では、コンテナやネットワーク、ストレージを「Pod（ポッド）」と呼ばれる単位で管理します（詳しくは後述）。

ワーカーノードはマスターノードからのみ制御されます。管理者がワーカーノードに対して、直接、何か操作できることはありません。ワーカーノードには、次の2つのコンポーネントが含まれます。

kube-let

マスターノード側のkube-schedulerと連携して、ワーカーノード上にPodを配置し、（Podに含まれているコンテナを）実行します。実行中のPod（コンテナなど）に異常がないかなどの状態を定期的に監視し、kube-schedulerへの通知もします。

kube-proxy

ネットワーク通信をルーティングする仕組みです。

## 9-2-3 Kubernetesの運用はクラウドに任せる

このようにKubernetesは、マスターノードとワーカーノードで構成されます。マスターノードにはコントロールプレーンを構成するプログラム（デーモン）をインストールし、ワーカーノードには、kube-letやkube-proxyなどのコンポーネントをインストールして、互いに通信できるようにします。多くの場合、冗長性を考えマスターノードは複数台で構成します。マスターノードは頭脳ですから、ここが壊れると、Kubernetesクラスター全体が動かなくなってしまうからです。そしてワーカーノードも、冗長性ならびに負荷分散を目的として、複数台で構成します。ですから管理すべきサーバーの数は、相当数に上ります。Kubernetesクラスターは、複雑なシステムとなりうるわけです。こうした複雑なシステムの安全・安定した管理は、困難です。

こうした理由から、Kubernetesクラスターを構成するサーバー群を自分で用意して運用することは、オンプレミスでのサーバー運用経験が、相当なければ現実的ではありません。そこで多くの場合、自分で作るのではなく、AWSやAzure、GCPなどで提供されているKubernetesのマネージドサービスを使います（図表9-6）。

***memo*** マネージド（managed）サービスとは、管理されたサービスという意味です。機器の故障やアップグレード、セキュリティパッチの適用など、各種運用・保守をクラウド側が担当してくれるサービスのことです。

| クラウドサービス名 | Kubernetes サービス名 |
|---|---|
| AWS | Amazon EKS（Amazon Elastic Kubernetes Service） |
| Azure | AKS（Azure Kubernetes Service） |
| GCP（Google Cloud Platform） | GKE（Google Container Engine） |

図表9-6　主なクラウドサービスのKubernetesサービス

Kubernetesのマネージドサービスを使えば、そのマネージドサービス上に、必要な数のワーカーノードを持ったKubernetesクラスターを構成できます。一般的な運用では、そのKubernetesクラスター上のマスターノードに対して、kubectlコマンドで指示を出すだけになります（**図表9-7**）。

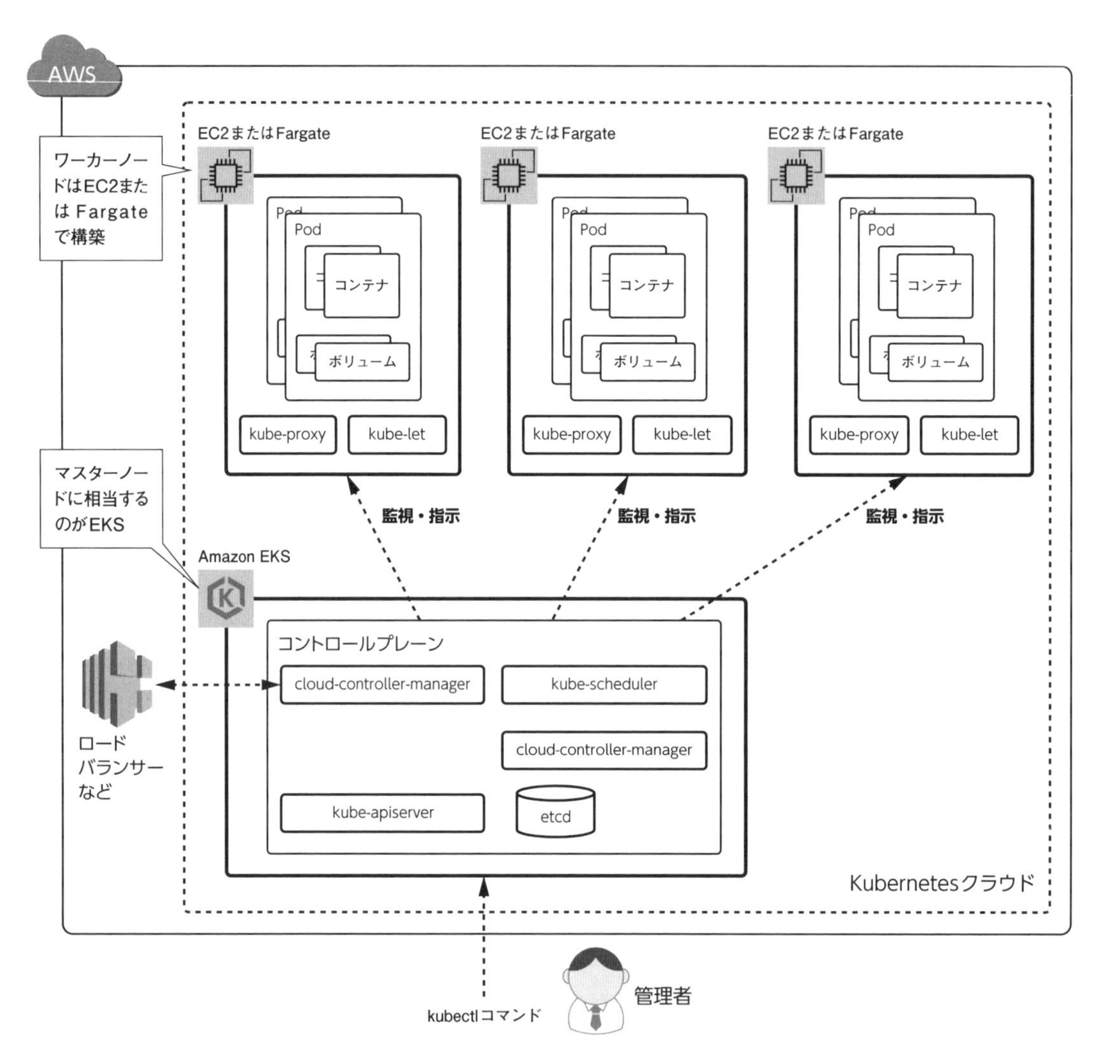


図表9-7　Kubernetesの運用はクラウドに任せる

Kubernetesは標準的なシステムです。いくつかの拡張機能の違いがありますが、どんなクラウドで運用されていようとも（また、オンプレミスで作成していようとも）、kubectlで操作する点は同じです。ですから、どんな環境でKubernetesを学んだとしても、その知識は、さまざまなKubernetesクラウドで使えます。

**memo** 環境による違いとして、物理的に何で構成するかという点があります。Kubernetesでは、ロードバランサーや永続的なストレージを構成できますが、これらは、AWS・Azure・GCPなどの、それぞれのクラウドサービスの実際の構成要素に置き換えて動きます。例えばロードバランサーとして、AWSはELB（Elastic Load Balancing）を使いますが、AzureではAzure Load Balancer を使うといった具合です。そのため機能の違いによって、一部、完全に再現できなかったり、機能に制限があったりするケースもあります。

### 9-2-4 勉強に最適なMinikube

本番運用では、Amazon EKSなどのクラウドサービスで提供されるKubernetesシステムを使うことになるでしょう。しかし実際に調べてみるとわかりますが、Kubernetesサービスはエンタープライズ向けの意味合いが強く、それなりにコストがかかります。例えばAmazon EKSの場合、ワーカーノードは仮想サーバーとして構成されるため、EKSの基本料金に加えて「仮想サーバーの料金×台数」がコストとしてかかります。本書で実験的に使うにしては負担が重いです。

そこでこれからKubernetesを学習する人にお勧めしたいのが、Minikubeです。Minikubeは、1台のサーバーにマスターノードもワーカーノードも含めた、ミニマムなKubernetesクラウド環境を作れる、Kubernetesプロジェクトによって提供されているソフトウエアです。いくつかの制限がありますが、Kubernetesを体験するのに最適です。そこで本書では、Minikubeを使ってさまざまな操作を習得し、最後にAmazon EKSを体験するという流れで進めていきます。

### 9-2-5 Kubernetesを学ぶに当たって

Kubernetesは、とても巨大なシステムです。その理解には、全部をコントロールしようとせず、「自分が何をしなければならないのか。自分は何をしなくてよいのか」を切り分けることが大事です。本書では、Kubernetesシステムを運用する（つまり、マスターノードやリーカーノードを自分で構築する）のは諦め、Amazon EKSやMinikubeに任せることにします。これから私たちが理解しなければならないことを、下記にまとめます。

(1)Kubernetesの構成と仕組み

まずKubernetesでは何が行われており、Kubernetesクラスター内のコンテナやストレージ、ネットワークなどの要素が、どのように管理されているのかを知らなければなりません。本書では、これらの事項を、「9-3　Kubernetesオブジェクトと望ましい状態」「9-4　代表的なKubernetesオブジェクト」で説明します。

(2)Kubernetesの操作

次に知らなければならないのは、実際にKubernetesを操作する方法です。Kubernetesクラスターを作る方法から始まり、kubectlというKubernetesを操作するコマンドの使い方です。本書では、これらの事項について、「9-5　Minikube環境を準備する」以降で説明します。

繰り返しになりますが、Kubernetesは大きなシステムであり、この章で、そのすべてを説明することはできません。本書で説明できるのは、概念や考え方、システム構築上の注意点など、基本的な事柄に限られます。実際の本格的な運用については、運用ノウハウが詰まった、Kubernetesに関する書物（汎用的なKubernetesに限った話だけでなく、Amazon EKSなど運用するKubernetesサービスに特化した情報についても）を参照してください。

# 9-3 Kubernetesオブジェクトと望ましい状態

Kubernetesを習得するにあたって、まず理解したいことは、Kubernetesは自律的なシステムであり、「コンテナを作る」「ネットワークを作る」などと、1つずつ命令するような使い方を想定していないということです。Kubernetesでは、Kubernetesクラスター全体の状態をetcdというデータベースで管理しており、そのデータベースの状態を変更することで、構成を変更するというやり方をします。

## 9-3-1 Kubernetesオブジェクト

Kubernetesでは、コンテナやネットワーク、ストレージなどの構成要素をリソース（Resource）と呼び、それぞれを「Kubernetesオブジェクト」として表現します。こうしたオブジェクトには、さまざまな属性があります。例えば、コンテナを表現するオブジェクトであれば、コンテナの元となるイメージや利用するストレージなどがあります。ネットワークであれば、利用するIPアドレス範囲の設定などがあります。

こうしたオブジェクトは、マスターノードのetcdに格納されています。例えばコンテナを作りたいときは、そのコンテナに相当するオブジェクト（実際は後述するようにコンテナではなくPodというオブジェクトです）として表現し、それをkube-apiserverに投げると、Kubernetesクラウド上にコンテナができるという仕組みになっています。

## 9-3-2 望ましい状態に合うように調整される

Kubernetesが管理する、コンテナやネットワーク、ストレージなどのすべての要素はetcdにあり、そこには管理者が設定した状態が格納されています。管理者が設定した状態のことを「望ましい状態（desired state）」と言います。Kubernetesは、実際のコンテナやネットワーク、ストレージなどの状態を監視していて、望ましい状態と合わないときは、合うように調整してくれます。例えば、「望ましい状態」としてコンテナに相当するオブジェクト（実際はPod。以下同じ）があるけれども、Kubernetesクラスター上には、そのコンテナが存在しない場合、Kubernetesはそのコンテナを作ります。

このように「望ましい状態」と「現在の状態」とを比較して、望ましい状態に合うように調整するのが、Kubernetesの基本的な動作です。言い換えると、ワーカーノード上で動いているコンテナやネットワーク、ストレージに対して、管理者が、何か直接、手を下すことはできないということです。私たち管理者ができることは、kube-apiserverに対して指示を出して、それをetcdに対して「望ましい状態」として格納してもらうことだけです。

例えば、コンテナを削除したいときは、ワーカーノード上のコンテナを削除するのではなく、コンテナに相当するオブジェクトをetcdから削除する操作をします。仮に、ワーカーノード上のコンテナを強制削除する場合、etcdに残っていれば、しばらくすると、ゾンビのように、そのコンテナは復活します。Kubernetesクラスターにおいては、etcdの「望ましい状態」が、いつも正しいのです（図表9-8）。

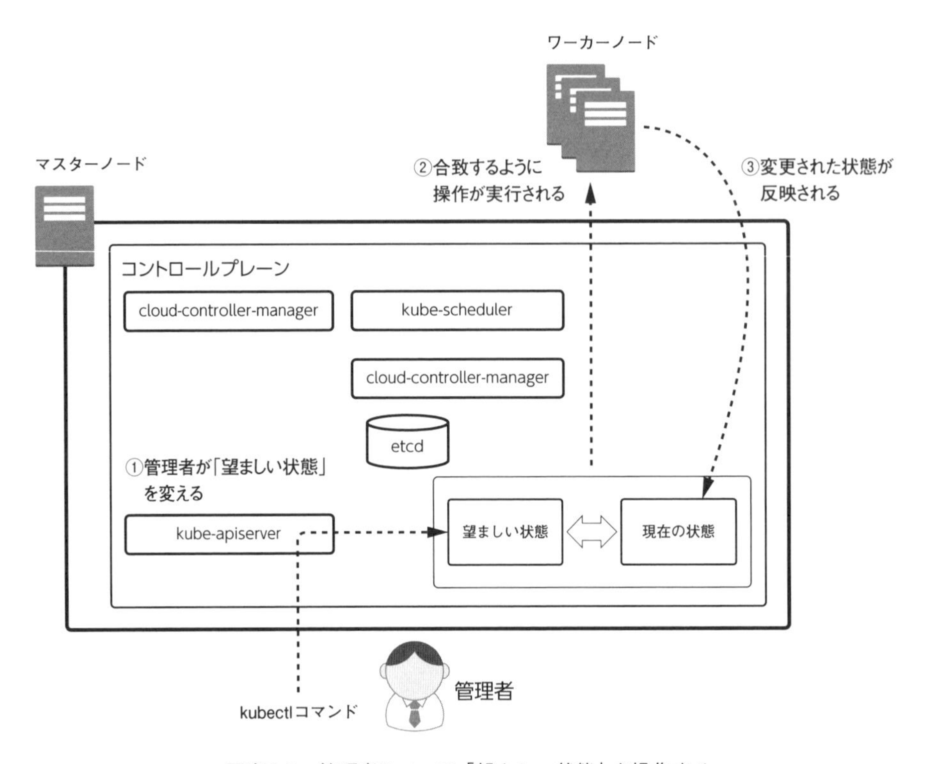


図表9-8　管理者はetcdの「望ましい状態」を操作する

# 9-4 代表的なKubernetesオブジェクト

ここまでの話から、管理者がやらなければならないことは、「望ましい状態をKubernetesオブジェクトとして表現して、それをetcdに登録すること」であるとわかったかと思います。では具体的に、Kubernetesには、どのようなオブジェクトがあるのでしょうか。代表的なものを見ていきましょう。

## 9-4-1 Podオブジェクト

Podは、Kubernetesにおける最小実行単位です。1つ以上のコンテナ、そして、いくつかのボリューム（ストレージ）を含むことができます（**図表9-9**）。ボリュームは、コンテナ間でのデータ共有に使えます。

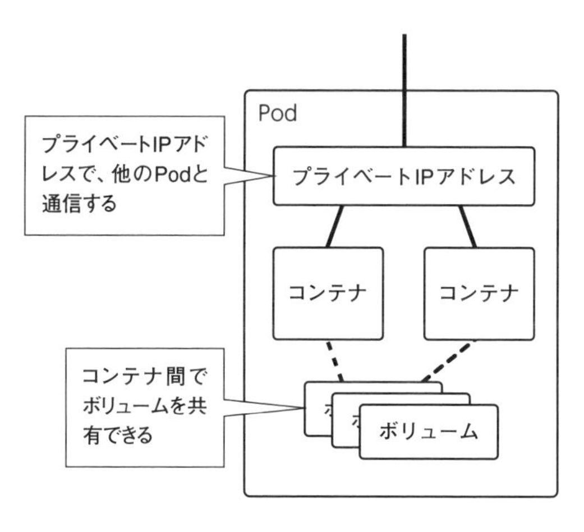


図表9-9　Pod

Podは必ず、いずれかのワーカーノード上で実行され、それが分割されることはありません。例えばPodにコンテナが2つ含まれる場合、それらのコンテナは必ず同じワーカーノード上で実行されます。ただし、Podに複数のコンテナを含めることができるといっても、実際、ほとんどの場合、1つのPodには、1つのコンテナしか入れません。複数のコンテナを入れるのは、「メインとなるプログラムとなるコンテナ」と「それを補佐するバッチなどの連携プログラムのコンテナ」をひとまとめにするなど、密に連携しなければならない場合に限られます。例えば第7章で見てきたWordPressの例のように、「WordPressのコンテナ」と「DBコンテナ」は、密な連携ではないので、1つのPodにまとめることはせず、別々のPodにまとめます。

**memo**　密に連携するかどうかを判断するのは難しいかも知れません。パフォーマンスやメンテナンス性などもあるので、一概にこれが正解といいにくいところもありますが、基本的な考え方として、「ボリュームを共有して何かやり取りするような場合は同じPodに入れ」、そうでなく「通信でやり取りするものは別のPodにする」と考えるとわかりやすいかも知れません。

### プライベートIPアドレスの共有

Podには、1つの動的なプライベートIPアドレスが割り当てられ、含まれるコンテナは、そのIPアドレスを共有して、他のPodと通信できます。これは、(1) 含まれているコンテナ同士がlocalhostで通信できること、(2) 含まれているコンテナ同士で同じポート番号はかち合うために利用できないこと、を意味します。

### Pod内のボリュームは失われる可能性がある

Podは、永続的ではありません。マスターノードはPodが正常に動いているかどうかを監視しています。正常でないと判断すると、そのPodは終了させられ、別のPodが新たに起動します。このとき、当然、ボリュームは失われますし、IPアドレスも変わる可能性があります(**図表9-10**)。さらに言えば、別のワーカーノード上で実行される可能性もあります。そうなれば、Podが、ワーカーノード間を移動したように見えるでしょう。

ただしこうした問題は、「永続ボリューム(PersistentVolume)」や「StatefulSet」という仕組みを使うことで回避できます。永続ボリュームは、NFSやAWSのストレージであるEBSなどを保存先として構成したディスクです。実際に、この問題を避ける方法については、「9-11 データの永続化」(p.393)と「9-13 StatefulSetを用いた負荷分散とセッション情報の管理」(p.411)で説明します。

> ***memo*** 少し先走って話をすると、Pod内のコンテナを更新する場合(コンテナのイメージがバージョンアップされ、それに伴い、コンテナを更新したい場合)、Kubernetesでは既存のPodを破棄して、新たにPodを作ることで更新するというのが基本的な考え方です。この場合も、(永続ボリュームでなければ)ボリュームの情報は失われます。詳しくは、「9-10 バージョンアップとロールバック」(p.384)で説明します。

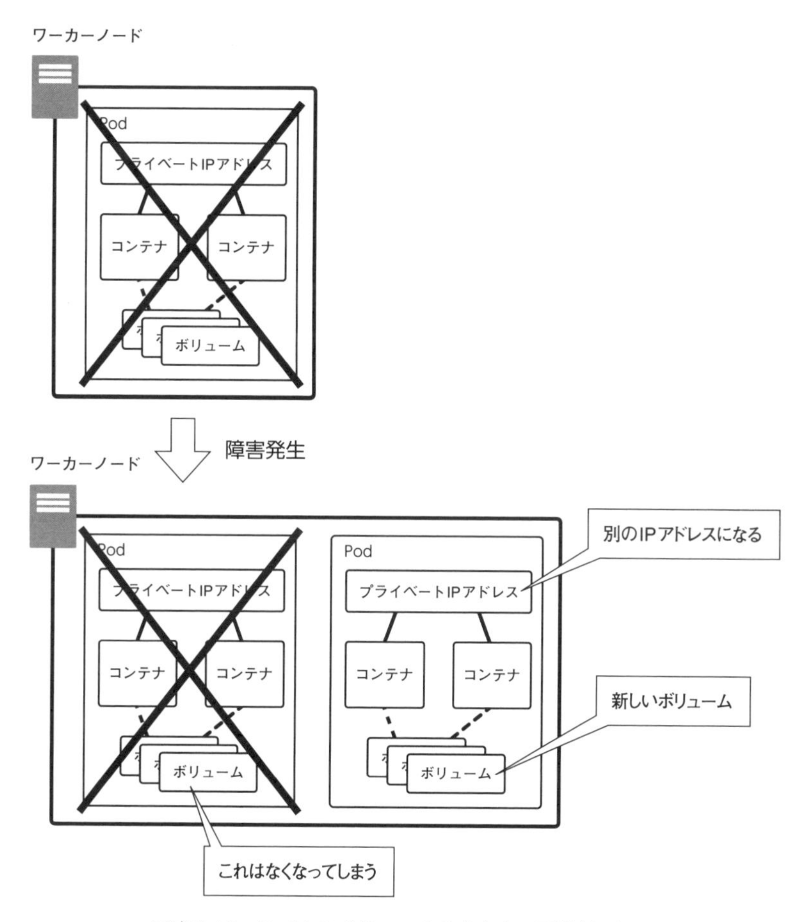


図表9-10　Pod内のボリュームは失われる可能性がある

## 9-4-2 Serviceオブジェクト

Serviceは、配下に同一構成のPodを束ねる概念です。配下に束ねられている、同じ構成のPodのことを「レプリカ（replica）」と言います。Serviceに対しては、作成時に固定されたIPアドレスが割り当てられます。これは「Cluster IP」と呼ばれ、Serviceを明示的に削除しない限り、値が変わることはありません。

**図表9-11**に示すように、ServiceはCluster IPで要求を受信して、それを配下のPodへと振り分けるもので、技術的には、プロキシやNATなどの仕組みを用いたロードバランサーに相当します。Serviceはワーカーノードをまたぐ概念です。ワーカーノードが異なるにもかかわらず、1つのIPアドレスでアク

セスできるのは少し変な気もしますが、この機構は、ワーカーノード内のkube-proxyによって実現されています。

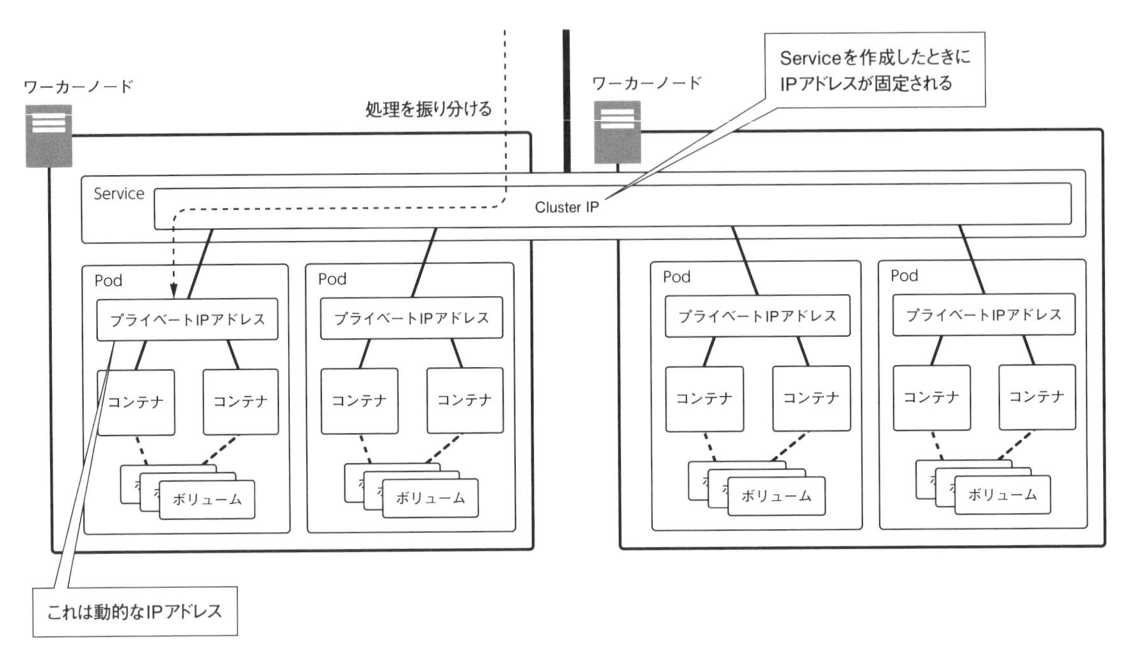


図表9-11　Service

## Serviceの名前とDNS

Serviceには名前（name）を設定できます。Kubernetesには、既定で、「CoreDNS（kube-dns）」と呼ばれるDNSサービスが動作しています。このDNSサービスには、Serviceの名前とCluster IPアドレスとの関係が設定されます。Kubernetesクラスター内で実行されるコンテナは、既定でこのDNSサービスを使うように構成されているため、Serviceの名前を使って、Serviceに対する通信ができます。

## ヘッドレスサービス

実は、Serviceには、「プロキシしない」という選択肢があります。これはServiceに対するCluster IPを設定しないことによって実現します。Cluster IPを設定しないServiceのことを「ヘッドレスサービス」と言います。ヘッドレスサービスとして構成すると、Serviceに対して設定した名前をDNSで検索したときに、その配下に存在するPodのプライベートIPアドレスがすべて一覧で戻ってきます。これらのIPを使って直接通信するのが、ヘッドレスサービスです（**図表9-12**）。ヘッドレスサービスは、特定のポートを振り分けるのではなく、全振り分けしたい場合や、プロキシによるパフォーマンス低下を避けたいときなどに使います。

**memo** Serviceをヘッドレスとして構成するには、のちに説明するマニフェストにおいて、.spec.clusterIPの値を「None」に設定します。

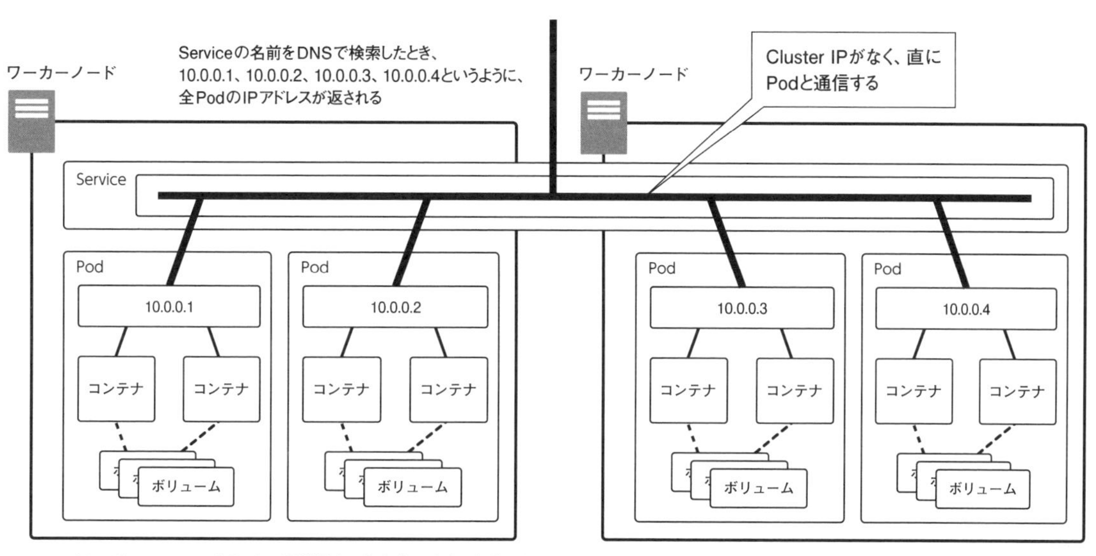


図表9-12　ヘッドレスサービス

## 9-4-3 ラベルとセレクターによるオブジェクトの選択

Serviceの配下には、Podを配置すると説明しました。それでは、配下に配置するPodを、どうやって指定するのでしょうか？　Kubernetesには、オブジェクトを選択する汎用的な仕組みとしてセレクターというものがあり、その仕組みを使って選択します。

### オブジェクトに対するラベル

まず前提として、PodやServiceなど、すべてのKubernetesオブジェクトには、任意のラベル（Label）を付けることができます。ラベルとは、キーと値のペアです（metadataという項目で設定します）。例えば「mygroup」というキーに対して、「myapp」という値を設定する場合は、次のように記述します。

【Podに対するラベルの設定例】

```
metadata:
  labels:
    mygroup: myapp
```

## セレクター

こうして付けたラベルは、「値が合致する」もしくは「値が含まれる」という条件で、オブジェクトを絞り込むことができます。この機能をセレクター（Selector）と言います。Serviceの配下に、「mygroupというキーにmyappという値が設定されたPodを配置したい」という場合は、例えば、次のようにセレクターを記述することで絞り込みます（図表9-13）。

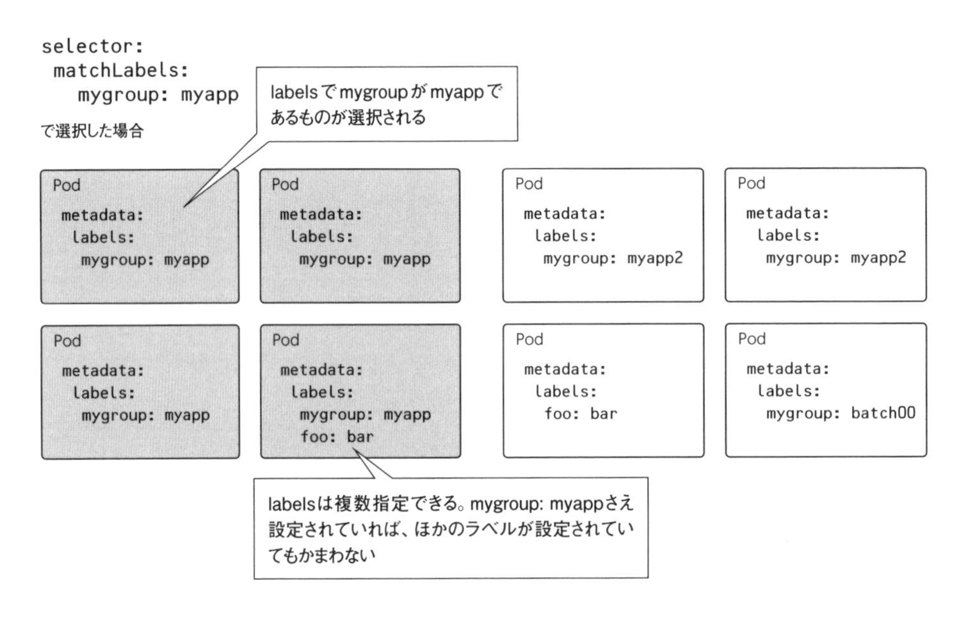


図表9-13　セレクターによる絞り込み

【mygroupの値がmyappであるものだけに絞り込む例】

```
selector:
  matchLabels:
    mygroup: myapp
```

### さまざまな場面で使われるセレクター

ここでは例として、Serviceの配下のPodを選択するときの指定としてセレクターを使う方法を示しましたが、セレクターは、さまざまな場面で使われます。例えば、ボリュームの選択やPodのテンプレートを選択するときなどです。オブジェクトに対しては、任意の数の「キー/値」のペアを設定できる点にも注目してください。本番用のサービスには「product」、開発用のサービスには「develop」などのラベル値を付けておき、それらをまとめて更新するとか停止するなど、さまざまなグルーピングをしたい場面に、セレクターを活用できます。

## 9-4-4 Serviceの外部への公開

ここまで説明してきたように、Serviceを構成するとCluster IPが割り当てられ、CoreDNSによってServiceに付けた名前を使って通信できるようになります。では、この名前を使って、Kubernetesクラスターの外からServiceに向けて通信できるのでしょうか？　答えは否です。

Serviceに割り当てられているCluster IPや、Podに割り当てられたIPアドレスは、Kubernetesクラスター内のみで有効なプライベートなIPアドレスです。Kubernetesクラスターの外から通信するには、グローバルなIPアドレスをこうしたIPアドレスに変換して通信する構成を作らなければなりません。その方法は、主に3つあります。

(1) ワーカーノードのIPを使う (NodePort)

1つめの方法は、ワーカーノードのIPアドレスを通じて通信する方法です。具体的には、Serviceオブジェクトを構成するときに、NodePortという設定を追加します。NodePortは、docker runにおける-pオプションのようなもので、ワーカーノードの特定のポート番号と、Serviceのポート番号をマッピングします (**図表9-14**)。設定できるポート範囲は、30000～32767番までに限られます。

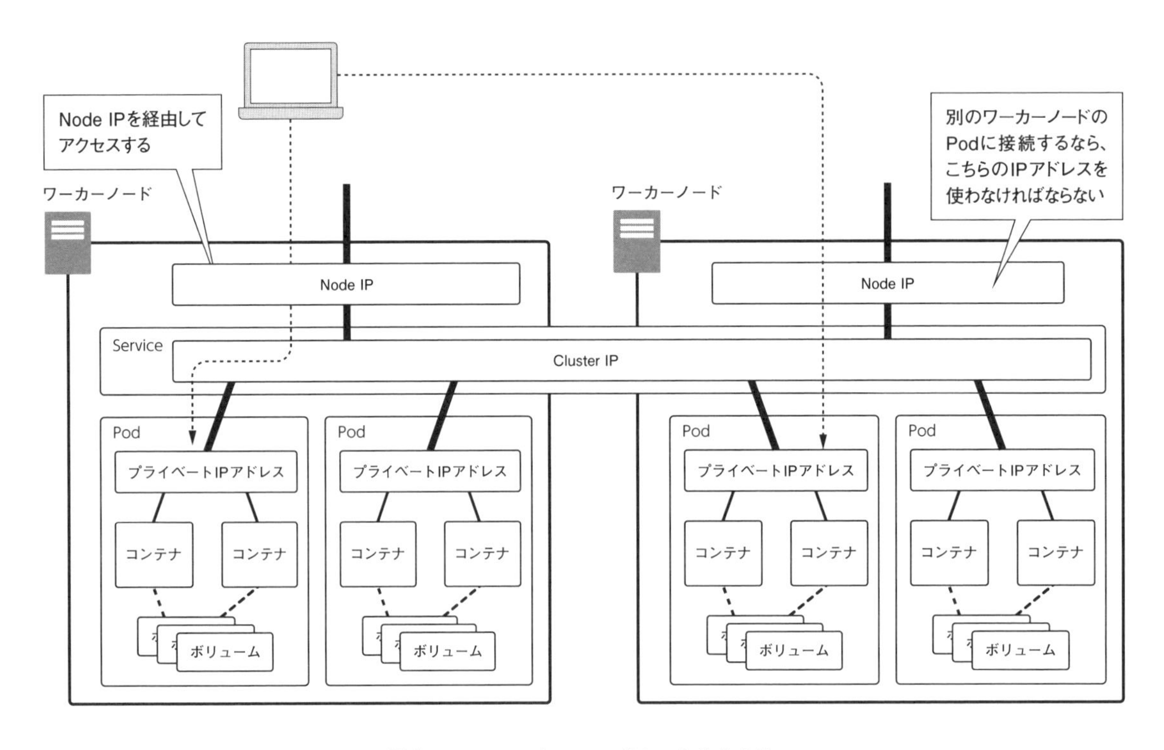


図表9-14 ワーカーノードのIPを使う方法

この方法は、ワーカーノード単位になるので、Serviceがワーカーノード単位で分断されてしまいます。そのため複数台のワーカーノードで構成する場合は、そもそもどのワーカーノードに接続するかという問題があります。ですからこの構成が使われる場面は、DNSラウンドロビンなどでワーカーノードを振り分けるか、自前でロードバランサーを前段に配置するなどの場合に限られます。

(2)Serviceの前段にロードバランサーを構成する（LoadBalancer）

Serviceオブジェクトに対してLoadBalancerオプションを構成すると、前段にグローバルIPアドレスを設定したロードバランサーを構成できます。このロードバランサーが通信をServiceに向けて転送することで、通信できるようにします（**図表9-15**）。TCP・UDPを使った通信全般では、一般に、この方法が使われます。Kubernetesでは、ロードバランサーをどのような仕組みで作るのかは規定しません。ここはKubernetesを運用しているシステムに依存します。AWSならELBが使われますし、AzureならAzure Load Balancerが使われます。

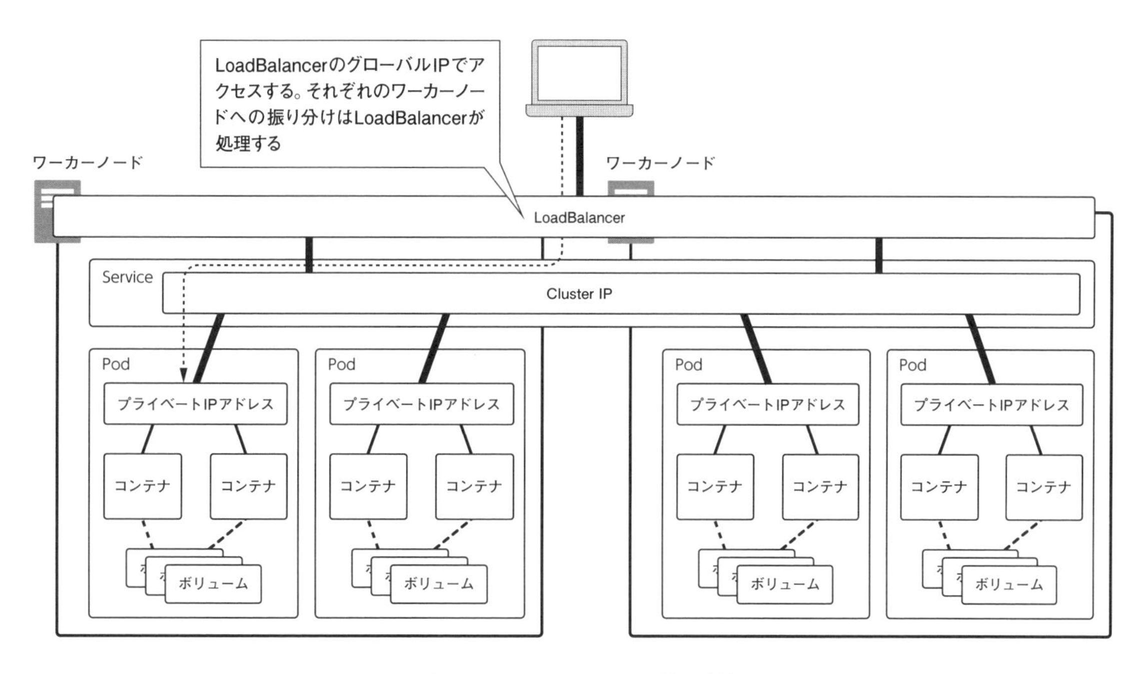


図表9-15　LoadBalancerを使う方法

(3)Ingressオブジェクトを使う方法

Ingressオブジェクトは、HTTP/HTTPS専用のアプリケーションレイヤーで動作するリバースプロキシです。このオブジェクトをServiceの前段に明示的に設置することで、Serviceへと通信します。(2)のロードバランサーを使うときとの違いは、HTTP/HTTPSのレイヤーで動いているため、例えば、URLのパス（「/」以降）の違いによって、別のServiceに振り分けるような構成ができる点です（**図表9-16**）。ロードバランサーと同様に、Kubernetesでは、Ingressをどのような仕組みで作るのかは規定しません。Ingressの機能を提供するものをIngressコントローラと呼び、何が利用できるのかは、Kubernetesシステムの構成によって異なります。

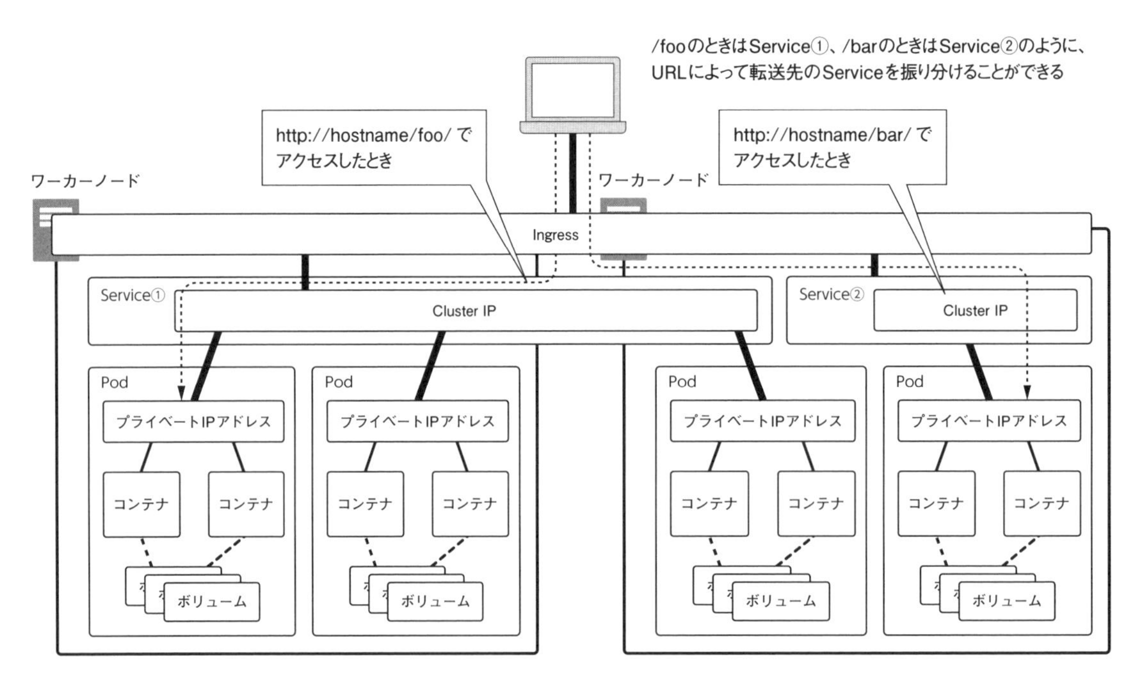


図表9-16　Ingressオブジェクトを使う方法

## 9-4-5 ServiceとPodのまとめ

ここまでの話をまとめておきます。Kubernetes上で動かすコンテナに対して、Kubernetes外から通信を受け付けるには、図表9-17のような構成になります。ここに示したように、Podだけでは外部から通信できないという点に注意してください。外部から通信するには、Podの前段にServiceが必須です。そしてそのServiceの前段には、ロードバランサーもしくはIngressが必要です。

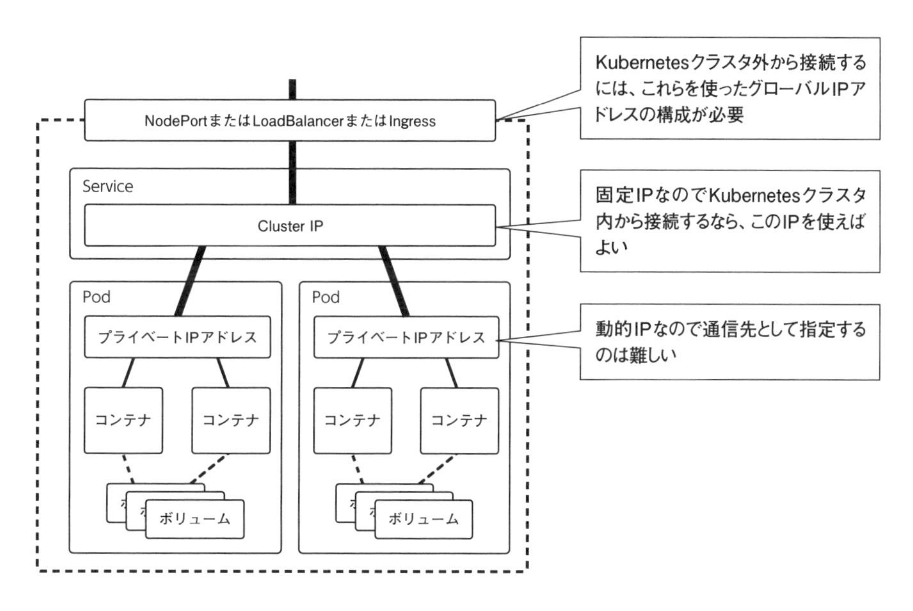


図表9-17 外部からの通信を受け付けるServiceとPodの構成

## 9-4-6 Podのデプロイ

これまで説明してきたように、KubernetesではPodが実行の主体です。では管理者は、必要な数だけPodオブジェクトを作るのかというと、それは少し違います。都度、必要なPodオブジェクトを作るのでは、手間がかかってしまうからです。Kubernetesには、複数のPodをまとめて統括管理するためのオブジェクトがあり、それらを使ってPodをデプロイします。

### DeploymentオブジェクトとReplicaSetオブジェクト

Serviceのところで説明したように、冗長化や負荷分散を考える場合、同じ構成の複数のPodを作ることは珍しくありません。こうしたときに使うのが、DeploymentオブジェクトとReplicaSetオブジェクトです。ReplicaSetは、同じ構成のPodを指定した数だけ管理するものです。Deploymentオブジェクトは、ReplicaSetを管理し、Podのバージョンアップ（更新）などのデプロイ操作を担当します（図表9-18）。

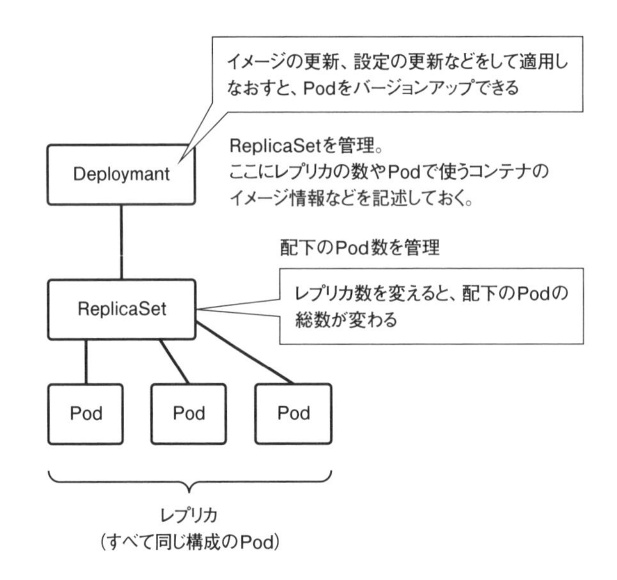


図表9-18　DeploymentオブジェクトとReplicaSetオブジェクト

## ReplicaSetを使った数の調整

ReplicaSetは、Podの数を管理します。障害などでPodが停止してしまったときは、必要な数だけ増やします。レプリカの数は、管理者が明示的に変更することもできます。ReplicaSetを変更して数を増やせば、その数だけPodが増えますし、減らせば減ります。0に設定すれば、Podはすべて削除されます。

## Deploymentを使ったコンテナの更新とロールバック

Deploymentオブジェクトは、Podのデプロイを管理します。Deploymentオブジェクト（およびReplicaSetオブジェクト）の配下のPodが、どんなイメージを使うのかなど、Podに関する情報は、このDeploymentオブジェクトに定義されています。Deploymentオブジェクトは、コンテナの更新に役立ちます。Deploymentオブジェクトのコンテナ定義を変更すると、それに伴い、Podが自動的に更新されます。

例えば、最初はあるイメージのバージョン1を使ったコンテナが動いていたとします。ここでDeploymentオブジェクトの定義を変更して、イメージのバージョン2を使うように変更して適用し直すと、バージョン1を使っているPodは停止し、新たにバージョン2を使っているPodができます。こうして順次、Pod内のコンテナをバージョンアップできます。詳細については、「9-10 バージョンアップとロールバック」（p.384）で説明します。

## Podを直接作らない

このようにDeploymentオブジェクトやReplicaSetオブジェクトを使うと、Podの更新や数の管理が、とても簡単になります。ですから基本的には、Podオブジェクトを直接作るのではなく、これらのオブジェクトを使って管理することが推奨されています。もちろんReplicaSetオブジェクトを直接使うこともできますが、更新機能もサポートしてくれるDeploymentオブジェクトを使うことがほとんどです。

## StatefulSetオブジェクト

DeploymentオブジェクトやReplicaSetオブジェクトは、Podがステートレスであることを前提としています。Deploymentオブジェクトの設定を変更すればPodを更新できると説明しましたが、このときの更新というのは、いまあるPodを削除して、更新したコンテナを含むPodに置き換えるというやり方をします。ですから、Podが処理しているデータはすべて失われますし、IPアドレスも変わります（詳細は「9-10 バージョンアップとロールバック」（p.384）で説明します）。

Podがデータを保持していて、失いたくないこともあります。そのようなときには、Deploymentオブジェクトの代わりに、StatefulSetオブジェクトを使います。StatefulSetでは、Podが更新されるときは、以前と同じIPアドレス、以前と同じボリュームを割り当てるように構成されるため、データが失われることがありません。StatefulSetオブジェクトについての詳細は、「9-13 StatefulSetを用いた負荷分散とセッション情報の管理」（p.411）で説明します。

## JobオブジェクトとCronJobオブジェクト

Podに含まれるコンテナがバッチ処理などであれば、Podをずっと実行させっぱなしにする必要はないはずです。指定した個数だけ起動して、処理が終わったら、Podを削除してしまってよいはずです。Jobオブジェクトは、こうしたワンショットの起動に使う基本的なオブジェクトです。いくつ起動するか、並列にいくつ動作させるかなどを指定でき、実行に失敗したときのリトライ機能もあります。CronJobオブジェクトは、指定した日時にPodを実行するオブジェクトです。できることはJobオブジェクトと同じですが、1回限りではなく、毎時、毎日、毎週など、繰り返し定期的に実行できます。JobオブジェクトとCronJobオブジェクトについては、「9-12 Job」（p.407）で説明します。

## Daemonsetオブジェクト

Daemonsetオブジェクトは、バックグラウンドで常に実行したいPodを、ワーカーノードごとに1つずつ動くPodを実行するときに使います。例えば、ログの処理やモニタリングをするPodを動かしたいときなどに使います。本書では、説明を割愛します。

## 9-4-7 ネームスペース

Kubernetesオブジェクトについての解説はこれでほぼすべてですが、最後に1つ、「ネームスペース」という概念があることを説明しておきます。ネームスペースとは、Kubernetesクラスターを区切る概念です。1つのKubernetesクラスターには、当然、複数のシステムが稼働することもありえます。こうしたとき、名前が重複すると困りますし、ネットワークも分割したいでしょう。ネームスペースは、こうした枠を区切る仕組みです（**図表9-19**）。本書では、ネームスペースは扱わず、デフォルトのネームスペース（ネームスペースなし）で作業します。

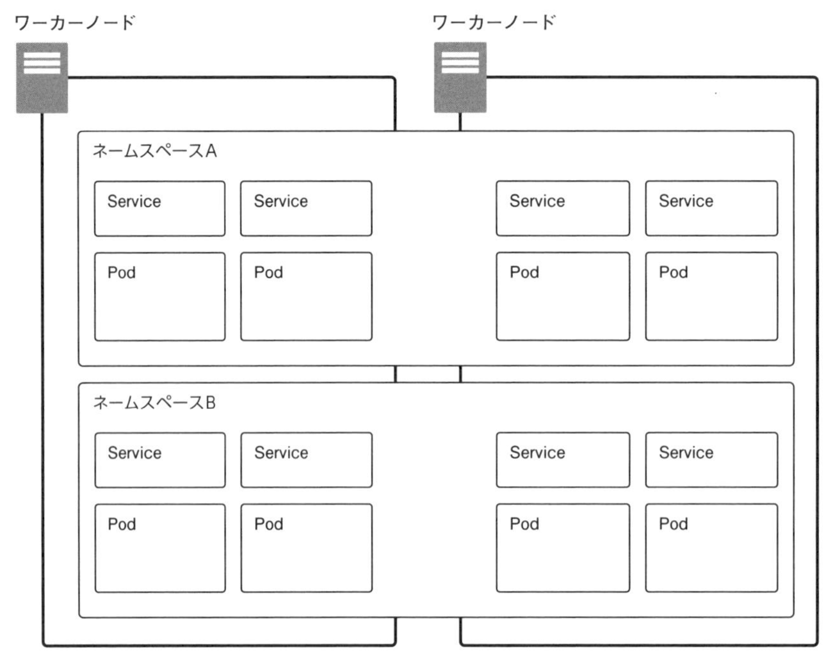


図表9-19　ネームスペース

# 9-5 Minikube環境を準備する

説明はこのぐらいにして、Kubernetesとはどんなものか、実際に試してみましょう。まずは、Minikubeを利用できる環境を準備します。Minikubeはマスターノードとワーカーノードが1台のコンピューター上で完結する、シングルノードのKubernetes環境です。

## 9-5-1 Minikubeの実行に必要なスペック

Minikubeを利用するには、次の構成が必要です。

(1)Dockerもしくは仮想マシンなどがインストールされていること
(2) 2つ以上のCPUが搭載されており、2GB以上のメモリー、20GB以上のディスクスペースがあること
(3)Minikubeをインストールすること
(4)Kubernetesを操作するためのkubectlをインストールすること

これまでDockerの学習に使ってきたEC2インスタンスは、(1) の条件を満たしています。(2) 以降の設定を進めて、Minikubeを利用できるようにしていきます。

## 9-5-2 EC2インスタンスを2CPU構成に変更する

これまで使ってきたEC2インスタンスは、AWSの1年間の無料利用枠の範囲で利用できる「t2.micro」というインスタンスの種類(インスタンスタイプ)を利用してきました(第2章を参照)。これは「1CPU、1GBメモリー」のため、Minikubeを利用できる要件を満たしません。最低限、2CPU必要だからです。そこで次の手順で、インスタンスタイプを「t3.small」に変更します。このインスタンスタイプは、「2CPU、2GBメモリー」の構成なので、利用要件を満たします。なお「t3.small」は、無料利用枠の範囲外です。下記の設定をした直後から、料金がかかります。本書の執筆時点では、0.0272USD/時間です(東京リージョンの場合)。1カ月(31日)で換算すると、0.0272USD×24時間×31日=約20USDの費用がかかるので注意してください。

**memo** 下記の手順では、EC2インスタンスを停止してから起動します。このとき、EC2インスタンスのIPアドレスが変わるので注意してください。つまり、SSHの接続先やブラウザで動作確認するときのIPアドレスが変わります。

## 手順 EC2のインスタンスタイプを「t3.small」に変更する

### [1] EC2インスタンスを停止する

AWSマネジメントコンソールから、EC2コンソールを開きます。[インスタンス] メニューをクリックしてインスタンスメニューを表示します。一覧のなかから、本書で利用中のEC2インスタンスを右クリックし、[インスタンスの状態] ― [停止] を選択します(**図表9-20**)。確認画面が表示されたら、[停止する] をクリックします(**図表9-21**)。

図表9-20 インスタンスを停止する

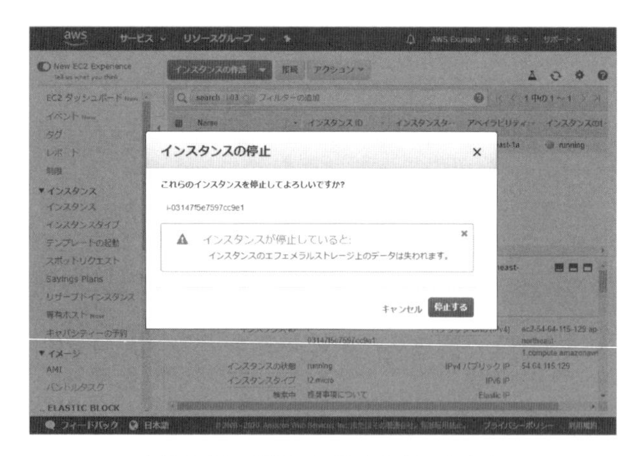


図表9-21 [停止する] をクリックする

### [2] インスタンスタイプを変更する

［インスタンスの状態］が［stopped］になるまで待ちます。［stopped］になったら、同じく右クリックして、今度は、［インスタンスの設定］—［インスタンスタイプの変更］をクリックします（**図表9-22**）。

図表9-22　インスタンスタイプを変更する

### [3] t3.smallに変更する

インスタンスタイプの変更画面が表示されたら［t3.small］に変更し、［適用］ボタンをクリックします（**図表9-23**）。

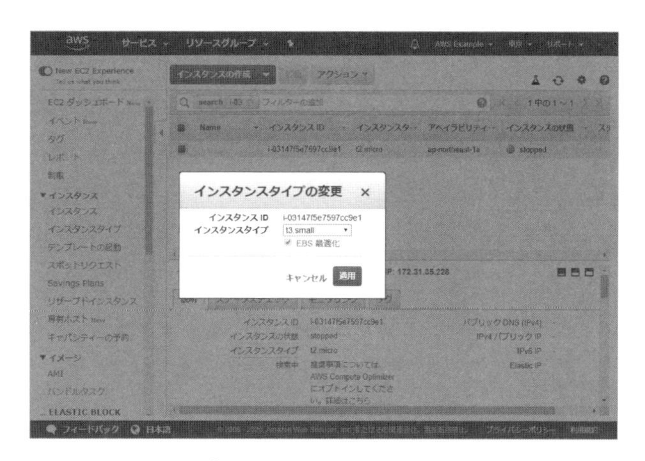


図表9-23　t3.smallに変更する

### [4] インスタンスを開始する

これで変更が終わりました。インスタンスを右クリックして［インスタンスの状態］—［開始］を選択します（**図表9-24**）。確認画面が表示されたら［開始する］をクリックします（**図表9-25**）。

図表9-24　インスタンスを開始する

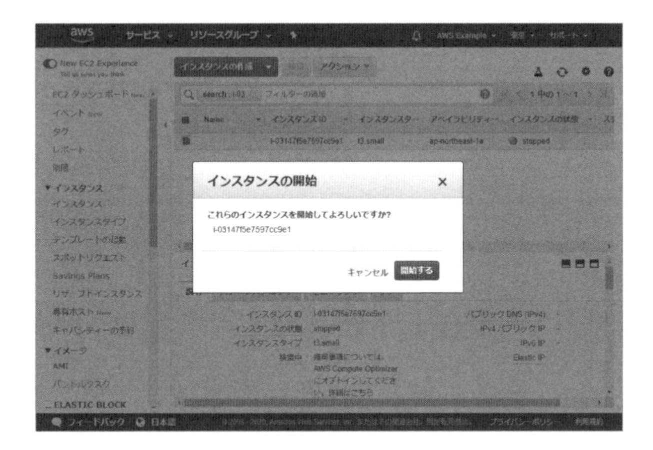


図表9-25　［開始する］をクリックする

### [5] パブリックIPを確認する

開始するとパブリックIPが変わります。［インスタンスの状態］が［running］になるまで待ち、「パブリックDNS(IPv4)」と「IPv4パブリックIP」を確認してください。この値が、今後、SSHで接続するときや、ブラウザで開いたりするときのIPアドレスもしくはホスト名となります（**図表9-26**）。

図表9-26　パブリックIPを確認する

## 9-5-3　Minikubeをインストールする

環境の準備が整ったので、Minikubeをインストールします。Minikubeをインストールするには、次のようにします。

**memo**　下記の手順は、Minikubeの「minikube start」ページ（https://minikube.sigs.k8s.io/docs/start/）に基づいています。最新版のインストール方法については、このドキュメントを参照してください。ページには実際のコマンドが記述されており、コピペすれば、下記のコマンドを手入力せずに済みます。

### 手順 Minikubeをインストールする

#### [1]　conntrackのインストール

Minikubeのインストールには、conntrackが必要です。次のようにしてインストールします。

```
$ sudo apt update
$ sudo apt install -y conntrack
```

#### [2]　Minikubeのダウンロード

次のようにして、Minikubeをダウンロードします。

```
$ curl -Lo minikube https://storage.googleapis.com/minikube/releases/latest/minikube-linux-amd64
```

### [3] バイナリコマンドを/usr/local/binに移動する

手順 [2] によって、minikubeというバイナリファイルがダウンロードされます。このファイルに実行権限を付け、/usr/local/binに移動します。

```
$ chmod +x minikube
$ sudo mv minikube /usr/local/bin/
```

### [4] 確認する

インストールされたかどうかを確認します。次のように入力し、バージョン番号が表示されればインストールできています（表示されるバージョン番号は、ここに示したものと異なることがあります）。

```
$ minikube version
minikube version: v1.9.2
commit: 93af9c1e43cab9618e301bc9fa720c63d5efa393
```

## 9-5-4 Minikubeを起動してKubernetesクラスターを構成する

インストールしたら、Minikubeを起動します。次のように入力すると、起動できます。

```
$ sudo minikube start --vm-driver=none
```

初回起動時は、必要なファイルをダウンロードしたり、各種初期化が実行されたりするため、起動完了までに、しばらく時間がかかります。次のように表示され、コマンドプロンプトが起動すれば、Minikubeは起動し、Kubernetesクラスターが作られた状態となります。

```
…略…
* This can also be done automatically by setting the env var CHANGE_MINIKUBE_NONE_USER=true
* Done! kubectl is now configured to use "minikube"
* For best results, install kubectl: https://kubernetes.io/docs/tasks/tools/install-kubectl/
$
```

**memo** Minikubeを停止したいときは、「sudo minikube stop」と入力します。また、Minikubeの利用には、ある程度のディスクを必要とします。途中、disk fullのエラーが発生したときは、docker image pruneコマンドなどを実行して、前章まででで使った不要になったイメージを削除してディスク容量を増やす、もしくは、コラム「ディスク容量を増やす」（p.354）を参照して、AWSマネジメントコンソールから、ディスクの容量を増やす操作をするなどしてください。

**memo** サーバーを再起動したときは、Minikubeは停止します。再起動後は、「sudo minikube start --vm-driver=none」と入力して、Minikubeを再度、実行し直してください。

## 9-5-5 Minikubeに接続するための設定を自分の所有にする

Minikubeを実行すると、すぐあとに説明するkubectlコマンドを使ってMinikubeに接続するための設定ファイルが作られます。このファイルの所有者はrootユーザーであるため、次のようにして自分のホームディレクトリに移動し、かつ、自分の所有にしておきます。

### 手順 kubectlコマンドからMinikubeに接続するための環境設定ファイルを調整する

#### [1] 自分のホームディレクトリに移動する

次のコマンドを入力し、ホームディレクトリの.kubeディレクトリに移動します。

**memo** 実行したユーザーによっては「･･･ are the same file」と表示されることがありますが、気にしないでください。

```
$ sudo mv /home/ubuntu/.kube /home/ubuntu/.minikube $HOME
```

#### [2] 所有者を変更する

次のように入力して、所有者を自分に変更します。

```
$ sudo chown -R $USER $HOME/.kube $HOME/.minikube
```

## コラム ディスク容量を増やす

DockerやKubernetesで、いろんなコンテナイメージを試していると、そのイメージで、すぐにディスクがいっぱいになります。docker image pruneコマンドで不必要なイメージを削除すればよいとはいえ、ときには、それでも足りないことがあります。そのようなときは、EC2インスタンスに接続されているディスクの容量を増やすこともできます。以下に、その手順を簡単に紹介します。

*memo* 本書の執筆時点においては、30GBまでは1年間の無料利用枠内で利用できます。

### 手順 ディスク容量を増やす

#### [1] ボリュームを確認する

EC2インスタンスをクリックし、下に表示される詳細画面で［ルートデバイス］にある「/dev/sda1」をクリックします。すると詳細情報が表示されるので、［EBS ID］の欄にある［vol-XXXXXXXX］の部分をクリックします（図表9-27）。

図表9-27　ボリュームを確認する

#### [2] ボリュームを変更する

ボリュームが表示されるので、右クリックし、［ボリュームの変更］を選択します（図表9-28）。

図表9-28　ボリュームを変更する

## [3]　サイズを変更する

［サイズ］を入力して［変更］ボタンをクリックします。確認画面が表示されたら［はい］ボタンをクリックします（**図表9-29**、**図表9-30**）。

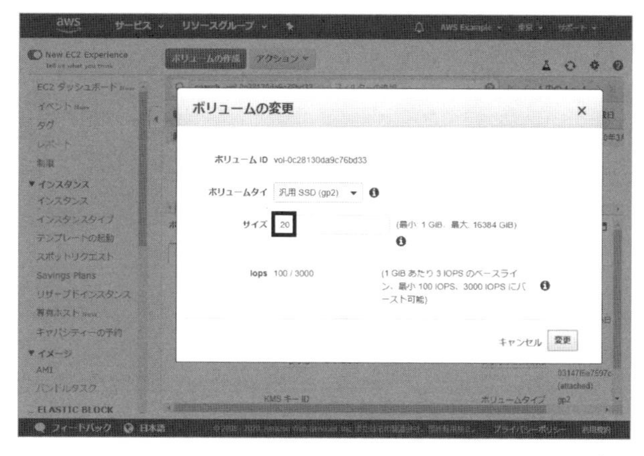

図表9-29　ボリュームのサイズを変更する

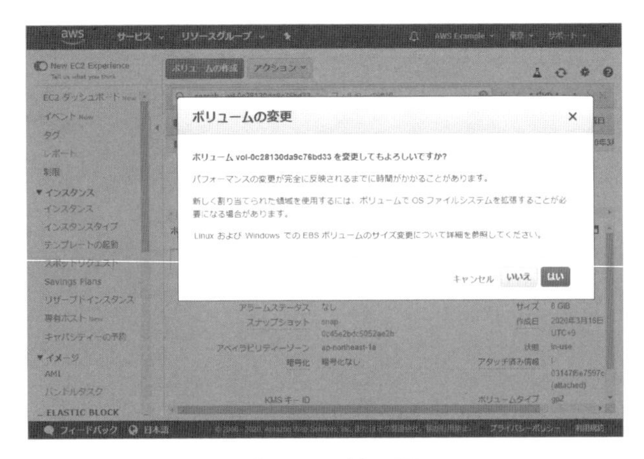


図表9-30　確認画面

### [4]　ボリューム変更の成功

成功画面が表示されます。[閉じる] をクリックして閉じます (**図表9-31**)。

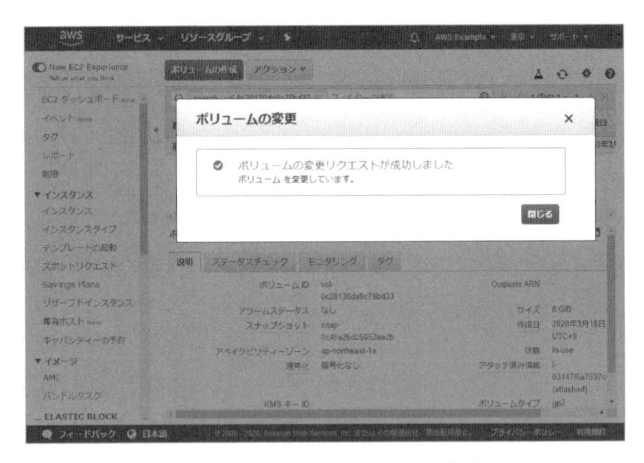


図表9-31　ボリューム変更の成功

### [5]　増やした容量を使えるようにする

これでディスクは増えましたが、OSからはまだ利用できません。OSから利用するためには、コマンドの入力が必要です。図表9-26 (p.351) で確認したIPアドレス (もしくはホスト名) にSSHで接続し、シェルから次のように入力します。

```
$ sudo growpart /dev/nvme0n1 1
$ sudo resize2fs /dev/nvme0n1p1
```

### [6] 確認する

dfコマンドを実行して、/dev/nvme0n1p1の容量（Size）が、設定した容量に近いことを確認します。

```
$ df -h
Filesystem       Size  Used  Avail  Use%  Mounted on
udev             954M     0   954M    0%  /dev
tmpfs            196M  744K   195M    1%  /run
/dev/nvme0n1p1   20G   7.6G    12G   40%  /
tmpfs            976M     0   976M    0%  /dev/shm
tmpfs            5.0M     0   5.0M    0%  /run/lock
tmpfs            976M     0   976M    0%  /sys/fs/cgroup
/dev/loop0       18M    18M      0  100%  /snap/amazon-ssm-agent/1480
/dev/loop2       94M    94M      0  100%  /snap/core/9066
/dev/loop1       18M    18M      0  100%  /snap/amazon-ssm-agent/1566
/dev/loop3       94M    94M      0  100%  /snap/core/8935
tmpfs            196M     0   196M    0%  /run/user/1000
```

# 9-6 kubectlコマンドを使った操作の基本

Kubernetesは、kubectlコマンドを使って操作します。ここでは、kubectlコマンドのインストールと、基本的な使い方を説明します。

## 9-6-1 kubectlコマンドをインストールする

kubectlコマンドは、さまざまなKubernetes環境（Kubernetesエコシステムとも呼ばれます）に対して操作する汎用コマンドです。次のようにしてインストールします。

**memo** この手順は、「Install and Set Up kubectl」(https://kubernetes.io/docs/tasks/tools/install-kubectl/)というページに基づいています。最新情報については、このページを参照してください。ページには実際のコマンドが記述されており、コピペすれば、下記のコマンドを手入力せずに済みます。

## 手順 kubectlコマンドのインストール

### [1] 必要なパッケージをインストールする

Ubuntu環境では、「apt-transport-https」と「gnupg2」というパッケージがインストールされていないと失敗します。次のようにして、前もってインストールしておきます。

```
$ sudo apt-get update && sudo apt-get install -y apt-transport-https gnupg2
```

### [2] kubectlのパッケージを追加する

次のコマンドを入力して、kubectlのパッケージを追加します。

```
$ curl -s https://packages.cloud.google.com/apt/doc/apt-key.gpg | sudo apt-key add -
echo "deb https://apt.kubernetes.io/ kubernetes-xenial main" | sudo tee -a /etc/apt/sources.list.d/kubernetes.list
```

### [3] kubectlをインストールする

次のようにして、kubectlをインストールします。

```
$ sudo apt-get update
$ sudo apt-get install -y kubectl
```

### [4] インストールされたことを確認する

kubectlコマンドがインストールされたことを確認します。versionオプションを指定して、バージョン番号が表示されることをもって、インストールされたことの確認とします(バージョン番号は、誌面に掲載したものと異なることがあります)。

```
$ kubectl version --client
Client Version: version.Info{Major:"1", Minor:"18", GitVersion:"v1.18.2", GitCommit:"52c56ce7a8272c798d
bc29846288d7cd9fbae032", GitTreeState:"clean", BuildDate:"2020-04-16T11:56:40Z", GoVersion:"go1.13.9",
Compiler:"gc", Platform:"linux/amd64"}
```

## 9-6-2 kubectlの主なコマンド

kubectlコマンドは、次の書式で使います。

```
kubectl コマンド オプション
```

接続先などは、ホームディレクトリの.kube/configファイルに記述されている内容が使われます。本書の手順通りにここまできた場合は、Minikubeをインストールしたときに生成される環境ファイルをここにコピーしているので、kubectlコマンドの操作先は、Minikubeとなっているはずです。

指定できるコマンドは、「リソースの操作」「レプリカ数などの操作」「コンテナ操作」「環境の操作」などに分類できます。主なコマンドを**図表9-32**に示します。

| コマンド | 説明 |
|---|---|
| create | リソース（Kubernetes オブジェクト。以下同じ）を作成する |
| get | リソースの状態を表示する |
| edit | リソースを編集する |
| delete | リソースを削除する |
| set | リソースの値を設定する |
| apply | リソースの変更を反映する |
| describe | 詳細情報を確認する |
| diff | 「望ましい状態」と「現在の状態」との差を確認する |
| expose | リソースを生成するためのマニフェストを作成する |
| scacle | レプリカ数を変更する |
| autoscale | オートスケールを設定する |
| rollout | ロールアウトを操作する |
| exec | コンテナでコマンドを実行する（docker exec と同様） |
| run | コンテナでコマンドを１回実行する（docker run と同様） |
| attach | コンテナにアタッチする（docker attach と同様） |
| cp | コンテナにファイルをコピーする（docker cp と同様） |
| logs | コンテナのログを表示する（docker logs と同様） |
| cluster-info | クラスターの詳細を表示する |
| top | CPU、メモリー、ストレージのリソースを確認する |

図表9-32　kubectlの主なコマンド（抜粋）

## 9-6-3 マニフェスト

kubectlでは、リソース（Kubernetesオブジェクト）を作成したり変更したりする操作をしますが、これらの設定値は数が多く、1つひとつkubectlの引数で設定すると、とても膨大になります。そこでリソースの情報は、ファイルとして記述しておき、それをkubectlに読み込ませるようにします。

リソースに関するデータを「マニフェスト（Manifest）」と呼び、それを記述したファイルを「マニフェストファイル」と呼びます。マニフェストファイルは、JSON形式もしくはYAML形式で記述します。JSON形式は、どちらというと機械的にやり取りすることを目的としたもので、人間がその設定ファイルを読み書きするのであれば、もっぱらYAML形式が使われます。

### マニフェストファイルの書式

マニフェストファイルは、1つ以上のKubernetesオブジェクトを記述したものです。YAML形式の場合、1つのオブジェクトを示す書式は、次の通りです。

```
apiVersion: APIグループ/バージョン
kind: オブジェクトの種類
metadata:
  オブジェクトに関するデータ。名前やラベル、ネームスペースなど
spec:
  オブジェクトの設定値
```

YAML形式では「---」（「-」を3つ）記述すると、1つのファイルに複数のデータを記述できます。この書式を用いると、複数のオブジェクトを、次のように1つのファイルに記述できます。

```
# 1つめのオブジェクト
apiVersion: APIグループ/バージョン
kind: オブジェクトの種類
metadata:
  オブジェクトに関するデータ。名前やラベル、ネームスペースなど
spec:
  オブジェクトの設定値
---
# 2つめのオブジェクト
apiVersion: APIグループ/バージョン
kind: オブジェクトの種類
metadata:
```

```
  オブジェクトに関するデータ。名前やラベル、ネームスペースなど
spec:
  オブジェクトの設定値
---
# 3つめのオブジェクト
...
```

## apiVersionとkind

kindは、オブジェクトの種類を示します。「Deployment」「ReplicaSet」「Service」「Pod」など、これまで説明してきた、数々のオブジェクトを指定します。これらの値は、kubectlコマンドの引数に「api-resources」を指定すると確認できます。一覧の「KIND」の項目が、kindとして指定すべき値です。

*memo* kubectl api-resourcesの結果には、「SHORTNAMES」という項目がある点に注目してください。この表記で略記できます。例えば「deployment」は「deploy」とも書けます。

```
$ kubectl api-resources
NAME                         SHORTNAMES   APIGROUP                      NAMESPACED   KIND
・・・略・・・
pods                         po                                         true         Pod
podtemplates                                                            true         PodTemplate
replicationcontrollers       rc                                         true
ReplicationController
resourcequotas               quota                                      true         ResourceQuota
secrets                                                                 true         Secret
serviceaccounts              sa                                         true
ServiceAccount
services                     svc                                        true         Service
・・・略・・・
daemonsets                   ds           apps                          true         DaemonSet
deployments                  deploy       apps                          true         Deployment
ReplicaSets                  rs           apps                          true         ReplicaSet
statefulsets                 sts          apps                          true         StatefulSet
・・・略・・・
cronjobs                     cj           batch                         true         CronJob
jobs                                      batch                         true         Job
・・・略・・・
```

api-versionsに指定すべき値は、kubectl　api-versionsで確認できます。api-resourcesで調べた

APIGROUPに相当するものを選択します。例えば、Deploymentの場合、上記の結果では、次のように、APIGROUPSが「apps」です。

```
deployments                          deploy      apps                          true        Deployment
```

kubectl api-versionsで調べると、「apps」は「apps/v1」なので、これを指定するという具合です。APIGROUPSが空欄の場合は、一番下に表示されている「v1」を指定します。

**memo** ここではkubectlで確認する例を示しましたが、実際には、後述する「Kubernetes API Reference」で確認するほうが簡単です。

```
$ kubectl api-versions
admissionregistration.k8s.io/v1
admissionregistration.k8s.io/v1beta1
apiextensions.k8s.io/v1
apiextensions.k8s.io/v1beta1
apiregistration.k8s.io/v1
apiregistration.k8s.io/v1beta1
apps/v1    ★←これを指定する★
authentication.k8s.io/v1
authentication.k8s.io/v1beta1
authorization.k8s.io/v1
authorization.k8s.io/v1beta1
autoscaling/v1
autoscaling/v2beta1
autoscaling/v2beta2
batch/v1
batch/v1beta1
certificates.k8s.io/v1beta1
coordination.k8s.io/v1
coordination.k8s.io/v1beta1
discovery.k8s.io/v1beta1
events.k8s.io/v1beta1
extensions/v1beta1
networking.k8s.io/v1
networking.k8s.io/v1beta1
node.k8s.io/v1beta1
policy/v1beta1
```

```
rbac.authorization.k8s.io/v1
rbac.authorization.k8s.io/v1beta1
scheduling.k8s.io/v1
scheduling.k8s.io/v1beta1
storage.k8s.io/v1
storage.k8s.io/v1beta1
v1  ★←APIGROUPSが空の場合はこれを指定する★
```

### metadata

オブジェクトに関連する情報を記述する部分です。例えばオブジェクト名を指定する「name」や、ラベルを設定する「labels」などの項目があります。ほかにも、ネームスペースなども、この部分に記述します。metadataには、「アノテーション（annotation）」という情報も設定できます。これはラベルと似て、任意のキーに対して任意の値を設定できるものですが、セレクターによる選択をしないものです。

### spec

specには、そのオブジェクトが持つ属性を設定します。どのような属性をもつのかはオブジェクトの種類によって異なるので、Kubernetes API Referenceなどで確認します。例えばDeploymentオブジェクトであれば、レプリカの数、Podを作るときのテンプレート（ひな型）など、さまざまな付随する設定を、このspecの部分に記述します。

**【Kubernetes API Reference】**
https://kubernetes.cn/docs/reference/kubernetes-api/

## 9-7 Podを作る簡単な例

説明はこのぐらいにして、実際にKubernetesを使ってみましょう。まずは簡単な例として、Podを1つだけ作ってみます。ここでは「8-4-8 コマンドの実行やパッケージインストールを伴う例」（p.272）で作成したmyphpimageを使います。あらかじめmyphpimageをビルドしたうえで、下記の手順を進めてください。本書の手順通りに進めてきたなら、「cd ~/phpimage/」「docker build . -t myphpimage」を順に実行すれば、myphpimageができるはずです。

**memo** すでに説明したように、Kubernetesでは、Podを1つずつ管理者が操作することは推奨されていません。代わりにDeploymentオブジェクトなどを使うようにすべきです。しかしいきなりDeploymentオブジェクトから操作を始めると複雑すぎるため、本書では、練習のため、まずは1つのPodから作るというところを説明しているのに過ぎません。

## 9-7-1 プライベートなリポジトリを参照できるようSecretオブジェクトを作る

Kubernetesでは、コンテナを作成する際、リポジトリからイメージをダウンロードします。利用するイメージがDocker Hubで管理されていて、とくに認証情報を必要としない場合は問題ありませんが、そうではなくプライベートなリポジトリを使う場合は、Kubernetesに対して、プライベートなリポジトリを参照できるような設定が必要です。Docker Hubのプライベートなリポジトリを利用する場合は、認証情報を格納したSecretオブジェクトをあらかじめ作っておき、Podを作るときにその情報を参照するように構成します。

### 手順 プライベートなリポジトリを利用できるようにする

#### [1] レジストリにログインする

dockerコマンドを使って、レジストリにログインします。ユーザー名、パスワードが尋ねられたら、正しいものを入力してください。

```
$ docker login
```

#### [2] 認証サーバーのホスト名を確認する

[1] によって認証情報が~/.docker/config.jsonファイルに書き込まれます。この内容を確認します。

```
$ cat ~/.docker/config.json
```

結果は、例えば次の通りです。ここで「https://index.docker.io/v1/」というのが、Docker Hubの認証サーバーの名前です。これを控えておきます。

**memo** 第8章で、Amazon ECRに登録しているなら、authsの項目には、もう1つ「XXXXXXX.dkr.ecr.･･･」という項目がありますが、そちらは、ここでは使いません。

```
{
        "auths": {
                "https://index.docker.io/v1/": {
                        "auth": …略…
                }
        },
        "HttpHeaders": {
                "User-Agent": "Docker-Client/19.03.8 (linux)"
        }
}
```

### [3] 認証情報をSecretオブジェクトとしてKubernetesに登録する

認証情報をSecretオブジェクトとして作成します。次のコマンドを入力して、Secretオブジェクトを作り、Kubernetesに登録します。

> ***memo*** --docker-emailオプションを指定して、メールアドレスを登録することもできます。ここではkubectlの引数に各種情報を渡すことでSecretオブジェクトを作成していますが、YAML形式のファイルに認証情報を書き、それを読み込ませて作ることもできます。なお、kubectlコマンドを実行したときに「permission denied」というエラーが発生するときは、環境設定ファイルの所有者がrootユーザーである可能性があります。「9-5-5 Minikubeに接続するための設定を自分の所有にする」(p.353)での操作をし忘れていないか、確認してください。

```
$ kubectl create secret docker-registry 登録名 --docker-server=認証サーバー名 --docker-username=ユーザー名
--docker-password=パスワード
```

登録名は任意の名前で、あとでPodを作成するときに、認証情報として指定するオブジェクト名となります。ここでは「mysecret」という名前にします。認証サーバー名は、手順[2]で確認したサーバー名です。実際の値を当てはめると、次の通りです。

```
$ kubectl create secret docker-registry mysecret --docker-server=https://index.docker.io/v1/ --docker-
username=ユーザー名 --docker-password=パスワード
```

すると結果として、次のように表示されます。

```
secret/mysecret created
```

### [4] Secretオブジェクトが正しく登録されたことを確認する

これでmysecretという名前のSecretオブジェクトが作られました。次のコマンドを入力すると、正しく設定されたかを確認できます。

```
$ kubectl get secret mysecret --output="jsonpath={.data.\.dockerconfigjson}" | base64 --decode
```

結果は、次の通りです。

```
{"auths":{"https://index.docker.io/v1/":{"username":"あなたのユーザー名","password":"あなたのパスワード
","auth":"…略…"}}}
```

ここでusernameとpasswordが正しいかどうか、そして、authの内容が、手順［2］で確認したconfig.jsonの値と合致することを確認します。

---

**コラム　認証情報の削除**

認証情報を削除したいときは、kubectl deleteを実行します。本書の手順の場合、オブジェクト名は「mysecret」です。

```
$ kubectl delete secret オブジェクト名
```

---

## 9-7-2 Podのマニフェストファイルを用意する

準備ができたので、Podを作っていきましょう。まずは、Podを定義するマニフェストファイルを用意します。ここでは、**リスト9-1**に示すpodexample.yamlファイルを作ります。このマニフェストでは、「8-6 Docker Hubに登録する」（p.284）で登録した「自分のDockerID/myexample」というイメージを使ったコンテナを1つ含むPodを定義しています。このファイルをnanoエディタなどで作成してください。第8章で説明したように、YAML形式のファイルは、インデントの位置に意味があり、タブではなくて空白でインデントを記述しなければならない点に注意してください。

リスト9-1　podexample.yaml

```
apiVersion: v1
kind: Pod
metadata:
  name: my-pod
spec:
  containers:
    - name: my-container
      image:自分のDockerID/myexample
      ports:
      - containerPort: 80
  imagePullSecrets:
    - name: mysecret
```

## kindとapiVersion

ここではPodを作りたいので、kindには「Pod」を指定します。apiVersionは、先に説明した「kubectl api-resources」と「kubectl api-versions」で確認したものを指定します。PodのAPIGROUPは空欄なので「v1」を指定します。

## metadata

metadataでは、Podの名前を指定しておきます。ここでは「my-pod」という名前にしました。

## spec

specでは、このPodの詳細情報を記述します。含めたいコンテナはcontainersの項目で指定します。nameにはコンテナ名を指定し、imageにはイメージ名を指定します。portsは、Dockerfileのexposeの指定と類似のもので、コンテナが利用するポート番号を記述します。containersの説明は、APIリファレンスのContainer v1 core（https://kubernetes.cn/docs/reference/generated/kubernetes-api/v1.18/#container-v1-core）にあります。ほかにもボリュームのマウントや環境変数の設定、起動時に実行したいコマンドの指定など、docker runするときに指定できるのと同等のオプションを指定できます。最後に指定しているimagePullSecretsは、プライベートなリポジトリを利用する際に必要となる認証情報です。先に作成しておいたmysecretというSecretオブジェクトを指定しました。ですから、コンテナが作られるときには、mysecretに登録した認証情報を使ってレジストリに接続し、イメージがダウンロードされます。Docker Hubで公開されているイメージを使うなど、認証が必要ないときは、このimagePullSecrets自体を省略できます。

### コラム　Podに複数のコンテナを含む場合の書き方

Podに複数のコンテナを含めたいときは、containersのなかの「name」の部分から、複数記述します。

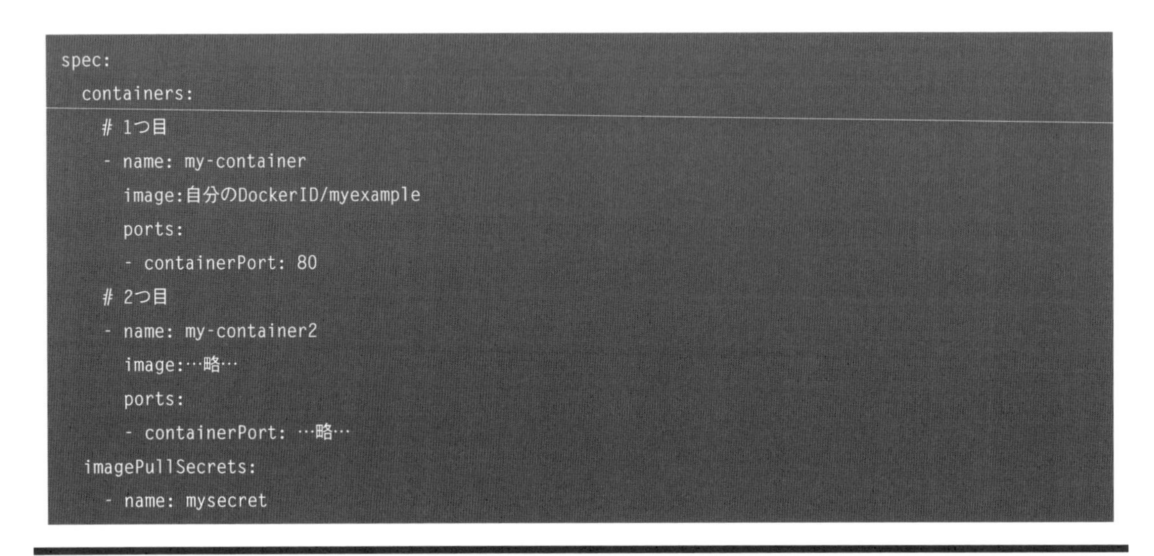

```
spec:
  containers:
    # 1つ目
    - name: my-container
      image:自分のDockerID/myexample
      ports:
      - containerPort: 80
    # 2つ目
    - name: my-container2
      image:…略…
      ports:
      - containerPort: …略…
  imagePullSecrets:
    - name: mysecret
```

## 9-7-3 Pod操作の基本

作成したマニフェストファイルを使って、Podオブジェクトの作成から動作の確認、削除までを、一通り実行してみます。

### 手順 Podの作成から削除までの操作例

#### [1] Podオブジェクトを作成する

リスト9-1のように用意したpodexample.yamlというマニフェストを元にPodオブジェクトを作ります。kubectlコマンドでオブジェクトを作るには、(先にもすでにSecretオブジェクトの作成で登場しましたが) create命令を指定します。マニフェストファイルを読ませるには、-fオプションで指定します。次のコマンドを入力してください。すると、Podオブジェクトが作られ「pod/my-pod created」と表示されます。

```
$ kubectl create -f podexample.yaml
pod/my-pod created
```

ただし、これはetcd上にPodオブジェクトが作られただけで、Podそのものが作られたかどうかは定かでない点に注意してください。何らかのエラーがあり、Podが作られない可能性もあります。

### [2] Podの一覧を確認する

本当に作られたのか、Podの一覧を確認します。状態を取得するにはgetコマンドを使います。getコマンドのオプションとして「pods」を指定すると、存在するPodの一覧を取得できます。

**memo** kubectl get podsでは、ネームスペースの指定がないPod一覧しか取得できません。すべてのPodを参照したいときは、kubectl get pods -Aのように、最後に「-A」オプションを指定してください。すると、システムとして使われているPodも含め、すべてのPodが表示されます。なお、「kubectl get pod」や「kubectl get po」とも書けます。

```
$ kubectl get pods
```

すると、次のように「Running」というステータスとして表示されるはずです。

```
NAME     READY   STATUS    RESTARTS   AGE
my-pod   1/1     Running   0          5s
```

**memo** 「Running」ではなく「ErrImagePull」と表示されている場合は、イメージの取得に失敗している可能性があります。その場合は、(1) Secretオブジェクトとして登録した認証情報は正しいか、(2) マニフェストファイルのimagePullSecretで指定した名称が、作成したSecretオブジェクトの名称と合致しているか、(3) imageで指定しているイメージ名が正しいか、などを確認してください。もし間違いがあったらマニフェストファイル（podexample.yaml）を変更し、後に説明するように、「kubectl delete pod my-pod」と入力していったんPodを削除してから、改めて、「kubectl create -f podexample.yaml」して作り直してください。

### [3] 詳細情報を確認する

kubectl describeを使うと、詳細な情報を取得できます。次のように入力してください。

```
$ kubectl describe pods my-pod
```

すると、次のように表示されます。この画面では、「Node」の部分で、実行されているワーカーノードのホスト名、それから、「IP」の部分で、このPodに割り当てられているIPアドレスを確認できます。「Events」のところには、動作履歴が表示されます。何らかのエラーが発生しているときは、ここに表示されるので、トラブルが生じたときは、まず、describeを確認するのがよいでしょう。

```
Name:         my-pod
Namespace:    default
Priority:     0
Node:         ip-172-31-35-228/172.31.35.228
Start Time:   Sat, 09 May 2020 23:27:57 +0000
Labels:       <none>
Annotations:  <none>
Status:       Running
IP:           172.17.0.4
IPs:
  IP:  172.17.0.4
Containers:
  my-container:
    Container ID:   docker://274ef8bc260ec4b89a92402fc73e5d6aaba1a3522ed6742c6357bf7b19fc9cfc
    Image:          自分のDocker ID/myexample
    Image ID:       docker-pullable://XXXXXXXXXX.dkr.ecr.ap-northeast-1.amazonaws.com/myexample_ecr@sha
256:a46c30e48e6d7906587b3d1cc61438f8908b6e77f9594ffb58b93648e7663f30
    Port:           80/TCP
    Host Port:      0/TCP
    State:          Running
      Started:      Sat, 09 May 2020 23:28:00 +0000
    Ready:          True
    Restart Count:  0
    Environment:    <none>
    Mounts:
      /var/run/secrets/kubernetes.io/serviceaccount from default-token-wb2cp (ro)
Conditions:
  Type              Status
  Initialized       True
  Ready             True
  ContainersReady   True
  PodScheduled      True
Volumes:
  default-token-wb2cp:
```

```
    Type:         Secret (a volume populated by a Secret)
    SecretName:   default-token-wb2cp
    Optional:     false
QoS Class:        BestEffort
Node-Selectors:   <none>
Tolerations:      node.kubernetes.io/not-ready:NoExecute for 300s
                  node.kubernetes.io/unreachable:NoExecute for 300s
Events:
  Type    Reason     Age    From                         Message
  ----    ------     ----   ----                         -------
  Normal  Scheduled  5m52s  default-scheduler            Successfully assigned default/my-pod to ip-172-
31-35-228
  Normal  Pulling    5m51s  kubelet, ip-172-31-35-228  Pulling image "自分のDocker ID/myexample"
  Normal  Pulled     5m49s  kubelet, ip-172-31-35-228  Successfully pulled image "自分のDocker ID/
myexample"
  Normal  Created    5m49s  kubelet, ip-172-31-35-228  Created container my-container
  Normal  Started    5m49s  kubelet, ip-172-31-35-228  Started container my-container
```

### [4]　通信状態を確認する

本当は、このIPアドレスには、Kubernetesクラウド以外からは接続できないのですが、Minikubeの場合は、1台で動いているため、これが可能です。次のように入力すると、第8章で作成した結果である「Your IP XXX.XXX.XXX.XXX。」（XXX.XXX.XXX.XXXはホストのIPアドレス）と表示されるはずです。

**memo**　この段階では、「http://EC2インスタンスのIPアドレス/」のようにアクセスしてコンテンツを見ることはできません。そのためにはServiceの設定が必要です。Serviceの設定については「9-9 Serviceオブジェクトを使って外部から参照できるようにする」（p.379）で説明します。

```
$ curl 手順 [3] で確認したIPアドレス（具体的には172.17.0.4）
<html>
<body>
Your IP XXX.XXX.XXX.XXX。
</body>
</html>
```

### [5]　削除する

このように、マニフェストファイルを読み込ませたら、Podが動いたことがわかりました。ここで、削除してみます。削除には、delete命令を指定します。これには2つの方法があります。1つは次のように、kubectl delete pod Pod名を指定する方法です。

```
$ kubectl delete pod my-pod
pod "my-pod" deleted
```

もう1つは、-fオプションでマニフェストファイルを指定する方法です。こちらの方法では、オブジェクトの種別にかかわらず、マニフェストファイルに書かれたオブジェクトを削除します。

```
$ kubectl delete -f podexample.yaml
```

### [6] 削除されたことを確認する

再び、kubectl get podsで実行中のPod一覧を確認します。すると、もう存在しないはずです。

```
$ kubectl get pods
No resources found in default namespace.
```

## 9-8 Deploymentオブジェクトを使って複数Podをまとめて作る

いまは手作業で1つのPodを作成しましたが、本来は、DeploymentオブジェクトやReplicaSetオブジェクトを使ってPodを作るべきです。そうすれば、Pod数の変更やバージョンアップが容易になるからです。そこでここでは、Deploymentオブジェクトを使って、複数のPodをまとめて作る方法を説明します。

### 9-8-1 Deploymentのマニフェストファイルを用意する

まずはマニフェストファイルを用意します。Deploymentオブジェクトを使って、3つのPodを作成するためのマニフェストファイルは、**リスト9-2**の通りです。

リスト9-2　deploy.yaml

```
apiVersion: apps/v1
kind: Deployment
metadata:
  name: my-deployment
spec:
  replicas: 3
  selector:
    matchLabels:
      app: my-app
  template:
    metadata:
      labels:
        app: my-app
    spec:
      containers:
        - name: my-container
          image:自分のDockerID/myexample
          ports:
          - containerPort: 80
      imagePullSecrets:
        - name: mysecret
```

## kindとapiVersion

ここではDeploymentを作りたいので、kindには「Deployment」を指定します。apiVersionは、先に説明した「kubectl api-resources」と「kubectl api-versions」で確認したものを指定します。DeploymentのAPIGROUPは「apps」です。それにバージョン番号も合わせ、「apps/v1」を指定します。

## metadata

metadataでは、Deploymentの名前を指定します。ここでは「my-deployment」という名前にしました。

## spec

Deploymentの詳細情報を設定します。次の項目を設定しています。

(1)ReplicaSet

レプリカの数を指定します。ここでは「3」を指定し、同じ構成のPodを3つ作ることを指定しています。

(2)selector

どのようなPodを作るのかを、ラベルセレクターで指定しています。「matchLabels」というのは、ラベルが合致する項目を採用するという意味です。ここでは条件として「app: my-app」を指定しているので、ラベルのappキーに対してmy-appという値が設定されているものを採用するという意味です。この設定は、すぐ下のtemplateのmetadataで指定されており、このtemplateで定義された箇所を採用するという意味です。

(3)template

Podのテンプレート（ひな型）を指定します。metadataの部分では、いま説明したようにラベルセレクターから選択されるために、appキーにmy-appを設定しています。specの部分で、どのようなPodを作るのかを指定します。この部分はPodを作成するときに指定したもの（リスト9-1）と、まったく同じです。

## 9-8-2 複数のPodをまとめて作成する

それでは、このDeploymentオブジェクトをKubernetesに登録することで、そこに書かれた3つのPodを作ってみましょう。下記の手順では、Podの作成からPodの数の変更、そして、Deploymentオブジェクトの削除まで、一連の操作をします。

### 手順 Deploymentオブジェクトを使って、Podの作成、数の変更、削除をする

#### [1] Deploymentオブジェクトを作成する

リスト9-2のように用意したdeploy.yamlというマニフェストを元にDeploymentオブジェクトを作ります。これは先にPodオブジェクトを作ったときと同じく、create命令を使います。

```
$ kubectl create -f deploy.yaml
deployment.apps/my-deployment created
```

#### [2] デプロイの状態を確認する

デプロイされたか確認します。まずは、次のようにしてデプロイ状況を確認します。

```
$ kubectl get deploy
NAME            READY   UP-TO-DATE   AVAILABLE   AGE
my-deployment   3/3     3            3           71s
```

上記の表示では、「my-deployment」というDeploymentオブジェクトがあり、「3/3がREADY」つまり、Pod3つのうちの3つの準備が整っていることがわかります。UP-TO-DATE、AVAILABLEとも3で、3つのPodが有効な状態になっています。

### [3] Podを確認する

ということは、Podが存在するはずです。kubectl get podsで、Pod一覧を確認しましょう。

```
$ kubectl get pods
```

すると次のように、3つのPodが「Running」の状態で存在することがわかります。ここに示したように、Podには、「デプロイ名-XXXX-XXXX」という命名規則が採用されます。

```
NAME                              READY   STATUS    RESTARTS   AGE
my-deployment-7744f9cc84-76zsn    1/1     Running   0          3m15s
my-deployment-7744f9cc84-grlsk    1/1     Running   0          3m15s
my-deployment-7744f9cc84-mhthl    1/1     Running   0          3m15s
```

### [4] PodのIPアドレスなどを確認する

先と同様に、kubectl describe podsすれば、その詳細がわかりますが、その表示は長くなるので、それぞれのIPアドレスと実行ノードだけ確認しましょう。「-o wide」を指定すると、それらが追加で表示されます。どうやらIPアドレスは、「172.17.0.4」～「172.17.0.6」のようです（この値は、環境によって異なる可能性があります）。

```
$ kubectl get pods -o wide
NAME                             READY   STATUS    RESTARTS   AGE    IP           NODE               NOMINATED NODE   READINESS GATES
my-deployment-7744f9cc84-76zsn   1/1     Running   0          5m49s  172.17.0.5   ip-172-31-35-228   <none>           <none>
my-deployment-7744f9cc84-grlsk   1/1     Running   0          5m49s  172.17.0.6   ip-172-31-35-228   <none>           <none>
my-deployment-7744f9cc84-mhthl   1/1     Running   0          5m49s  172.17.0.4   ip-172-31-35-228   <none>           <none>
```

### [5] 疎通確認する

これらのIPアドレスに対して、疎通確認してみます。Pod内のコンテナにつながり、結果のHTMLが戻ってくるはずです。

memo 繰り返しになりますが、これはMinikubeであり、かつ、同じホストからkubectlを実行しているから成せる技です。

```
$ curl http://172.17.0.4/
<html>
<body>
Your IP 172.17.0.1。
</body>
</html>
```

### [6] Podを削除してみる

ここで、どれか1つ、Podを削除してみましょう。Podを削除するには、kubectl delete podを使います。まずはPodの名前を再確認します。

```
$ kubectl get pods
NAME                              READY   STATUS    RESTARTS   AGE
my-deployment-7744f9cc84-76zsn    1/1     Running   0          11m
my-deployment-7744f9cc84-grlsk    1/1     Running   0          11m
my-deployment-7744f9cc84-mhthl    1/1     Running   0          11m
```

ここでは一番上に表示された「my-deployment-7744f9cc84-76zsn」を削除してみます（この処理には、少し時間がかかります）。

```
$ kubectl delete pod my-deployment-7744f9cc84-76zsn
pod "my-deployment-7744f9cc84-76zsn" deleted
```

そしてもう一度、Pod一覧を確認します。

```
$ kubectl get pods
NAME                              READY   STATUS    RESTARTS   AGE
my-deployment-7744f9cc84-grlsk    1/1     Running   0          13m
my-deployment-7744f9cc84-mhthl    1/1     Running   0          13m
my-deployment-7744f9cc84-qhgvl    1/1     Running   0          115s
```

すると、先ほどの「my-deployment-7744f9cc84-76zsn」は消えましたが、今度は新しく「my-deployment-7744f9cc84-qhgvl」が増えていることがわかります（新しく増えたものは、実行時間が短いので、AGEの項目で確認できます。上記の例では起動から115秒しか経過していません）。この結果からわかるように、Deploymentオブジェクトを使ってPodを作る場合、Podが終了するなどして指定したレプリカの数を満たさなくなったら、その分だけ作られるということです。Podを終了するには、(1)レプリカの数を0にする、(2)Deploymentオブジェクト自体を削除する、のいずれかの方法をとります。Podオブジェクトだけを削除しても消えないので注意してください。

### [7] レプリカ数を変更する　その1

ここでレプリカ数を変更してみましょう。それには2つの方法があります。1つめの方法は、マニフェストファイルを変更して、それを適用する方法です。まずは、こちらの方法から説明します。nanoなどのエディタでdeploy.yaml（リスト9-2）を開き、replicasを「3」から「5」に変更して保存します。

【変更前】

```
replicas: 3
```

【変更後】

```
replicas: 5
```

そしてこの変更を適用します。適用するには、apply命令を使います。

**memo** 表示されるwarningは、applyはcreateやsave-configもしくはapplyで適用したリソースにしか反映されないから注意せよという意味です。無視してかまいません。

```
$ kubectl apply -f deploy.yaml
Warning: kubectl apply should be used on resource created by either kubectl create --save-config or kubectl apply
deployment.apps/my-deployment configured
```

これでPodは5つに増えたはずです。確認してみましょう。

```
$ kubectl get pods
NAME                              READY   STATUS    RESTARTS   AGE
my-deployment-7744f9cc84-grlsk    1/1     Running   0          31m
my-deployment-7744f9cc84-ls4ml    1/1     Running   0          2m7s
my-deployment-7744f9cc84-mhthl    1/1     Running   0          31m
my-deployment-7744f9cc84-nwvmm    1/1     Running   0          2m7s
my-deployment-7744f9cc84-qhgvl    1/1     Running   0          20m
```

### [8] レプリカ数を変更する　その2

もう1つの方法は、kubectl scale命令を使うことです。レプリカ数はreplicasオプションで指定します。例えば次のようにすると、レプリカ数が0、つまり、すべてのPodを削除できます。対象は「deployment/Deploymentオブジェクトに付けた名前」を指定します。

```
$ kubectl scale --replicas=0 deployment/my-deployment
deployment.apps/my-deployment scaled
```

実行中のPodを確認すると、もうありません。もちろんこのあと、--replicasに1とか2を設定すると、Podを1つ2つと増やしていくこともできますが、その操作はここでは省略します。

```
$ kubectl get pods
No resources found in default namespace.
```

### [9] Deploymentオブジェクトを破棄する

ひとまずこれで実験は終了としましょう。Deploymentオブジェクトを破棄します。

**memo** 「kubectl delete deployment my-deployment」（もしくは省略表記の「kubectl delete deploy my-deployment」）でもかまいません。

```
$ kubectl delete -f deploy.yaml
deployment.apps "my-deployment" deleted
```

削除後、deployが存在しないことを確認しておきます。もちろん、（--replicasで0に設定しなくとも）Deploymentオブジェクトから作られたPodも、自動的に破棄されます。

```
$ kubectl get deployment
No resources found in default namespace.
```

# 9-9 Serviceオブジェクトを使って外部からアクセスできるようにする

これでPodを作るところまでできました。しかしまだKubernetesクラスターの外からアクセスできません。アクセスできるようにするため、Podの前段にServiceオブジェクトを作りましょう。

## 9-9-1 Serviceのマニフェストファイルを用意する

まずは、Serviceのマニフェストファイルを、**リスト9-3**のように用意します。ファイル名は、service.yamlとします。nanoエディタなどで作成してください。このサービスは、リスト9-2で定義しているDeploymentオブジェクトに依存しています。このServiceオブジェクトでは、配下に配置するPodを、「appキーにmy-appという値が設定されている」ということを条件としたラベルセレクターを用いて絞り込んでいます。

リスト9-3　service.yaml

```
apiVersion: v1
kind: Service
metadata:
  name: my-service
spec:
  type: NodePort
  ports:
  - nodePort: 30000
    port: 8080
    targetPort: 80
    protocol: TCP
  selector:
    app: my-app
```

### kindとapiVersion

ここではServiceを作りたいので、kindには「Service」を指定します。apiVersionは、先に説明した「kubectl api-resources」と「kubectl api-versions」で確認したものを指定します。ServiceのAPIGROUPは空欄なので「v1」を指定します。

### metadata

metadataでは、Serviceの名前を指定します。ここでは「my-service」という名前にしました。

### spec

specでは、このServiceの詳細情報を記述します。次の3つの設定をしています。

(1)type

Serviceの種類です。ここでは「NodePort」を指定しています。そうすることで、ワーカーノードのIPアドレスを通じてアクセスできるServiceが作られます。Minikubeの場合、すべて1台のコンピューターで動かしますから、ワーカーノードのIPアドレスとは、Minikubeを実行しているコンピューター、すなわち、今回の場合は、EC2インスタンスのIPアドレスと同じです。すでに説明したように、typeには「LoadBalancer」を使うこともできますが、これはKubernetesのシステム依存します。LoadBalancerが使えるのは、MinikubeをDocker for WindowsやDocker for Mac、もしくは、それに類似する仮想マシン上で動かしたときに限られます。今回はEC2インスタンス上で動かしているため、LoadBalancerが使えません。そこでやむなくNodePortを指定しています。

*memo* Minikubeを起動するときに「--vm-driver=none」のオプションを指定しているのが理由です。LoadBalancerは仮想マシンと連動するため、仮想マシンごとのドライバが必要になります。

(2)ports

「ワーカーノードのポート」「サービスのポート」「Podのポート」の関係性を設定します。nodePortはワーカーノードのポート番号、portはサービスのポート番号、targetPortはPodのポート番号です。ここではServiceはポート8080番で受け取り、それをPodのポート80番へと転送するようにしています。その上にはワーカーノードがポート30000で待ち受けしており、それをServiceのポート8080に転送するという流れです(**図表9-33**)。この構成によって、「http://EC2インスタンスのIPアドレス:30000/」でアクセスすると、いずれかのPodのポート80に接続されるようになります。

*memo* 既定では、nodePortに設定できるポート番号の範囲は、30000～32767番までです。ただしこの設定は、コントロールプレーンのservice-node-port-rangeの設定によって変更できます。

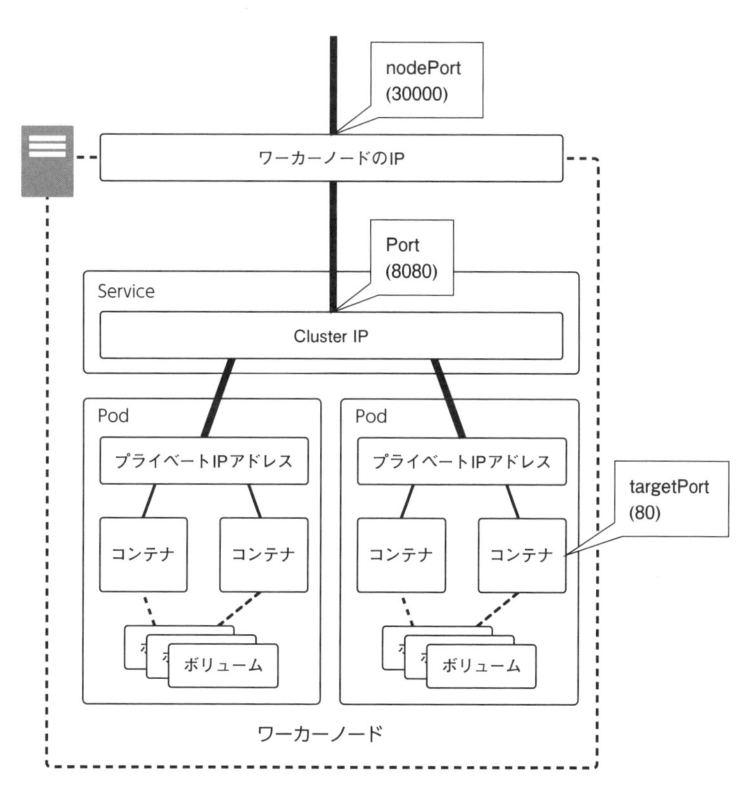


図表9-33　ワーカーノード、Service、Podの構成

(3)selector

配下に配置するPodを決めるセレクターです。「app: my-app」を指定して、ラベルのappキーにmy-appが設定されているPodを選択しています。これはリスト9-2で作成されるPodです。

## 9-9-2 Serviceを作ってインターネットからアクセスする

ではServiceオブジェクトを作って、インターネット側からPod(コンテナ)に接続してみましょう。

## 手順 Serviceを作ってインターネットからアクセスする

### [1] Deploymentオブジェクトを作成する

リスト9-3に示したServiceは、リスト9-2で作成されるPodに依存します。そこで先に、リスト9-2のDeploymentオブジェクトを作成しておきます。

```
$ kubectl create -f deploy.yaml
deployment.apps/my-deployment created
```

### [2] Serviceオブジェクトを作る

リスト9-3に示したservice.yamlを元にServiceオブジェクトを作成します。

```
$ kubectl create -f service.yaml
service/my-service created
```

### [3] Serviceの状態を確認する

作成したサービスの状態を確認します。下記のように、my-serviceという名前のServiceが作られており、Serviceのポートは8080、ワーカーノードのポートは30000が、それぞれ割り当てられていることがわかります。

memo kubernetesというサービスは、Kubernetes自体の内部サービスです。

```
$ kubectl get service
NAME         TYPE        CLUSTER-IP       EXTERNAL-IP   PORT(S)          AGE
kubernetes   ClusterIP   10.96.0.1        <none>        443/TCP          29h
my-service   NodePort    10.104.221.171   <none>        8080:30000/TCP   6m46s
```

### [4] ブラウザで接続する

ServiceをNodePortとして構成しているので、ワーカーノードのIPアドレスを経由して、サービスにアクセスできます。ブラウザで「http://EC2インスタンスのIPアドレス:30000/」に接続してみましょう。自分のIPアドレスが表示されるはずです（**図表9-34**）。このIPアドレスは、アクセスしているブラウザのIPアドレスとは違い、内部でNATされたIPアドレスが表示されています。

図表9-34　ブラウザで確認したところ

### [5]　後始末

以上で実験終了です。このあと、ServiceやDeploymentを削除してもよいですが、次の節では、引き続き、このPodをアップデートすることをしてみます。引き続き次の節に進むのであれば、このままにしておいてください。やめたいなら、次のコマンドを入力して削除してください。

```
$ kubectl delete -f service.yaml -f deploy.yaml
```

### コラム　Pod内のコンテナのデバッグ

Pod内のコンテナを変更したい場合、コンテナイメージの作成からやり直すのが本来のやり方です。しかしときには、コンテナ内で、いくつかのコマンドを実行したり、ファイルを書き換えたりして、これからやろうとする修正が正しいかを確認したいこともあります。そのようなときは、次のようにするとよいでしょう。

(1)　対象のPodを1つにする

レプリカが複数あると、どこに接続されるのかわかりにくいので、まずは、Podの数を1つに減らします。

```
$ kubectl scale --replicas=1 deployment/my-deployment
```

(2)　コンテナに入り込んでデバッグする

Pod一覧を確認します。

```
$ kubectl get pods
NAME                             READY   STATUS        RESTARTS   AGE
my-deployment-c545dd6d5-9flvg    1/1     Terminating   0          4m6s
my-deployment-c545dd6d5-btd9p    1/1     Terminating   0          4m6s
my-deployment-c545dd6d5-hzftp    1/1     Terminating   0          4m6s
my-deployment-c545dd6d5-vxz5b    1/1     Terminating   0          4m6s
my-deployment-c545dd6d5-wxdrm    1/1     Running       0          4m6s
```

このRunningであるPodにシェルでログインして、必要なデバッグをします。kubectl exec命令でシェルを指定すれば、シェルでログインできます。-itオプションを指定し忘れないように注意してください。

```
$ kubectl exec -it my-deployment-c545dd6d5-wxdrm -- /bin/bash
```

# 9-10 バージョンアップとロールバック

Deploymentオブジェクトは、コンテナのバージョンアップが容易なのが特徴です。ここでは、バージョンアップすると、どのようになるのかを見ていきましょう。

## 9-10-1 実験の内容

これまで作ってきた「Your IP XXX.XXX.XXX.XXX。」というように表示するプログラムを修正して、追加で「Welcome to Kubernetes.」と表示するようにプログラムを修正します。具体的には、第8章のリスト8-4（p.273）に示したindex.phpの

```
Your IP <?php echo $_SERVER['REMOTE_ADDR'] ?>。
```

の部分を

```
Your IP <?php echo $_SERVER['REMOTE_ADDR'] ?>。
<br>
Welcome to Kubernetes.
```

と変更します。そしてイメージを作り直し、リポジトリに登録し直します。このときイメージ名には、バージョンが上がったことがわかるよう、明示的に「1.1」というタグを付けておきます。deploy.yamlでは、そのバージョン1.1のタグのイメージを使うように修正して、それを適用します。すると、古いバージョンで動いているPodが順次終了し、新しいバージョンのPodが起動するというように、少しずつ、入れ替わりながら更新されます。

このような更新方法をローリングアップデートと言います。少しずつ切り替えるため、ダウンタイムなしで更新できます（**図表9-35**）。ローリングアップデートでは、「旧バージョンのPod」と「新バージョンのPod」が少しの時間、同居します。ある時間を境に全切り替えではありませんから、例えばWebシステムであれば、少しの間、あるユーザーは古いバージョンのページが見え、別のユーザーは新しいバージョンのページが見えるというような状況になり得るので注意してください。Deploymentオブジェクトは、その更新履歴を保存しており、元に戻すこともできます。この機能をロールバックと言います。最後の操作ではロールバックして、前のバージョンに戻ることも確認します。

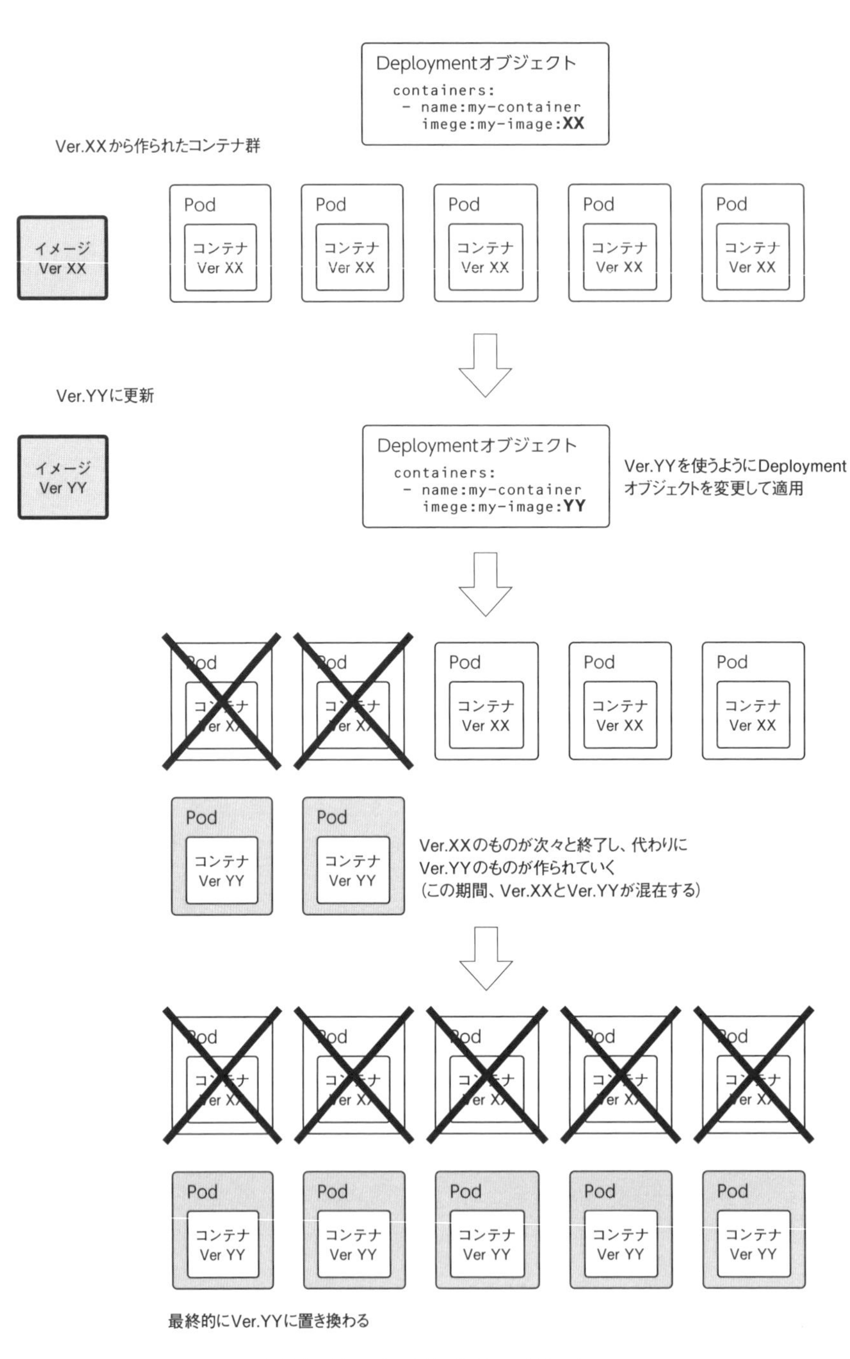


図表9-35 ローリングアップデート

## 9-10-2 イメージを更新する

まずは、第8章で作成したmyexampleのイメージ（「8-4-8 コマンドの実行やパッケージインストールを伴う例」（p.272））を更新します。

### 手順 myexampleイメージを修正する

#### [1] PHPプログラムの内容を変更する

第8章のphpimageディレクトリに移動します。

```
$ cd ~/phpimage
```

そしてnanoエディタなどでindex.php（元のファイルはリスト8-4）を開きます。そして、**リスト9-4**のように修正します。

リスト9-4　修正したindex.php

```
<html>
<body>
Your IP <?php echo $_SERVER['REMOTE_ADDR'] ?>。
<br>
Welcome to Kubernetes.
</body>
</html>
```

#### [2] ビルドする

Docker Hubに登録できるようにビルドします。第8章で行ったのと同じように、「自分のDocker ID/myexample」としますが、このとき、タグとして「1.1」を付けましょう。

```
$ docker build . -t 自分のDocker ID/myexample:1.1
```

#### [3] リポジトリに登録する

Docker Hubに登録します。

```
$ docker login
$ docker push 自分のDockerID/myexample:1.1
```

### [4] 登録されたことを確認する

Docker Hubにアクセスして、1.1のタグのものが登録されたことを確認します（図表9-36）。

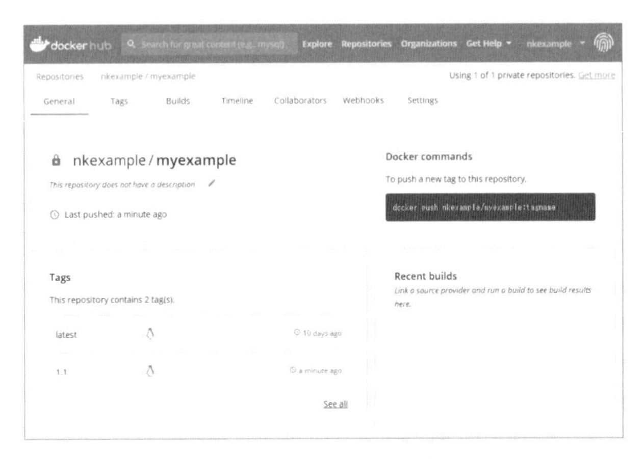


図表9-36　登録されたことを確認する

## 9-10-3 Podを更新する

ではPod内のコンテナを、この新しいイメージにバージョンアップしてみましょう。

### 手順 Podを更新する

### [1] DeploymentとServiceを起動して現在の状態を確認しておく

ここでは稼働中に更新されるところをみたいので、もし、DeploymentとServiceを削除しているのなら、下記のように作成して、ブラウザでの現在の表示（前述の図表9-34）を確認しておきます。

```
$ kubectl create -f deploy.yaml -f service.yaml
```

### [2] Podの状態を確認しておく

この状態で、Podの一覧を確認しておきます。

```
$ kubectl get pod
NAME                            READY   STATUS    RESTARTS   AGE
my-deployment-7744f9cc84-dlcjh  1/1     Running   0          14s
my-deployment-7744f9cc84-gdp7f  1/1     Running   0          14s
my-deployment-7744f9cc84-jclmf  1/1     Running   0          14s
my-deployment-7744f9cc84-nwk72  1/1     Running   0          14s
my-deployment-7744f9cc84-wkh7d  1/1     Running   0          14s
```

### [3] Deploymentを変更する

リスト9-2のdeploy.yamlをnanoエディタなどで開き、imageを「1.1」に変更します。

【変更前】

```
      containers:
        - name: my-container
          image: 自分のDockerID/myexample
          ports:
          - containerPort: 80
```

【変更後】

```
      containers:
        - name: my-container
          image: 自分のDockerID/myexample:1.1
          ports:
          - containerPort: 80
```

### [4] Deploymentを更新する

編集したdeploy.yamlをapplyして反映します。このとき「--record=true」を指定しておきます。あとで履歴に残したいためです。

```
$ kubectl apply -f deploy.yaml --record=true
Warning: kubectl apply should be used on resource created by either kubectl create --save-config or
kubectl apply
deployment.apps/my-deployment configured
```

### [5] Podの状態を確認する

もう一度、Podの状態を確認します。すると、既存のPodが削除され、新しくコンテナが作られ、ローリングアップデートが実施されていることがわかります。

```
$ kubectl get pod
NAME                               READY   STATUS              RESTARTS   AGE
my-deployment-7744f9cc84-5rmj5     1/1     Terminating         0          38s
my-deployment-7744f9cc84-drdvw     1/1     Terminating         0          38s
my-deployment-7744f9cc84-lz8pj     1/1     Terminating         0          38s
my-deployment-7744f9cc84-q9vn6     1/1     Terminating         0          38s
my-deployment-7744f9cc84-x5flp     1/1     Terminating         0          38s
my-deployment-7d9665d648-9qkx9     1/1     Running             0          8s
my-deployment-7d9665d648-djdrc     1/1     Running             0          11s
my-deployment-7d9665d648-khbg5     0/1     ContainerCreating   0          4s
my-deployment-7d9665d648-lrr69     1/1     Running             0          11s
my-deployment-7d9665d648-wcm4r     1/1     Running             0          11s
```

なんどか実行すると、完全に置き換わります（下記でTerminatingとなっている部分は、さらに時間が経つと消滅します）。

```
$ kubectl get pod
NAME                               READY   STATUS        RESTARTS   AGE
my-deployment-7744f9cc84-5rmj5     1/1     Terminating   0          49s
my-deployment-7744f9cc84-drdvw     1/1     Terminating   0          49s
my-deployment-7744f9cc84-lz8pj     1/1     Terminating   0          49s
my-deployment-7744f9cc84-q9vn6     1/1     Terminating   0          49s
my-deployment-7744f9cc84-x5flp     1/1     Terminating   0          49s
my-deployment-7d9665d648-9qkx9     1/1     Running       0          19s
my-deployment-7d9665d648-djdrc     1/1     Running       0          22s
my-deployment-7d9665d648-khbg5     1/1     Running       0          15s
my-deployment-7d9665d648-lrr69     1/1     Running       0          22s
my-deployment-7d9665d648-wcm4r     1/1     Running       0          22s
```

### [6]　ブラウザで確認する

ブラウザで確認します。Podが更新されており、「Welcome to Kubernetes.」と表示されるはずです（図表9-37）。

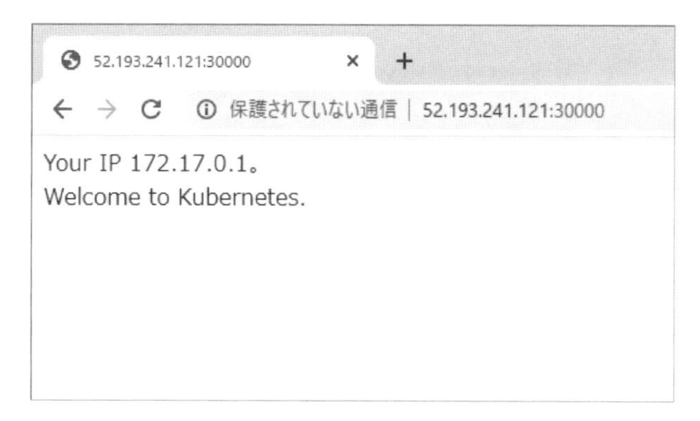


図表9-37　Podが書き換わった

**コラム　マニフェストを変更せずに更新する**

ときには、マニフェストを変更せずに更新したいこともあります。例えば、タグ名なしのlatestを使っており、最新のlatestに更新したいようなときです。そのようなときは、次のようにrollout restartを使います。

```
kubectl rollout restart deployment/my-deployment
```

## 9-10-4　ロールバックする

Deploymentオブジェクトは更新履歴を管理しており、元に戻すこともできます。ここでは履歴を確認して、ロールバックしてみましょう。

### 手順　ロールバックする

#### [1]　更新履歴を確認する

履歴に関する命令はrolloutです。rollout history命令を使うと、更新履歴を確認できます。次の2つの履歴が残っていることがわかります。

> ***memo*** CHANGE-CAUSEに記録が残っているのは、applyするときに、--record=trueオプションを指定したときに限られます。

```
$ kubectl rollout history deployment my-deployment
REVISION  CHANGE-CAUSE
1         <none>
2         kubectl apply --filename=deploy.yaml --record=true
```

### [2] ロールバックする

ではこれを、リビジョン1に戻しましょう。次のように入力します。戻すには、「--to-revision=」にリビジョン番号を指定します。

memo　1つ前に戻すのであれば、「--to-revision=1」自体を省略できます。

```
$ kubectl rollout undo deployment my-deployment --to-revision=1
deployment.apps/my-deployment rolled back
```

### [3] Podの状態を確認する

ロールバックするときも、やはり、Podが少しずつ更新されていきます。その様子は、kubectl get podで確認できます。

```
$ kubectl get pods
NAME                              READY   STATUS              RESTARTS   AGE
my-deployment-7744f9cc84-8txfv    1/1     Running             0          10s
my-deployment-7744f9cc84-d2tt9    1/1     Running             0          10s
my-deployment-7744f9cc84-drmvg    1/1     Running             0          10s
my-deployment-7744f9cc84-hv85h    1/1     Running             0          6s
my-deployment-7744f9cc84-lgmll    0/1     ContainerCreating   0          4s
my-deployment-7d9665d648-9qkx9    1/1     Terminating         0          3m22s
my-deployment-7d9665d648-djdrc    1/1     Terminating         0          3m25s
my-deployment-7d9665d648-khbg5    1/1     Terminating         0          3m18s
my-deployment-7d9665d648-lrr69    1/1     Terminating         0          3m25s
my-deployment-7d9665d648-wcm4r    1/1     Terminating         0          3m25s
```

### [4] 履歴を再確認する

履歴を再確認します。新しく「3」というリビジョンできました。もちろん、さらに「--to-revision=2」をして、rollout undoすれば、この取り消し自体を取り消せますが、ここでは省略します。

**memo** リビジョン3で［CHANGE-CAUSE］が<none>なのは、手順2のコマンドで「--record=true」を指定しなかったからです。指定すれば、そのコマンドがここに残ります。

```
$ kubectl rollout history deployment my-deployment
deployment.apps/my-deployment
REVISION  CHANGE-CAUSE
2         kubectl apply --filename=deploy.yaml --record=true
3         <none>
```

### [5] 後始末

これでひとまず実験は終了です。削除しておきましょう。

```
$ kubectl delete -f deploy.yaml -f service.yaml
```

# 9-11 データの永続化

これまで説明してきたPodは、データを一切扱わない、ステートレスなサービスでした。今度は、コンテナがなくなっても、データを保存したままにできるようにする仕組みを考えます。

## 9-11-1 実験の内容

この節ではサンプルとして、アクセスカウンタを扱います。リロードするたびに数が増えていくという、ありがちなサンプルです。たくさんあるPodのうち、いま、どのPodに接続されているのかわかるよう、接続先のPodのホスト名を表示するようにもしています（**図表9-38**）。既定では、どのPodに接続されるか、都度、適当に振り分けられるため、何度か（場合によっては十数回）リロードすると別のPodに接続されるので、ホスト名の部分が変わります。

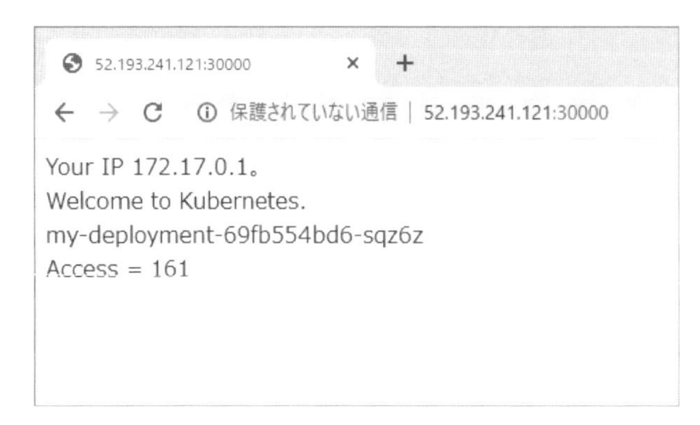


図表9-38　アクセスカウンタの例

ここではプログラムを**リスト9-5**のように実装します。リスト9-5では、カウンタ値を/var/data/cnt.txtというファイルに書き込んでいます。ファイルロックする処理を除けば、基本的には、/var/data/cnt.txtを開いて読み取り、それに「1」を加えたものを書き戻すという処理をしているだけです。

リスト9-5　アクセスカウンタとPodのホスト名を表示するように修正したindex.php

```
<html>
<body>
Your IP <?php echo $_SERVER['REMOTE_ADDR'] ?>。
<br>
Welcome to Kubernetes.
<br>
<?php echo gethostname() ?>
<br>
<?php
$cntfile = '/var/data/cnt.txt';
if (!file_exists($cntfile)) {
        //  ファイルがないとき
        $value = 1;
        $fp = file_put_contents($cntfile, $value . "\n", LOCK_EX);
} else {
        $fp = fopen($cntfile, 'r+');
        if (flock($fp, LOCK_EX)) {
                $value = intval(trim(fgets($fp)));
                $value++;
                ftruncate($fp, 0);
                fputs($fp, $value . "\n");
                flock($fp, LOCK_UN);
```

```
        } else {
                echo ('error');
                exit();
        }
        fclose($fp);
}
echo('Access = ' . $value);
?>
</body>
</html>
```

Podのホスト名を表示するには、

```
<?php echo gethostname() ?>
```

のように、gethostname()を用いています。Pod内のコンテナでは、この/var/dataディレクトリを、あらかじめKubernetesクラスターに作っておいた永続的なボリュームにマウントします。永続的なボリュームのことをPersistentVolumeと言います。すべてのPodが同じPersistentVolumeにマウントすることで、ユーザーがどのPodにアクセスしても、同じアクセスカウンタの値を参照・更新するようにします（**図表9-39**）。

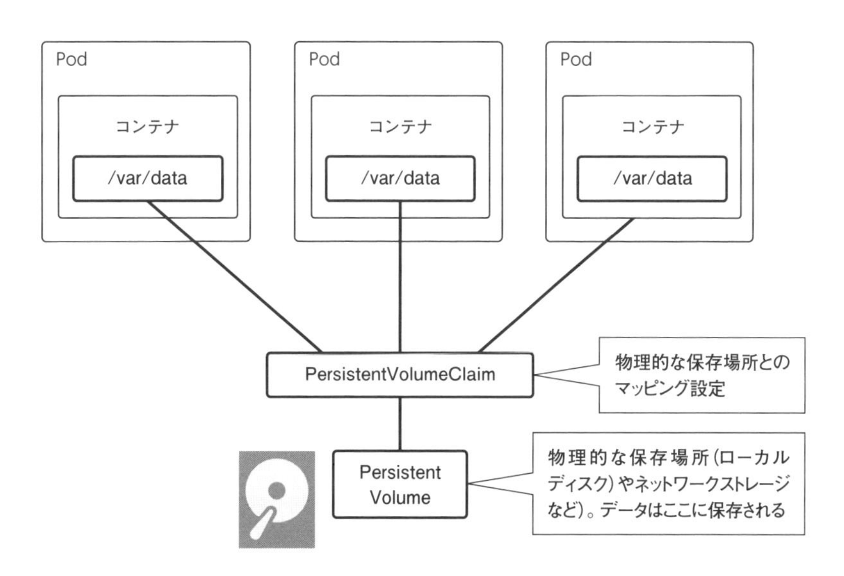


図表9-39　すべてのPodで同じPersistentVolumeにアクセスする

**memo** 図表9-39のような構成は、あまりよい設計ではありません。PersistentVolumeを使うよりも、NFSやS3のような共有ストレージを使う、もしくは、データベースを使う、もしくはRedisなどのキーバリューストアなどを使ったほうがよいです。これはあくまでも、KubernetesのPersistentVolumeの動きを理解するための例であり、優れた設計ではありません。

## 9-11-2 PersistentVolumeとPersistentVolumeClaim

PersistentVolumeは、Kubernetesが提供する永続化ボリュームです。ここに保存したデータは消えることはありません。ではコンテナは、Dockerでやってきたような、バインドマウントやボリュームマウントのように、あるディレクトリをPersistentVolumeにマウントすればよいのかというと、少し違います。すでに図表9-39にも示してしまいましたが、Kubernetesでは、その間をPersistentVolumeClaimが取り持ちます（Claimとは、要請とか申し出という意味です）。

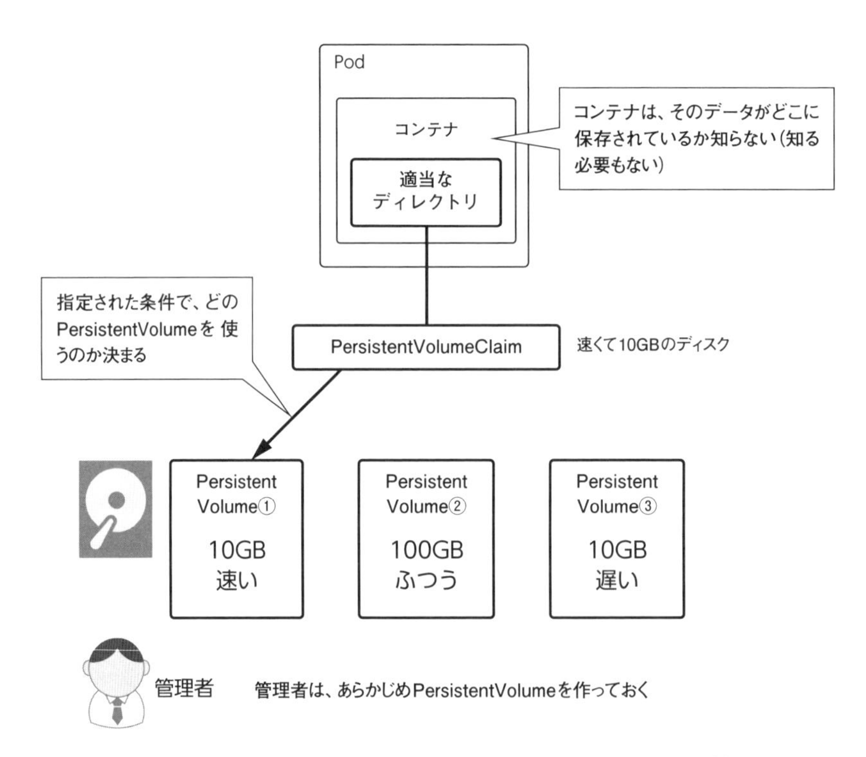


図表9-40 PersistentVolumeとPersistentVolumeClaimとの関係

PersistentVolumeは、Kubernetesが提供する「永続化保存できる、物理的な場所」です。これはワーカーノード上のディスクだったり、NFSやS3などの共有ディスクだったりします。Kubernetesの管理者は、あらかじめPersistentVolumeをいくつか用意しておき、その名前や仕様（速いディスクか遅いディスクか）などをラベルとして登録しておきます。

コンテナ側では、PersistentVolumeを直接マウントするのではなく、PersistentVolumeClaimをマウントします。PersistentVolumeClaimには、「どんな条件のPersistentVolumeを使うのか」を指定しておきます。例えば名前や仕様などラベルとして登録された情報、そして、容量です。するとKubernetesが、条件に合うPersistentVolumeを選び、それを使うように構成してくれます（**図表9-40**）。

この図からわかるように、PersistentVolumeは管理者が事前に作成しておくのが基本ですが、PersistentVolumeClaimにマウントしたときに、条件に合致するPersistentVolumeがないときには、それを自動で生成することもできます。その機能をDynamic Provisioningと言います。

## 9-11-3 イメージを更新する

それでは、始めていきましょう。まずは、第8章で作成したmyexampleのイメージ（「8-4-8 コマンドの実行やパッケージインストールを伴う例」（p.272））を更新します。先の「9-10 バージョンアップとロールバック」（p.384）で行ったのとほぼ同じなので、ここでは手順をいくつか端折ります。タグ名には「2.0」を指定します。

### 手順 myexampleイメージを修正する

#### [1] PHPプログラムの内容を変更する

第8章のphpimageディレクトリに移動し、nanoエディタなどを使って、index.phpの内容を、前述のリスト9-5のように書き換えます。

```
$ cd ~/phpimage
$ nano index.php
…リスト9-5のように修正…
```

#### [2] Dockerfileを修正する

Dockerfileに対して、/var/dataディレクトリを作る処理を加えます（**リスト9-6**）。

リスト9-6 /var/dataディレクトリを作成するようにしたDockerfile

```
FROM debian
EXPOSE 80
RUN apt update \
&& apt install -y apache2 php libapache2-mod-php \
&& apt clean \
&& rm -rf /var/lib/apt/lists/* \
&& rm /var/www/html/index.html \
&& mkdir /var/data
COPY index.php /var/www/html/
CMD /usr/sbin/apachectl -DFOREGROUND
```

### [3] ビルドしてリポジトリに登録する

Docker Hubに登録できるようにビルドします。タグとして「2.0」を付けましょう。

```
$ docker build . -t 自分のDockerID/myexample:2.0
```

ビルドしたイメージをDocker Hubに登録します。

```
$ docker login
$ docker push 自分のDockerID/myexample:2.0
```

## 9-11-4 PersistentVolumeとPersistentVolumeClaimを作るマニフェスト

まずは、PersistentVolumeとPersistentVolumeClaimを作るマニフェストを作ります。ファイル名は、persistent.yamlとします（**リスト9-7**）。PersistentVolumeの定義とPersistentVolumeClaimの定義の2つが含まれています。「---」で区切られており、前半がPersistentVolume、後半がPersistentVolumeClaimです。

リスト9-7 PersistentVolumeとPersistentVolumeClaimを作るpersistent.yaml

```
apiVersion: v1
kind: PersistentVolume
metadata:
  name: my-volume
spec:
  accessModes:
```

```
      - ReadWriteMany
    capacity:
      storage: 1Mi
    storageClassName: standard
    hostPath:
      path: /data/counterapp

---

apiVersion: v1
kind: PersistentVolumeClaim
metadata:
  name: my-volume-claim
spec:
  accessModes:
    - ReadWriteMany
  resources:
    requests:
      storage: 1Mi
  storageClassName: standard
  volumeName: my-volume
```

### PersistentVolumeの定義

前半ではkindにPersistentVolumeを指定して、PersistentVolumeを定義しています。metadataの部分ではnameに「my-volume」を指定して、名称を「my-volume」にしています。specの部分では、どんな永続ボリュームにするのかを設定しています。

(1)accessModes

アクセスの種類を示します。**図表9-41**に示すいずれかの値です。ここでは、図表9-39に示したように、全Podが読み書きのアクセスをするため、ReadWriteManyを指定しました。どのアクセスモードがサポートされているのかは、PersistentVolumeの種類（ローカルなのか、NFSなのか、その他のストレージなのか）によって異なります。サポート状況については、下記のページを参考にしてください。

【Persistent Volumes】
https://kubernetes.io/docs/concepts/storage/persistent-volumes/

| アクセスモード | 略記 | 説明 |
|---|---|---|
| ReadWriteOnce | RWO | 単一のノードで読み書き可能としてマウントできる |
| ReadOnlyMany | ROX | 複数のノードで読み取り専用としてマウントできる |
| ReadWriteMany | RWX | 多数のノードが読み書き可能としてマウントできる |

図表9-41　アクセスモード

(2)capacity

確保する容量です。ここでは1Mi(メビバイト；2の20乗＝1,048,576バイト)を設定しました。

(3)storageClassName

ストレージの分類です。ここでは標準的なstandardを指定しておきます。

(4)hostPath

保存先です。hostPathはローカルなディスクに保存するときの設定です。ほかにも、NFSならNFS専用の、AWSのEBS(EC2などで利用するディスクです)なら、それ専用の書式があるので、どんな種類のボリュームを使うのかによって、適した書き方をします。それぞれの書き方については、「Kubernetes API Reference」(https://kubernetes.io/docs/reference/#api-reference)に記載されています。Minikubeの場合は、hostPathに/dataディレクトリ以下を指定することで、ローカルなディスクに保存できるので、ここではそうしています。詳細は、Minikubeの「Persistent Volumes」(https://minikube.sigs.k8s.io/docs/handbook/persistent_volumes/)というドキュメントの項を参照してください。

### PersistentVolumeClaim

後半はPersistentVolumeClaimの設定です。nameには「my-volume-claim」を指定しています。accessModesはアクセスモードです。これは先に図表9-41に示した値と同じです。requestsは要求する仕様を示します。ここではstorageを1Miとし、1Mバイト以上の容量を要求しています。storageClassNameはstandardとしました。これはPersistentVolumeで指定したものと合致しなければならないので注意してください。PersistentVolumeClaimでは、この値を最重視します。この値が合致しなければ、たとえ次に説明するvolumeNameが合致しても、そのPersistentVolumeは選ばれません。最後のvolumeNameは、利用するボリューム名を指定するものです。ここでは「my-volume」を指定しており、前半で作成したPersistentVolumeを使うようにしています。

## 9-11-5 PersistentVolumeとPersistentVolumeClaimを作る

マニフェストができたので、実際に、PersistentVolumeを作成してみましょう。

## 手順 PersistentVolumeとPersistentVolumeClaimを作る

### [1] PersistentVolumeとPersistentVolumeClaimを作る

リスト9-7に示したリソースを作成します。my-volumeとmy-volume-claimの2つが作られます。

```
$ kubectl create -f persistent.yaml
persistentvolume/my-volume created
persistentvolumeclaim/my-volume-claim created
```

### [2] 作成されたPersistentVolumeを確認する

作成されたPersistentVolumeを確認しましょう。次のように入力すると、確認できます（pvはPersistentVolumeの略）。1Miのmy-volumeという名前のボリュームが作られたことがわかります。

```
$ kubectl get pv
NAME       CAPACITY   ACCESS MODES   RECLAIM POLICY   STATUS   CLAIM                     STORAGECLASS   REASON   AGE
my-volume  1Mi        RWX            Retain           Bound    default/my-volume-claim   standard                3m7s
```

### [3] PersistentVolumeClaimを確認する

自動で生成されたPersistentVolumeClaimを確認しましょう。次のように入力すると確認できます（pvcはPersistentVolumeClaimの略）。my-volume-claimという名前のPersistentVolumeClaimが作成されており、VOLUMEの項目には、my-volumeが設定されている。つまり、手順［2］で確認したPersistentVolumeと結びつけられていることがわかりました。

> **memo** STATUSが「Pending」の場合は、PersistentVolumeの名前を間違えた可能性があります。一度、kubectl delete -f persistent.yamlで削除し、正しいかを確認して、再度、試してください。

```
$kubectl get pvc
NAME             STATUS   VOLUME      CAPACITY   ACCESS MODES   STORAGECLASS   AGE
my-volume-claim  Bound    my-volume   1Mi        RWX            standard       3m33s
```

### [4] /data/counterappの権限を変更する

/data/counterappディレクトリができます。全ユーザーが読み書きできるよう、chmod 777します。

```
$ sudo chmod 777 /data/counterapp
```

## 9-11-6 PersistentVolumeをマウントするためのマニフェスト

次にDeploymentオブジェクトを定義するdeploy.yamlファイルを修正し、/var/dataディレクトリに対して、いま作成したPersistentVolumeClaimをマウントするように修正します。その内容は、**リスト9-8**の通りです。

リスト9-8 PersistentVolumeを使うようにしたdeploy.yaml

```
apiVersion: apps/v1
kind: Deployment
metadata:
  name: my-deployment
spec:
  replicas: 5
  selector:
    matchLabels:
      app: my-app
  template:
    metadata:
      labels:
        app: my-app
    spec:
      containers:
        - name: my-container
          image: 自分のDocker ID/myexample:2.0
          ports:
            - containerPort: 80
          volumeMounts:
            - name: my-volume-storage
              mountPath: /var/data
      imagePullSecrets:
        - name: mysecret
      volumes:
        - name: my-volume-storage
          persistentVolumeClaim:
            claimName: my-volume-claim
```

イメージに「2.0」のタグを付けたので、imageの設定は、

```
image: 自分のDocker ID/myexample:2.0
```

のようにしました。PersistentVolumeを使う設定は、次の部分にあります。

(1) コンテナでボリュームをマウントする

containersの部分には、下記のようにvolumeMountsという設定があります。nameが利用するボリュームの名前、monthPathがマウント対象のディレクトリです。

```
containers:
  - name: my-container
      image: 自分のDocker ID/myexample:2.0
      ports:
       - containerPort: 80
      volumeMounts:
       - name: my-volume-storage
         mountPath: /var/data
```

ここでは/var/dataをmy-volume-storageというボリュームにマウントしようとしています。このボリュームは、次の(2)の部分で定義しているボリュームです。

(2) ボリュームの定義

ボリュームは、volumesの部分で定義しています。nameに指定しているのはボリューム名です。ここでは、my-volume-storageという名前にし、(1)のvolumeMountsで指定した名前と合致させています。PersistentVolumeClaimというのは、マウント先のPersistentVolumeClaimオブジェクトの値です。リスト9-7では「my-volume-claim」という名前でPersistentVolumeClaimオブジェクトを作成しておいたので、それを指定します。

```
volumes:
  - name: my-volume-storage
    persistentVolumeClaim:
      claimName: my-volume-claim
```

### コラム　subPathで小分けにする

volumeMountsでは、subPathという設定をすることもできます。sutPathは、mountPathの下の、指定したサブディレクトリにマウントするという意味です。例えば下記の例では、my-volume-storageのfooというサブディレクトリにマウントされます。

```
volumeMounts:
  - name: my-volume-storage
    mountPath: /var/data
    subPath: foo
```

subPathは、1つのボリュームをディレクトリで小分けにしたいときに使います。PersistentVolumeを必要なだけ作るのはコストがかかるので、ある程度、大きめのものを1つ作り、それをsubPathで分けて使うと、コストを軽減できます。

## 9-11-7 PersistentVolumeに共有データを保存する

では、実際に試してみましょう。

### 手順 PersistentVolumeを使ったアクセスカウンタの例

#### [1] デプロイする

リスト9-8に示したDeploymentオブジェクトを作成してデプロイします。

```
$ kubectl create -f deploy.yaml
deployment.apps/my-deployment created
```

#### [2] マウントされているか確認する

マウントされているかどうかを確認しましょう。まずは、Podの一覧を取得します。

```
$ kubectl get pods
NAME                              READY   STATUS    RESTARTS   AGE
my-deployment-6f8ff8bf76-8m51q    1/1     Running   0          69s
my-deployment-6f8ff8bf76-c5bdp    1/1     Running   0          69s
my-deployment-6f8ff8bf76-fqwsf    1/1     Running   0          69s
my-deployment-6f8ff8bf76-mtt9j    1/1     Running   0          69s
my-deployment-6f8ff8bf76-wvhvr    1/1     Running   0          69s
```

ここでは一番上のPodに対して、describeしてみます。すると、/var/dataがmy-volume-storageにマウントされていることがわかります。

```
$ kubectl describe pod my-deployment-6f8ff8bf76-8m5lq
Name:         my-deployment-6f8ff8bf76-8m5lq
…略…
Containers:
  my-container:
    Container ID:   docker://58fe5906c4c099c854423ec2c4978feb9e4f1b556ed946031cce222a085bd80b
    Image:          自分のDockerID/myexample:2.0
    …略…
    Mounts:
      /var/data from my-volume-storage (rw)
…略…
Volumes:
  my-volume-storage:
    Type:       PersistentVolumeClaim (a reference to a PersistentVolumeClaim in the same namespace)
    ClaimName:  my-volume-claim
    ReadOnly:   false
…略…
```

### [3] Serviceを起動して動作テストする

以上で設定完了です。もしServiceを起動していないのなら、Serviceオブジェクトを作成しましょう。

```
$ kubectl create -f service.yaml
```

そして、ブラウザで「http://EC2インスタンスのIP:30000/」にアクセスしてください。アクセスカウンタが表示され、リロードするたびに数が増えていくことを確認しましょう（**図表9-42**）。

画面にはPodのホスト名が表示されます。何度かリロードして、別のPodに接続したとき（表示されるPodのホスト名が変わったとき）にも、継続して（アクセスカウンタが0に戻るなどすることなく）表示されることを確認しましょう。

図表9-42　アクセスカウンタが表示されることを確認する

### コラム　PersistentVolumeやPersistentVolumeClaimを削除する

　このあとまだ実験が続くので、ここではPersistentVolumeやPersistentVolumeClaimを削除しませんが、もし削除したいのなら、

```
$ kubectl delete -f persistent.yaml
```

のように削除してください。もちろん、次のように、名前で削除することもできます。

```
$ kubectl delete pv PersistentVolume名
```

```
$ kubectl delete pvc PersistentVolumeClaim名
```

**memo**　何らかの事情でMinikubeを初期化したいときは、「sudo minikube delete」と入力します。すると、すべてのKubernetesオブジェクトが消え、「sudo minikube start --vm-driver=none」とすれば、まっさらな状態から、Minikubeを使い始めることができます。

# 9-12 Job

バッチ処理などを作るときは、コンテナを1回だけ、もしくは定期的に実行したいことがあるでしょう。そのようなときに使うのが、Jobです。

## 9-12-1 実験の内容

この節では、アクセスカウンタの値を変更してみます。前節では、アクセスカウンタを/var/data/cnt.txtに書き込んでいます。この値を変更すれば、アクセスカウンタの値を変更できます。

## 9-12-2 Jobのマニフェストを作る

Jobは、とても簡単です。早速始めましょう。まずは、**リスト9-9**に示すマニフェストを作ります。ファイル名はjob.yamlとします。このジョブでは、話を簡単にするため、新しくイメージを作るのではなく、busyboxを使いました。busyboxを起動して、

```
/bin/sh -c echo 0 > /var/data/cnt.txt
```

と実行することで、アクセスカウンタを保持しているcnt.txtを「0」に設定します。

リスト9-9　job.yaml

```
apiVersion: batch/v1
kind: Job
metadata:
  name: my-job
spec:
  parallelism: 1
  completions: 1
  template:
    spec:
      containers:
        - name: my-job
          image: busybox
          command: ["/bin/sh", "-c"]
```

```
        args:
          - echo 0 > /var/data/cnt.txt
        volumeMounts:
          - name: my-volume-storage
            mountPath: /var/data
    restartPolicy: Never
    volumes:
      - name: my-volume-storage
        persistentVolumeClaim:
          claimName: my-volume-claim
```

### kindとapiVersion

kindには「Job」を指定します。apiVersionは、「batch/v1」です。

### metadata

metadataでは、このJobオブジェクトに対して、「my-job」という名前を付けました。

### spec

specでは、このJobの詳細情報を記述します。次の設定をしています。

(1)parallelism

同時実行数です。ここでは1つだけ実行することにしました。

(2)completions

(1)で実行したジョブのうち、いくつ成功したら完了したかとみなす値です。ここでは「1」を設定して、1つ成功したら成功とみなしました。

(3)image、command、args

imageでは、busyboxを設定しています(これは公式イメージであり認証は必要ないので、これまでのマニフェストと違って、imagePullSecretsを記述していません)。そしてcommandではシェルを指定し、argsで「echo 0 > /var/data/cnt.txt」を指定することで、このコマンドを実行しようとしています。

(4)restartPolicy

失敗したときに再実行するかを決めます。ここでは「Never」を指定することで、失敗しても再実行しないようにしました。「OnFailure」を指定すると、失敗したときは、再実行するようにもできます。

(5)volumeMountsなど

/var/dataを、これまで説明してきたように、PersistentVolumeClaimにマウントする設定です。

## 9-12-3 Jobを実行する

Jobの実行は簡単です。createするだけです。

### 手順 Jobを実行する

#### [1] Jobを実行する

job.yamlを読み込んでJobオブジェクトを作ります。これで、Jobオブジェクトで指定されているコンテナが1回実行されます。

```
$ kubectl create -f job.yaml
job.batch/my-job created
```

#### [2] 成功したかを確認する

次のコマンドを入力して、正常に実行できたかを確認します。COMPLATIONSが1/1であり、1つ実行され、1つの実行が完了したようです。

```
$ kubectl get jobs
NAME     COMPLETIONS   DURATION   AGE
my-job   1/1           3s         72s
```

#### [3] 動作を確認する

ブラウザで「http://EC2インスタンスのIPアドレス:30000/」にアクセスし、アクセスカウンタが0クリアされたことを確認します。

#### [4] Jobから起動したコンテナを確認する

Jobが終了しても、Jobから起動したコンテナは(停止中として)、残ります。これはkubectl get podsで確認できます。

```
$ kubectl get pods
NAME           READY   STATUS      RESTARTS   AGE
my-job-gj4z6   0/1     Completed   0          2m24s
```

### [5] 起動履歴を確認する

望みならば、このPodにdescribeすることで、詳細な情報を見られます。Jobがうまく動かないときは、こうした方法で確認するとよいでしょう。

```
$ kubectl describe pod my-job-gj4z6
Name:         my-job-gj4z6
…略…
Events:
  Type    Reason     Age    From                          Message
  ----    ------     ----   ----                          -------
  Normal  Scheduled  4m59s  default-scheduler             Successfully assigned default/my-job-gj4z6 to ip-
172-31-35-228
  Normal  Pulling    4m59s  kubelet, ip-172-31-35-228  Pulling image "busybox"
  Normal  Pulled     4m56s  kubelet, ip-172-31-35-228  Successfully pulled image "busybox"
  Normal  Created    4m56s  kubelet, ip-172-31-35-228  Created container my-job
  Normal  Started    4m56s  kubelet, ip-172-31-35-228  Started container my-job
```

### [6] Jobを削除する

以上で実験は終了です。Jobオブジェクトを削除します。これに伴い、作成されたPodも削除されます。

```
$ kubectl delete -f job.yaml
job.batch "my-job" deleted
```

### コラム CronJob

CronJobは、設定したスケジュール通りに定期的に実行するオブジェクトです。スケジュール時間は、Linuxのcrontabと同じ書式で、schedule項目に記述します。**リスト9-10**に、CronJobの例を示します。これは1分ごとにアクセスカウンタ（/var/data/cnt.txt）を0に設定する例です。本書では説明しませんが、CronJobでは、指定した時刻になったときに、前に実行中のものが、まだ残っていた（スケジュールの実行が被った）ときにスキップするかどうかの設定項目（concurrencyPolicy）、一時的に無効化する設定（suspend）などもあります。詳細については、

Kubernetes API Referenceを参照してください。

リスト9-10　CronJobの例

```
apiVersion: batch/v1beta1
kind: CronJob
metadata:
  name: my-job
spec:
  schedule: "*/1 * * * *"
  jobTemplate:
    spec:
      template:
        spec:
          containers:
          - name: my-job
            image: busybox
            command: ["/bin/sh", "-c"]
            args:
              - echo 0 > /var/data/cnt.txt
            volumeMounts:
              - name: my-volume-storage
                mountPath: /var/data
          restartPolicy: Never
          volumes:
            - name: my-volume-storage
              persistentVolumeClaim:
                claimName: my-volume-claim
```

# 9-13 StatefulSetを用いた負荷分散とセッション情報の管理

Webシステムでは、セッション情報を用いて、一時的にユーザーのデータを保存することがあります。例えばPHPでは、$_SESSIONに値を設定すると、ユーザーがブラウザを閉じるまで、任意の値を保持しておけます。こうした仕組みは、ショッピングサイトの「カゴに入れる」などの仕組みで利用されています。Kubernetesのように複数のPodで分散処理するシステムでは、工夫しないと、こうしたセッション情報が失われてしまうことがあります。

## 9-13-1 実験の内容

この節では、**図表9-43**に示す、簡易な「カゴに入れる」の仕組みを模したサンプルを使います。画面には［キュウリ］［トマト］［豆腐］というボタンがあり、それぞれのボタンをクリックすると、カゴの中身が増えます。［リロード］ボタンをクリックしたときは、再読込します。また一番下には、どのPodに接続しているのかがわかるよう、Podのホスト名を表示するようにしています。図表9-43の動きを実現するプログラムを、**リスト9-11**に示します。

> **memo** リスト9-11には脆弱性があります。「<input type="submit" name="add" value="キュウリ">」のvalueを変更すれば、任意の商品を追加できるからです。仮に、valueの部分にJavaScriptなどが埋め込まれれば、スクリプトインジェクションの危険性もあります。しかし本書は、セキュリティに関する本ではありませんから、わかりやすさを重視し、理解を妨げる余計なコードは書かないことにします。

図表9-43　ショッピングサイトを模した例

リスト9-11　ショッピングサイトを模したプログラムの例（cart.php）

```
<html>
<body>
<?php
session_start();
$cart = isset($_SESSION['cart']) ? $_SESSION['cart'] : [];
if (isset($_POST['add'])) {
        $product = $_POST['add'];
    @$cart[$product]++;
    $_SESSION['cart'] = $cart;
}
?>
<h1>ショッピング</h1>
<h2>カゴの中身</h2>
<?php
        foreach ($cart as $key => $value) {
        echo $key . ":" . $value . "個<br>";
        }
?>
<h2>商品を選ぶ</h2>
<form method="POST" action="<?php echo $_SERVER['SCRIPT_NAME']?>">

<input type="submit" name="add" value="キュウリ"><br>
<input type="submit" name="add" value="トマト"><br>
<input type="submit" name="add" value="豆腐"><br>

<br>
<input type="submit" name="reload" value="リロード">
</form>

<?php echo gethostname() ?>
</body>
</html>
```

実際に、これを複数のPodで構成したシステムで試すとわかりますが、別のPodに接続した瞬間にカゴの中身が空になります。これは、セッション情報が、それぞれのPodの中に保存されているからです。別のPodには、自分のセッション情報がないので、カゴの情報が失われてしまうのです。またもちろん、Podが何らかの障害で失われた、もしくは、明示的にdeleteしたときにも、もちろん、カゴの中身が失われます（**図表9-44**）。

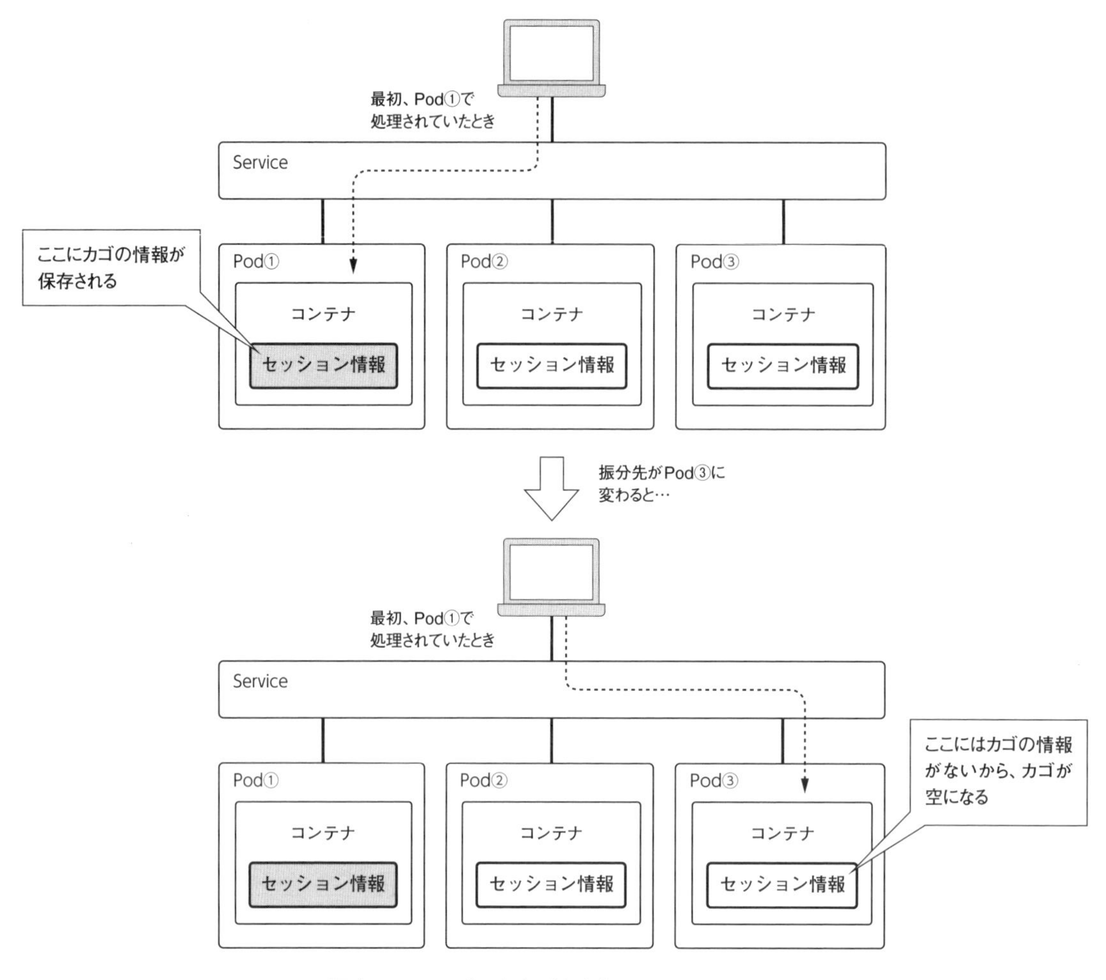


図表9-44　カゴの中身がなくなってしまうケース

これを解決するには、2つの対策をします。

(1) 同じクライアントは同じPodに接続されるようにする

1つめの対策は、ランダムに接続先のPodを選択するのではなく、同じクライアントは同じPodに接続されるように構成します。これは比較的簡単で、Serviceのspecに「sessionAffinity: ClientIP」を設定することで実現できます。この値を設定すると、クライアントのIPアドレスに基づき、同じクライアントは同じPodに割り振られるようになります。

(2) セッション情報の保存先をPersistentVolumeにする

2つめの対策は、セッション情報の保存先をPersistentVolumeにマウントします。詳しい話は割愛しますが、PHPは既定で、セッション情報を/var/lib/php/sessionsに保存しています。このディレクトリをPersistentVolume（より正確に言うと、PersistentVolumeClaimを通じてPersistentVolumeへと）にマウントします。PersistentVolumeは、「9-11　データの永続化」(p.393) で使いました。このときは、すべてのPodで同じPersistentVolumeをマウントしました。今回はそうではなく、それぞれのPodが、別々のPersistentVolumeをマウントするようにします (**図表9-45**)。そしてPod内のコンテナを更新するときは、同じPersistentVolumeをマウントすることによって、前回Podが利用していたセッション情報を引き継げるようにします。このような仕組みは、Deploymentオブジェクトの代わりにStatefulSetオブジェクトを使うことで実現できます。

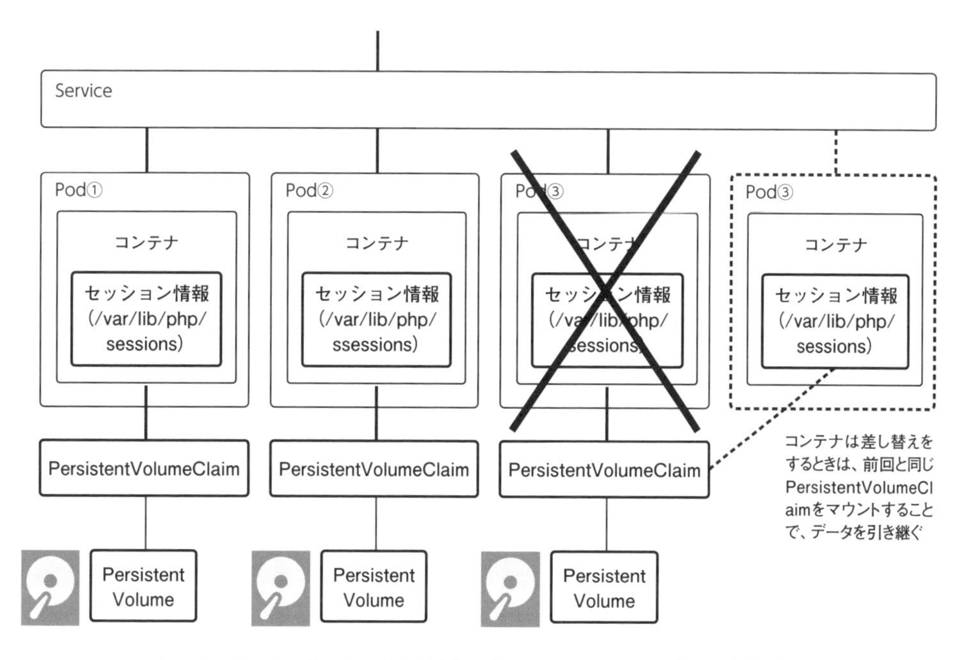


図表9-45　セッション情報の保存先をPersistentVolumeとして構成する

## 9-13-2　イメージを更新する

それでは始めましょう。まずは、リスト9-11に示したcart.phpを、Dockerイメージに追加しましょう。第8章からずっと作成を続けているmyexampleイメージを更新します。

## 手順 myexampleイメージにcart.phpを追加する

### [1] PHPプログラムを追加する

第8章のphpimageディレクトリに移動し、nanoエディタなどを使って、cart.phpファイルを、前述のリスト9-11に示した内容で作成します。

```
$ cd ~/phpimage
$ nano cart.php
…リスト9-11のように新規作成…
```

### [2] Dockerfileを修正する

Dockerfileに対して、cart.phpファイルを、コンテナの/var/www/htmlにコピーする処理を加えます（リスト9-12）。

リスト9-12　cart.phpファイルをコピーするように修正したDockerfile

```
FROM debian
EXPOSE 80
RUN apt update \
&& apt install -y apache2 php libapache2-mod-php \
&& apt clean \
&& rm -rf /var/lib/apt/lists/* \
&& rm /var/www/html/index.html \
&& mkdir /var/data
COPY index.php /var/www/html/
COPY cart.php /var/www/html/
CMD /usr/sbin/apachectl -DFOREGROUND
```

### [3] ビルドしてリポジトリに登録する

Docker Hubに登録できるようにビルドします。タグとして「3.0」を付け、Docker Hubに登録します。

```
$ docker build . -t 自分のDockerID/myexample:3.0
```

```
$ docker login
$ docker push 自分のDockerID/myexample:3.0
```

## 9-13-3 StatefulSetオブジェクトやServiceオブジェクトのマニフェストを作る

それでは、セッション情報を保持できるようなStatefulSetオブジェクトやServiceオブジェクトのマニフェストを作ります。**リスト9-13**の内容とし、statefulset.yamlという名前で保存することにします。リスト9-13は「---」で区切って、2つのオブジェクトを定義しています。前半がServiceオブジェクト、後半がStatefulSetオブジェクトの定義です。

リスト9-13　statefulset.yaml

```
# Service
apiVersion: v1
kind: Service
metadata:
  name: my-service
spec:
  type: NodePort
  sessionAffinity: ClientIP
  ports:
  - nodePort: 30000
    port: 8080
    targetPort: 80
    protocol: TCP
  selector:
    app: my-app

---
# StatefulSet
apiVersion: apps/v1
kind: StatefulSet
metadata:
  name: my-stateful
spec:
  serviceName: my-service
  replicas: 3
  selector:
    matchLabels:
      app: my-app
  template:
    metadata:
      labels:
```

```
        app: my-app
    spec:
      containers:
      - name: my-container
        image: 自分のDocker ID/myexample:3.0
        ports:
        - containerPort: 80
        volumeMounts:
          - name: my-volume-storage
            mountPath: /var/data
          - name: my-volume-session
            mountPath: /var/lib/php/sessions
      volumes:
        - name: my-volume-storage
          persistentVolumeClaim:
            claimName: my-volume-claim
  volumeClaimTemplates:
  - metadata:
      name: my-volume-session
    spec:
      accessModes:
        - ReadWriteOnce
      resources:
        requests:
          storage: 5Mi
      storageClassName: standard
```

## Serviceオブジェクトの定義

Serviceオブジェクトの変更点は、「sessionAffinity: ClientIP」を指定したところだけです。ほかに特記すべきところはありません。

## StatefulSetオブジェクトの定義

StatefulSetオブジェクトは、Deploymentオブジェクトと同様に、配下に複数のPod（レプリカ）を配置するものですが、それぞれのPodが状態（ステート）を持っていることを前提としており、Pod内のコンテナが終了して、その代替えが起動する際に、同じIPアドレスが割り当てられる、同じPersistentVolumeClaimが割り当てられるという点が異なります。

## kindとapiVersion

kindには「StatefulSet」を指定します。apiVersionは、「apps/v1」です。

## metadata

metadataでは、このStatefulSetオブジェクトに対して、「my-stateful」という名前を付けました。

## spec

specでは、このJobの詳細情報を記述します。次の設定をしています。

(1)serviceName

上位に設置するServiceオブジェクトの名前です。指定している「my-service」は、このファイルの前半で定義しているServiceオブジェクトの名前です。

(2)replicasとselector

配下に配置するレプリカ数とPodを設定します。この設定はDeploymentオブジェクトと同じです。ここでは、「appというキーにmy-appという名前で付いているPodを3つ」を、このStatefulSetオブジェクトの配下に設置するようにしました。

(3)template

Deploymentオブジェクトと同様に配下に作成するPodのテンプレートを記述します。

## PersistentVolumeの定義

コンテナのマウント設定は、templateのvolumesの部分に記述してあり、次の2つのマウントの設定をしています。このうちの「/var/data」のほうは、「9-11　データの永続化」(p.393)で設定したのと同じなので、説明を省きます。

```
volumeMounts:
  - name: my-volume-storage
    mountPath: /var/data
  - name: my-volume-session
    mountPath: /var/lib/php/sessions
```

今回新たに設定したのは、/var/lib/php/sessionsをmy-volume-sessionというボリュームに割り当てる部分です。/var/lib/php/sessionsは、PHPにおいて、セッション情報($_SESSIONで読み書きする情報）の既定の保存先です。ここで指定しているmy-volume-sessionは、次のように定義しています。この定義によって、specに指定しているPersistentVolumeClaimが、Podごとに1つ作られます。そしてそれに伴い、PersistentVolumeClaimに対応するPersistentVolumeも動的に生成されます。

```
volumeClaimTemplates:
- metadata:
    name: my-volume-session
  spec:
    accessModes:
      - ReadWriteOnce
    resources:
      requests:
        storage: 5Mi
    storageClassName: standard
```

specの部分では、希望するPersistentVolumeの仕様を記述します。ここではstorageに「5Mi」として5Miのディスクを要求しました。またここではaccessModesは「ReadWriteOnce」に設定している点に注意してください。図表9-45（p.415）に示したように、このPersistentVolumeは、1つのPodからしか使われることがないからです。

## 9-13-4 StatefulSetオブジェクトを試す

マニフェスト通りにStatefulSetオブジェクトやServiceオブジェクトを作成して、StatefulSetがどのような挙動になるのかを見ていきましょう。

### 手順 StatefulSetオブジェクトを試す

#### [1] StatefulSetオブジェクトとServiceオブジェクトを作る

リスト9-13に示したstatefulset.yamlを元に、StatefulSetオブジェクトとServiceオブジェクトを作成します。

**memo** これらの定義内容は、これまで作ってきたdeploy.yamlとservice.yamlとかち合うため、もし、これらを作成しているのであれば、実行前に、「kubectl delete -f deploy.yaml -f service.yaml」として、削除しておいてください。

```
$ kubectl create -f statefulset.yaml
service/my-service created
statefulset.apps/my-stateful created
```

### [2] 状態を確認する

状態を確認しましょう。まずは、StatefulSetオブジェクトを確認します。3つのPodが正しく動いているようです。

```
$ kubectl get statefulset
NAME          READY   AGE
my-stateful   3/3     51s
```

今度は、Pod一覧を確認しましょう。3つのPodが動いているようです。ここでは、Deploymentオブジェクトの場合と違い、Pod名はランダムではなく、「-0」「-1」のように、規則的な名前が付くことに注目しましょう。

```
$ kubectl get pods
NAME                READY   STATUS      RESTARTS   AGE
my-stateful-0       1/1     Running     0          92s
my-stateful-1       1/1     Running     0          87s
my-stateful-2       1/1     Running     0          84s
```

次に、PersistentVolumeClaimを確認します。それぞれのPodのために、PersistentVolumeClaimが作られたことがわかります。「my-volume-session-my-stateful1-0」「同1」「同2」というのが、それです。

```
$ kubectl get pvc
NAME                             STATUS   VOLUME                                     CAPACITY   ACCESS MODES   STORAGECLASS   AGE
my-volume-claim                  Bound    my-volume                                  1Mi        RWX            standard       8h
my-volume-session-my-stateful-0  Bound    pvc-385ad8fa-b647-4a42-bd09-d40575713961   5Mi        RWO            standard       3m20s
my-volume-session-my-stateful-1  Bound    pvc-a19f01b1-2194-49a0-bbef-556825fa5f70   5Mi        RWO            standard       3m15s
my-volume-session-my-stateful-2  Bound    pvc-adb70df4-8202-40b1-a389-e0951252b64e   5Mi        RWO            standard       3m12s
```

もちろん、それに関連付けられたPersistentVolumeも作られています。

```
$ kubectl get pv
NAME                                       CAPACITY   ACCESS MODES   RECLAIM POLICY   STATUS   CLAIM                                       STORAGECLASS   REASON   AGE
my-volume                                  1Mi        RWX            Retain           Bound    default/my-volume-claim                     standard                8h
pvc-385ad8fa-b647-4a42-bd09-d40575713961   5Mi        RWO            Delete           Bound    default/my-volume-session-my-stateful-0     standard                4m35s
pvc-a19f01b1-2194-49a0-bbef-556825fa5f70   5Mi        RWO            Delete           Bound    default/my-volume-session-my-stateful-1     standard                4m30s
pvc-adb70df4-8202-40b1-a389-e0951252b64e   5Mi        RWO            Delete           Bound    default/my-volume-session-my-stateful-2     standard                4m27s
```

### [3] ブラウザで確認する

ブラウザで、「http://EC2インスタンスのIPアドレス:30000/cart.php」を開いて挙動を確認します。何度かリロードしても、カゴの中身が失われないこと、そして、一番下に表示されている、処理しているPodのホスト名が変わらないことを確認します（図表9-46）。

図表9-46 ブラウザで確認する

### [4] Podを削除する

複数台あると振分先が変わって挙動がわかりにくいので、まずは、配下のPodを1台に減らします。

```
$ kubectl scale --replicas=1 statefulset/my-stateful
```

Podの状態を確認します。しばらくはTerminatingですが、そのうち、「my-stateful-0」だけになるはずです。

```
$ kubectl get pods
NAME           READY   STATUS        RESTARTS   AGE
my-stateful-0  1/1     Running       0          13m
my-stateful-1  1/1     Running       0          13m
my-stateful-2  1/1     Terminating   0          13m
```

「my-stateful-0」だけになったら、ブラウザをリロードして操作し、カゴのなかに、いくつかの商品を入れます。そして、この「my-stateful-0」を削除します（しばらく時間がかかります）。

```
$ kubectl delete pod my-stateful-0
```

再度、Podの状態を確認します。「my-stateful-0」は依然として存在しますが、「AGE」が短くなっており、これは新たに作られたPodです。

```
$ kubectl get pods
NAME           READY   STATUS     RESTARTS   AGE
my-stateful-0  1/1     Running    0          5s
```

ここでブラウザをリロードしても、カゴの中身が失われないことを確認します。

### [5]　StatefulSetおよびServiceを削除する

これで確認は終わりです。StatefulSetやServiceを削除します。

```
$ kubectl delete -f statefulset.yaml
service "my-service" deleted
statefulset.apps "my-stateful" deleted
```

### [6]　PersistentVolumeClaimやPersistentVolumeは残る

Podの一覧を確認します。消えているはずです。

```
$ kubectl get pods
No resources found in default namespace.
```

PersistentVolumeClaimやPersistentVolumeを確認します。どちらも残っていることがわかります。このようにStatefulSetでは、これらのオブジェクトは自動で削除されません。手動で削除する必要があります。

**memo** 既定ではPersistentVolumeClaimを削除するとPersistentVolumeも消えます。これは下記の一覧からもわかるように、PersistentVolumeのRECLAIM POLICYがDeleteになっているためです。PersistentVolumeClaimを作ることで自動生成したPersistentVolumeは、この設定になっています。

```
$ kubectl get pv
NAME                                       CAPACITY   ACCESS MODES   RECLAIM POLICY   STATUS   CLAIM                                       STORAGECLASS   REASON   AGE
my-volume                                  1Mi        RWX            Retain           Bound    default/my-volume-claim                     standard                9h
pvc-385ad8fa-b647-4a42-bd09-d40575713961   5Mi        RWO            Delete           Bound    default/my-volume-session-my-stateful-0     standard                44m
pvc-a19f01b1-2194-49a0-bbef-556825fa5f70   5Mi        RWO            Delete           Bound    default/my-volume-session-my-stateful-1     standard                44m
pvc-adb70df4-8202-40b1-a389-e0951252b64e   5Mi        RWO            Delete           Bound    default/my-volume-session-my-stateful-2     standard                44m

$ kubectl get pvc
NAME                              STATUS   VOLUME                                     CAPACITY   ACCESS MODES   STORAGECLASS   AGE
my-volume-claim                   Bound    my-volume                                  1Mi        RWX            standard       9h
my-volume-session-my-stateful-0   Bound    pvc-385ad8fa-b647-4a42-bd09-d40575713961   5Mi        RWO            standard       44m
my-volume-session-my-stateful-1   Bound    pvc-a19f01b1-2194-49a0-bbef-556825fa5f70   5Mi        RWO            standard       44m
my-volume-session-my-stateful-2   Bound    pvc-adb70df4-8202-40b1-a389-e0951252b64e   5Mi        RWO
```

### コラム DeploymentオブジェクトではNGなことを試す

本文中では、話を簡単にするため、うまくいくStatefulSetの例しか試してみません。より理解を深めるには、Deploymentオブジェクトでは、StatefulSetと同じことはできないことを確認するとよいかも知れません。

deploy.yamlを

```
…略…
      containers:
        - name: my-container
          image: 自分のDockerID/myexample:3.0
          …略…
```

のように、「image: 自分のDockerID/myexample:3.0」のように変更すれば、Deploymentオブジェクトを使ったデプロイで、動作を確認できます。こうして実行すると、実際に何度かリロードするとカゴの中身が消えるなど、おかしな挙動になることに気づくはずです。

## 9-14 Amazon EKSで本物のKubernetesを体験する

これでKubernetesに関する基本的なことは、ほぼ説明し終えました。最後に、Minikubeではない本格的なKubernetesでは、その運用がどのようになるのか、Amazon EKSで体験してみましょう。

**注意** Amazon EKSはエンタープライズ向けのサービスなので、高い負荷に耐えられるよう、デフォルトが高スペックな構成になっています。下記の手順では、できるだけ費用を抑えるようにしていますが、それでも、月額ベースで5,000円以上かかります。無駄な課金が発生しないよう、実験が終わったら、速やかに削除してください。なお構成オプションを間違えると、月額、数万円を超えることもあるので、十分に注意してください（本書では、そのようなことがないよう、手順中での確認手順も示しています）。

### 9-14-1 Amazon EKSとは

Amazon EKSは、マネージドサービスとして構成されたKubernetesです。EKSはマスターノードを担当します。ワーカーノードは、EC2またはFargateを使います。全体図は、すでに図表9-7に示しましたが、ここに再掲します（図表9-47）。

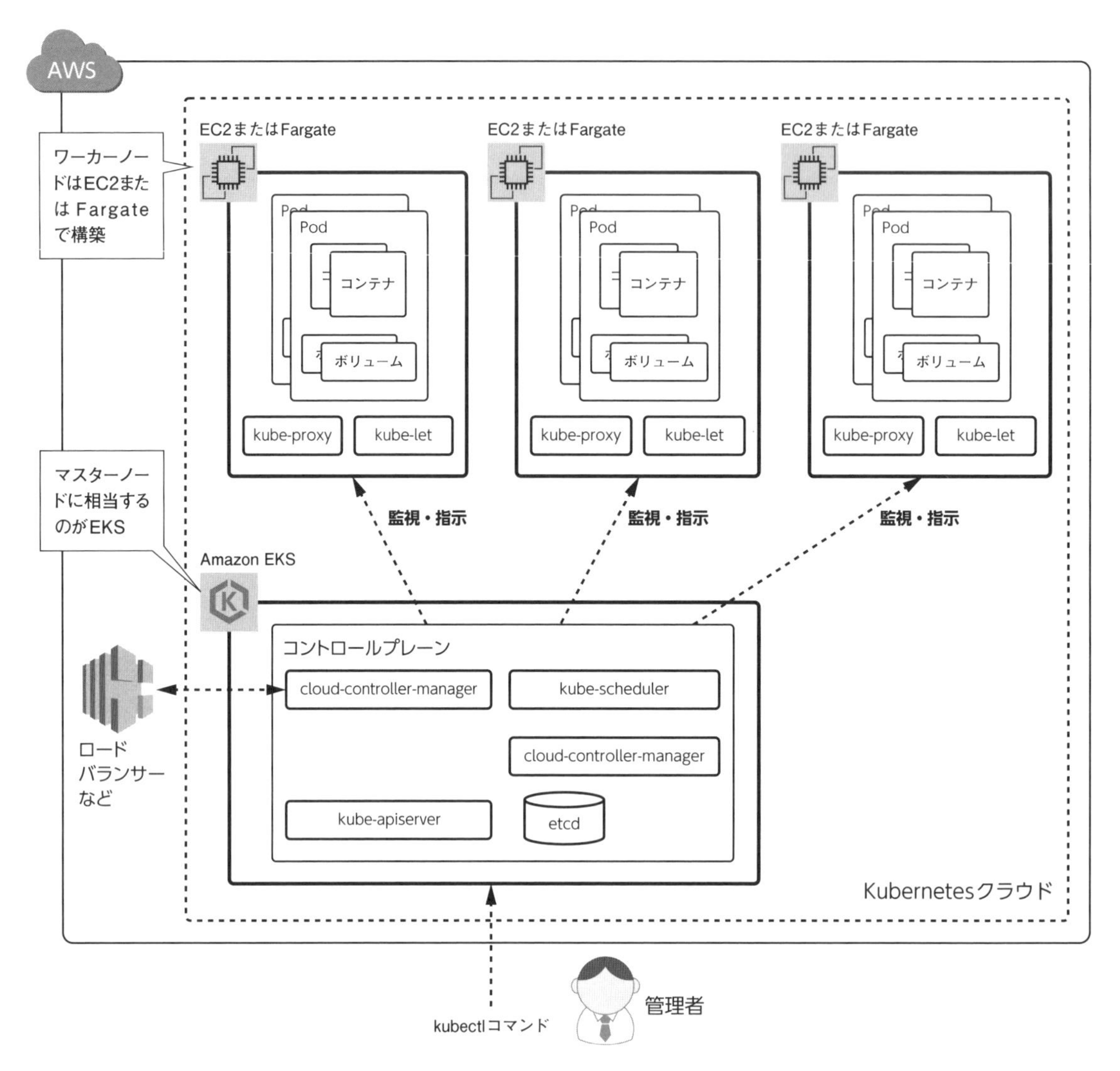


図表9-47　Amazon EKS（図表9-7を再掲）

EC2は仮想サーバーです。Fargateは、必要に応じてすぐに実行できるサーバーレスなコンテナ実行環境です。EC2を使う場合、自分で管理する必要がありますが、定額で運用できます。対してFargateを使うと運用管理をAWSに任せることができますが、時間課金であり、使った分だけ費用がかかります。どちらがよいのかは、Kubernetesに載せたいシステムの特性によります。本書では、最初の構築が簡単である、EC2を用いた方法を用いることにします。

こうしたワーカーノードを含めた全体のKubernetesクラスターは、EKSが作ってくれるわけではありません。どのようなスペックのワーカーノードが、どの程度必要なのかは、要件によって異なるからです。管理者は事前に、こうしたKubernetesクラスターを作っておく必要があります。構成が複雑なので、これを手作業で作成するのはたいへんです。そこでAWSでは、次の2つの構築方法が提供されています。

(1)CloudFormationテンプレートを使う方法

CloudFormationとは、テンプレートに記載した通りに、ネットワーク(VPC)やEC2インスタンス、ロードバランサー(ELB)など、必要なものをまとめて構築してくれるAWSの仕組みです。AWSは、EKS用のCloudFormationテンプレートを提供しています。それを改良してCloudFormationで処理することで、必要な構成一式をまとめて作れます。不要になったら、まとめて削除することもできます。

**memo** CloudFormationを使ってKubernetesクラスターを作る方法は、Googleなどで「EKS Get Started」を検索すると見つかります。

(2)eksctlコマンドを使う方法

もう1つの方法は、eksctlコマンドを使う方法です。この方法は、裏では(1)の処理が動いているのですが、コマンドラインから、必要なインスタンスの数やインスタンスタイプなどを入力するだけで、簡単に構築できます。本書では、この(2)の方法を使って、Kubernetesクラスターを作っていきます。

### コラム Amazon EKSとAmazon ECS

コンテナを運用するもう1つの仕組みとして、Amazon ECSというサービスがあります。こちらはAWS固有のもので、Kubernetesとは互換性がありません。AWSは最初、コンテナの運用としてAmazon ECSだけを提供してきました。それからしばらく経って、Dockerの事実上の標準とも言えるオーケストレーションツールであるKubernetesに対応する、Amazon EKSを提供しました。できることはほぼ同じですが、Amazon ECSはAWSに特化したものであることから、Amazon EKSではできないけれどもAmazon ECSならできる機能もあります。どちらを利用するのかは、目的によって選んでください。

ただし繰り返しになりますが、Amazon ECSは、AWS固有の技術なので、Amazon ECSに依存していると、将来、AzureやGCPに移行したくなったときに、そのままでは移行できない問題が生じる点に注意してください。こうしたことから、最近は、標準技術であるAmazon EKSが使われるケースが増えてきています。

## 9-14-2 EKSを使うときの流れとその準備

EKSを使うときの流れは、次の通りです。

(1) 管理者権限の付与

本書では、eksctlコマンドを使ってKubernetesクラスターを構築します。その際、EC2やVPCをはじめとした、さまざまなAWSサービスをまとめて作ります。こうした操作をするためには、さまざまな権限が必要です。そこでeksctlコマンドを実行するユーザーに対して、管理者権限を設定しておきます。

(2)eksctlコマンドのインストール

EC2インスタンスや自分のパソコンなど、管理者が操作する端末に、eksctlコマンドをインストールします。

(3)Kubernetesクラスターの作成

eksctlコマンドを実行して、Kubernetesクラスターを作ります。つまりネットワークを構成し、必要なワーカーノードを作るなど、Kubernetesを動かす環境を作ります。

(4)Dockerイメージの登録

EKSでは、DockerイメージをAmazon ECRから取得します。そこで利用するイメージを、あらかじめAmazon ECRに登録しておきます。

(5)kubectlで操作する

ここまででEKSに対する独自の設定は終わりです。あとは、kubectlを使って操作していきます。その方法は、Minikubeのときと同じです。

このうち、(1)と(2)が初めてEKSを使うときの事前準備、(3)以降がKubernetesシステムごとに必要な操作です。以下では、(1)と(2)の操作をしていきます。

### 管理者権限を持つIAMユーザーを作成する

EKSは、IAMロールで操作します。すでに「8-7　プライベートなレジストリを使う」において、user01というユーザーを使っています。ここでは、そのユーザーに対して、管理者権限を追加します。

> ***memo*** 管理者権限を持つIAMユーザーは、ほぼすべての操作ができるので、アクセスキーID、シークレットアクセスキーの取り扱いには、十分、注意してください。

## 手順 IAMユーザーに管理者権限を追加する

### [1]　設定するユーザーを選択する

IAMコントールを開き、管理者権限を追加したいユーザーをクリックします。ここではuser01をクリックします（図表9-48）。

図表9-48　ユーザーを選択する

### [2]　アクセス権限を追加する

現在のアクセス権限が表示されます。［アクセス権限の追加］ボタンをクリックします（図表9-49）。

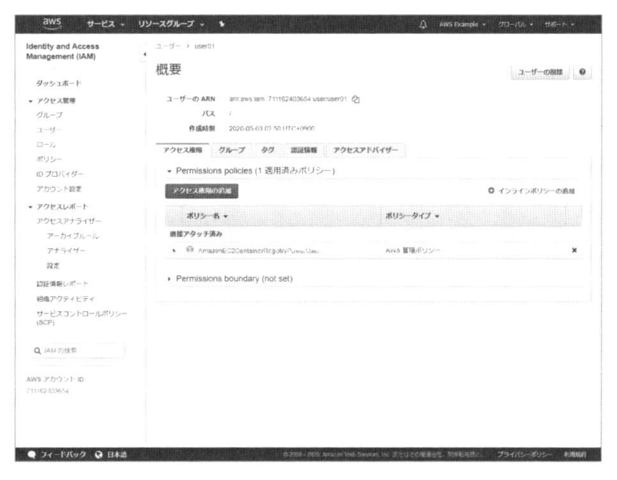

図表9-49　アクセス権限を追加する

### [3] 管理者権限を追加する

管理者権限は「AdministratorAccess」です。[既存のポリシーを直接アタッチ] をクリックし、表示されたもののなかから「AdministratorAccess」にチェックを付け、[次のステップ：確認] をクリックします（**図表9-50**）。

図表9-50 [AdministratorAccess] を追加する

> ***memo*** AdministratorAccessは、一番上にあるはずですが、見つけにくいときは、[検索] のところに「Admin」「Access」などと入力して、絞り込むとよいでしょう。

### [4] アクセス権限追加の完了

確認画面が表示されます。[アクセス権限の追加] ボタンをクリックすれば、設定完了です（**図表9-51**）。

図表9-51 アクセス権限追加の完了

## eksctlコマンドのインストール

次に、管理者がEKSを操作するときに用いるPCに、eksctlをインストールします。ここでは、これまでDockerやMinikubeをインストールして使ってきたEC2インスタンスを使って、EKSを操作することにします。このEC2インスタンスに対して、次のようにして操作します。

**memo** eksctlを使うには、awsコマンド（AWS CLI）をインストールし、アクセスキーIDとシークレットアクセスキーを設定しておく必要があります。その詳細は、「8-7-4 awsコマンド周りを整備する」（p.309）を参照してください。逆に言えば、awsコマンドの設定さえしてあれば、管理者はEC2インスタンスから操作する必要はなく、自分のWindowsやMacOSのPCから操作することもできます。

**memo** 下記の手順は、AWSのドキュメント「Getting started with eksctl」（https://docs.aws.amazon.com/eks/latest/userguide/getting-started-eksctl.html）に基づいています。最新版のインストール方法については、このドキュメントを参照してください。ページには実際のコマンドが記述されており、コピペすれば、下記のコマンドを手入力せずに済みます。

## 手順 eksctlコマンドをインストールする

### [1] awsコマンドをアップグレードする

下記のコマンドを入力し、awsコマンドをアップグレードします。

```
$ pip3 install awscli --upgrade --user
```

### [2] eksctlコマンドをダウンロードする

下記のコマンドを入力し、eksctlコマンドをダウンロードします。

```
$ curl --silent --location "https://github.com/weaveworks/eksctl/releases/latest/download/eksctl_$(uname
-s)_amd64.tar.gz" | tar xz -C /tmp
```

### [3] コマンドを/usr/local/binに移動する

ダウンロードしたekctlコマンドを/usr/local/binに移動します。

```
$ sudo mv /tmp/eksctl /usr/local/bin
```

### [4] インストールされたことの確認

インストールされたことを確認します。ここではバージョンを確認して、バージョン番号が表示されればインストールされたこととみなしましょう（バージョン番号は掲載しているものと異なることがあります）。

```
$ eksctl version
0.18.0
```

## 9-14-3 Kubernetesクラスターを作る

準備ができたので、EKSを使っていきましょう。まずやらなければならないのが、Kubernetesクラスターの作成です。すでに図表9-47で説明したように、EKSはマスターノードを担当するもので、Podなどを実行するワーカーノードとなるEC2またはFargateは、別途、あらかじめ構成しておく必要があります。この操作が、Kubernetesクラスターの作成です。

具体的には、EC2インスタンスやFargateのスペックやインスタンス数を決め、それらをネットワーク上にセットアップする作業です。すでに説明したように、この作業は、eksctlコマンドを入力すると、簡単に作れます。ここでは、ワーカーノードとして、t3.smallのインスタンスを2つ、東京リージョン（ap-northeast-1）に作成します。

#### コラム EKSの費用

下記の手順でKubernetesクラスターをすると、作成が完了したときから課金されます。EKSの基本料金は、1つのクラスターあたり0.01USD/時間（≒7.44USD/月）です。それに加えて、ワーカーノードの料金がかかります。ここではt3.smallインスタンスを2つ作っています。t3.smallを東京リージョンで動かす場合は、0.0272USD/時間（≒19.584USD/月）。これが2つなので2倍かかります。よって、このシステムを1カ月動かす場合は、最低でも、7.44USD + 19.584USD × 2 = 47.148USDだけかかります（実際は、この料金に加えて、EC2インスタンスで使っているストレージのEBSの料金、ネットワークの通信料などがかかるので、これより若干多くなるはずです）。
（価格はいずれも、本書の執筆時点のもの）。

## 手順 Kubernetesクラスターを作る

### [1] Kubernetesクラスターを作る

次のようにeksctlコマンドを入力します。これだけでKubernetesクラスターが作成されます。

```
$ eksctl create cluster --name my-cluster --region ap-northeast-1 --node-type t3.small --nodes 2 --nodes-min 2 --nodes-max 2
```

--nameは作成するクラスター名です。ここでは「my-cluster」という名前にしました。--regionは作成するリージョンです。ここでは「ap-notrheast-1（東京リージョン）」を指定しました。--node-typeはEC2のインスタンスタイプです。t3.smallを指定しました（ディスク容量は指定していませんが、既定で20GBが割り当てられます）。--nodes、--nodes-min、--nodes-maxは、それぞれ初期のノード数、最小のノード数、最大のノード数です。ノード数というのは、EC2インスタンスの数のことです。ここではすべて「2」とし、いつでも2個のEC2インスタンスを作ることにしました。

このコマンドを実行すると、下記のようにメッセージが表示され、Kubernetesクラスターが作られていきます。このとき、EC2インスタンスなど必要なAWSリソースもまとめて作られます。この作業には、20分ぐらいかかります。終わるまで止めないでください。

```
[?]  eksctl version 0.18.0
[?]  using region ap-northeast-1
[?]  setting availability zones to [ap-northeast-1d ap-northeast-1c ap-northeast-1a]
…略…
[?]  building cluster stack "eksctl-my-cluster-cluster"
[?]  deploying stack "eksctl-my-cluster-cluster"
[?]  building nodegroup stack "eksctl-my-cluster-nodegroup-ng-01ca5bed"
[?]  deploying stack "eksctl-my-cluster-nodegroup-ng-01ca5bed"
[?]  all EKS cluster resources for "my-cluster" have been created
[?]  saved kubeconfig as "/home/ubuntu/.kube/config"
[?]  adding identity "arn:aws:iam::711162403654:role/eksctl-my-cluster-nodegroup-ng-01-NodeInstanceRole-1KGACLH11FKZ4" to auth ConfigMap
[?]  nodegroup "ng-01ca5bed" has 0 node(s)
[?]  waiting for at least 2 node(s) to become ready in "ng-01ca5bed"
[?]  nodegroup "ng-01ca5bed" has 2 node(s)
[?]  node "ip-192-168-27-62.ap-northeast-1.compute.internal" is ready
[?]  node "ip-192-168-77-166.ap-northeast-1.compute.internal" is ready
[?]  kubectl command should work with "/home/ubuntu/.kube/config", try 'kubectl get nodes'
[?]  EKS cluster "my-cluster" in "ap-northeast-1" region is ready
```

## コラム 途中で止めてしまってやり直せなくなったときは

途中で [Ctrl] + [C] キーなどを押して止めて、もう一度、やり直そうとすると、次のメッセージが表示されて、再実行できなくなることがあります。

```
[?]  creating CloudFormation stack "eksctl-my-cluster-cluster": AlreadyExistsException: Stack [eksctl-my-cluster-cluster] already exists
```

これはCloudFormation上に、リソースが作られてしまったのが理由です。AWSマネジメントコンソールからCloudFormationコンソールを開き、「eksctl-作成しようたしたクラスター名」を探して、[削除] の操作をしてください。この操作をすることで、eksctlコマンドで作られたすべてのリソース (EC2インスタンスなど) が、まとめて削除されます (**図表9-52**)。削除には、しばらく時間がかかります。[ステータス] で削除が完了したことを確認してから、再度、eksctlを実行すると、うまくいくはずです。

図表9-52　CloudFormationからリソースを削除する

### [2]　作られたEC2インスタンスを確認する

無用な課金が発生しないよう、間違ったEC2インスタンスタイプ、インスタンス数で起動していないかを念のため、確認しておきます。AWSマネジメントコンソールでEC2コンソールを開いて［インスタンス］を選択し、インスタンス一覧を確認します (**図表9-53**)。作られたインスタンスには、「クラスター名 (--nameで指定した値) -XXXX」という名称が付けられます。これらのインスタンスについて、次のことを確認しておきます。

(1) インスタンスの数

　不用意にたくさんのインスタンスができていないかを確認します。

(2) インスタンスタイプ

　インスタンスタイプが「t3.small」であることを確認します。

　もし間違っているときは、コラム「途中で止めてしまってやり直せなくなったときは」を参考に、一度、CloudFormation上で削除操作してから、再度、正しい操作をしてください。

図表9-53　インスタンス一覧を確認する

## 9-14-4　kubectlで操作できることを確認する

　これでKubernetesクラスターができました。実は、eksctlコマンドを入力したとき、kubectlの設定ファイルである~/.kube/configファイルが書き換わります。そのためこの段階で、kubectlコマンドを使って、（いままで操作してきたMinikubeではなく）いま作ったKubernetesクラスターを操作できるようになっています。本当に接続できるかを確認しましょう。

### 手順　kubectlでEKSのクラスターを操作できることを確認する

#### [1]　接続先のバージョンを確認する

　次のようにバージョン番号を確認します。「Server」と書かれているのが、サーバー側です。「v1.15.11-eks-af3caf」のように「eks」が含まれたバージョンとなっており、EKSに接続されていることがわかります。

```
$ kubectl version
Client Version: version.Info{Major:"1", Minor:"18", GitVersion:"v1.18.2", GitCommit:"52c56ce7a8272c798d
bc29846288d7cd9fbae032", GitTreeState:"clean", BuildDate:"2020-04-16T11:56:40Z", GoVersion:"go1.13.9",
Compiler:"gc", Platform:"linux/amd64"}
Server Version: version.Info{Major:"1", Minor:"15+", GitVersion:"v1.15.11-eks-af3caf", GitCommit:"
af3caf6136cd355f467083651cc1010a499f59b1", GitTreeState:"clean", BuildDate:"2020-03-27T21:51:36Z",
GoVersion:"go1.12.17", Compiler:"gc", Platform:"linux/amd64"}
```

### [2] ワーカーノードを確認する

次に、ワーカーノード一覧も確認してみましょう。

```
$ kubectl get nodes
NAME                                               STATUS   ROLES    AGE   VERSION
ip-192-168-13-211.ap-northeast-1.compute.internal  Ready    <none>   10m   v1.15.11-eks-af3caf
ip-192-168-94-107.ap-northeast-1.compute.internal  Ready    <none>   10m   v1.15.11-eks-af3caf
```

これは図表9-53で確認した2台のEC2インスタンスに相当します。

### コラム kubectlの接続先を切り替えるには

このようにeksctl create clusterを実行すると、kubectlの接続先が変わります。では、これまで操作してきたMinikubeを操作するには、どうすればよいのでしょうか？　実は、Minikubeを操作するための情報も残っており、切り替えることができます。設定情報は、~/.kube/configファイルに記述されており、その設定内容は、次のようにして確認できます。

```
$ kubectl config get-contexts
CURRENT   NAME                                         CLUSTER                                  AUTHINFO
NAMESPACE
          minikube                                     minikube                                 minikube
*         user01@my-cluster.ap-northeast-1.eksctl.io  my-cluster.ap-northeast-1.eksctl.io      user01@my-
cluster.ap-northeast-1.eksctl.io
```

この結果から、MinikubeとEKSの2つの接続先が登録されていることがわかります。先頭に「*」が表示されているほうが、現在選択されている接続先です。切り替えるには、kubectl config use-contextを実行します。次のようにすれば、minikubeに切り替えられます。

```
$ kubectl config use-context minikube
Switched to context "minikube".
```

EKSに切り替えるなら、次のようにします。

```
$ kubectl config use-context user01@my-cluster.ap-northeast-1.eksctl.io
Switched to context "minikube".
```

## 9-14-5 利用するDockerイメージをAmazon ECRに登録する

EKSでは、Dockerイメージを（Docker Hubではなく）Amazon ECRから取得します。そのため利用するDockerイメージを、Amazon ECRに登録しておかなければなりません。以下の操作では、これまでMinikubeで使ってきたのと同じく、~/phpimageで作れるDockerイメージを、EKS上で動かすようにしていきます。下記の手順でAmazon ECR向けにビルドし直して、イメージを登録します。Minikubeのときは、タグにバージョンを付けましたが、少し手順が多くなるので、ここではタグ名は付けず、latestとして登録することにします。

*memo* Amazon ECRへの登録は、すでに「8-7 プライベートなレジストリを使う」（p.296）で説明しているため、下記の手順では、簡単にしか記述していません。より詳しくは、8-7節を参照してください。

### 手順 Dockerイメージを Amazon ECRに登録する

#### [1] プッシュ手順を確認する

AWSマネジメントコンソールでAmazon ECRコンソールを開き、リポジトリを選択して［プッシュコマンドの表示］をクリックします（図表9-54）。

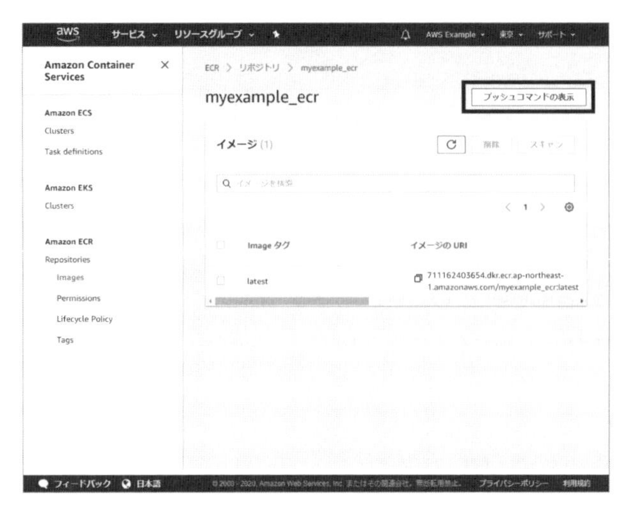


図表9-54　プッシュコマンドを表示する

### [2]　プッシュコマンドを見ながらプッシュする

**図表9-55**のようにプッシュコマンドが表示されます。~/phpimageディレクトリに移動（cd ~/phpimage）してから、これらのコマンドを順に入力することでプッシュします。

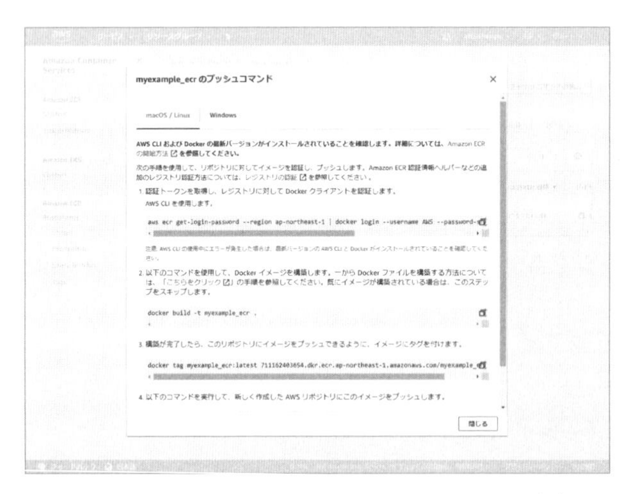


図表9-55　画面に記載されたコマンドを順に入力し、ビルドおよびプッシュしていく

## 9-14-6 kubectlコマンドを使ってServiceやPodを作る

これで準備が整いました。kubectlコマンドを使って、ServiceやPodを作っていきます。

### ServiceとStatefulSetのマニフェストの修正

ここでは、Minikubeで実行してきた最後のStatefulSetオブジェクトを使った例と同じものをEKSでも実行してみます。MinikubeもEKSもKubernetesであり、互換性があります。ですから基本的にはそのまま動きますが、少しだけ調整しなければならないところがあります。

(1) ロードバランサーにする

MinikubeではServiceをNodePortとして構成しました。EKSではマルチノードなので、LoadBalancerを使って構成することにします。LoadBalancerであれば、ポートが30000以上などの制限がないので、ふつうにWeb標準のポート80番にしておきます。なお、AWSのLoadBalancerは、クライアントのIPアドレスを見て接続先を切り替える「sessionAffinity: ClientIP」に対応しません。そこでこの設定は、コメントアウトしておきます。

**memo** そうすると、リロード時に別のPodに接続する可能性があり、今回の例（cart.php）だと、カゴの中身が突如消えるという現象が起きます。これは、Ingressを利用すると対応できますが、複雑なので、本書での説明は割愛します。

(2)Dockerイメージ名

利用するDockerイメージをAmazon ECRのURLに変更します。

(3) ストレージクラスに関する修正

PersistentVolumeを提供する機構をストレージクラスと言います。どのようなストレージクラスが提供されているのかは、Kubernetesシステムによって異なります。EKSの場合は、kubernetes.io/aws-ebsというprovisionerが設定されたストレージクラスが、「gp2」という名前で登録されています。そこでこのストレージクラスに変更します。またこのディスクは、accessModesが「ReadWriteMany」に対応していません。「9-11　データの永続化」（p.393）では、/var/dataをaccessModesをReadWriteManyに設定したディスクへのマウントをしていますが、対応していないため、このマウント設定をコメントアウトして無効にします。

**memo** /var/dataにはアクセスカウンタのファイルを置いています。これを共有ディスクではなくするのですから、Podごとにアクセスカウント数をもってしまい、意図した動きにはなりません。これを解決するには、NFSなどのReadWriteManyに対応するストレージクラスを明示的に作成して利用する方法がとれますが、本書では説明を割愛します。

これらの変更を施したstatefulset_eks.yamlを、**リスト9-14**に示します。

リスト9-14　statefulset.eks.yaml

```
# Service
apiVersion: v1
kind: Service
metadata:
  name: my-service
spec:
  # ①-1 LoadBalancerに変更
  type: LoadBalancer
#  sessionAffinity: ClientIP
  ports:
  # ①-2 ポート番号の変更
  - port: 80
    targetPort: 80
    protocol: TCP
  selector:
    app: my-app

---
# StatefulSet
apiVersion: apps/v1
kind: StatefulSet
metadata:
  name: my-stateful
spec:
  replicas: 3
  serviceName: my-service
  selector:
    matchLabels:
      app: my-app
  template:
    metadata:
      labels:
        app: my-app
    spec:
```

```
    containers:
    - name: my-container
      # ②Dockerイメージ名の変更 URLは各自Amazon ECRのURLに変更してください
      image: XXXXXXXXXX.dkr.ecr.ap-northeast-1.amazonaws.com/myexample_ecr:latest
      ports:
      - containerPort: 80
      volumeMounts:
        # ③-2  ReadWriteMany設定していたマウントをとりやめ
        # - name: my-volume-storage
        #   mountPath: /var/data
        - name: my-volume-session
          mountPath: /var/lib/php/sessions
          # ③-2
          #      volumes:
          #        - name: my-volume-storage
          #          persistentVolumeClaim:
          #            claimName: my-volume-claim
volumeClaimTemplates:
- metadata:
    name: my-volume-session
  spec:
    accessModes:
      - ReadWriteOnce
    resources:
      requests:
        storage: 5Mi
    # ③-1ストレージクラスの変更
    storageClassName: gp2
```

## コラム　ストレージクラス

ストレージクラスは、PersistentVolumeを割り当てる際に用いる機構です。どのようなストレージクラスがインストールされているのかは、kubectl get storageclassで確認できます。EKSで確認したときの結果は、次の通りです。「gp2」であることがわかります。

```
$ kubectl get storageclass
NAME            PROVISIONER             AGE
gp2 (default)   kubernetes.io/aws-ebs   4h49m
```

PROVISIONERに書かれているのが、ディスクの処理を担当するドライバの種類です。この正体は、「Storage Classes」(https://kubernetes.io/docs/concepts/storage/storage-classes/) を参考にするとよいでしょう。またKubernetesドキュメントの「ボリュームの動的プロビジョニング」(https://kubernetes.io/ja/docs/concepts/storage/dynamic-provisioning/) に書かれている情報も役に立つはずです。

---

### ServiceとStatefulSetの作成

以上で、準備ができました。リスト9-14のマニフェストを実行して、ServiceとStatefulSetを作りましょう。

## 手順 EKS上にServiceとStatefulSetを作る

### [1] マニフェストの内容でServiceとStatefulSetを作成する

次のコマンドを入力して、ServiceとStatefulSetを作成します。

```
$ kubectl create -f statefulset.eks.yaml
service/my-service created
statefulset.apps/my-stateful created
```

### [2] Podの作成を確認する

Podが作られたか確認しましょう。ここでは3つのPodを作っていますが、作成には、少し時間がかかります。

```
$ kubectl get pods
NAME            READY   STATUS              RESTARTS   AGE
my-stateful-0   1/1     Running             0          36s
my-stateful-1   0/1     ContainerCreating   0          12s
```

### [3] PersistentVolumeとPersistentVolumeClaimを確認する

PersistentVolumeやPersistentVolumeClaimも確認しておきます。Podごとに、1つ作られているはずです。

```
$ kubectl get pv
NAME                                       CAPACITY   ACCESS MODES   RECLAIM POLICY   Bound   default/my-volume-claim                   standard   6m57s
pvc-1448b7cb-f02a-4e4c-ab8f-45926dcca99a   1Gi        RWO            Delete           Bound   default/my-volume-session-my-stateful-1   gp2        89s
pvc-21af4919-4b1d-4cc3-9092-4e14d8230b5d   1Gi        RWO            Delete           Bound   default/my-volume-session-my-stateful-2   gp2        76s
pvc-96d08c28-fe4f-4cd3-9831-18a18e799019   1Gi        RWO            Delete           Bound   default/my-volume-session-my-stateful-0   gp2        114s
```

```
$ kubectl get pvc
NAME                              STATUS   VOLUME                                     CAPACITY   ACCESS MODES   STORAGECLASS   AGE
my-volume-session-my-stateful-0   Bound    pvc-96d08c28-fe4f-4cd3-9831-18a18e799019   1Gi        RWO            gp2            2m18s
my-volume-session-my-stateful-1   Bound    pvc-1448b7cb-f02a-4e4c-ab8f-45926dcca99a   1Gi        RWO            gp2            114s
my-volume-session-my-stateful-2   Bound    pvc-21af4919-4b1d-4cc3-9092-4e14d8230b5d   1Gi        RWO            gp2            101s
```

ここでCAPACITY（容量）に注目してください。ディスクを確保するリスト9-14の定義では、

```
resources:
  requests:
    storage: 5Mi
```

のように、「5Mi」を設定しています。ですから5Miしか割り当てられないはずです。しかし実行結果では1Giに設定されています。これはEBSディスクの最小割り当て単位が1Giであるためです。この結果からわかるように、指定している容量は最小容量であり、それより大きなディスクが割り当てられることもあります。これはEBSに割り当てられているので、AWSマネジメントコンソールのEC2コントールの［ELASTIC BLOCK STORE］—［ボリューム］でたどってボリュームを一覧表示したとき、ここに、そのディスクが存在することを確認できます（**図表9-56**）。

図表9-56　ELASCTIC BLOCK STOREの［ボリューム］から確認したところ

### [4]　Serviceを確認する

Serviceを確認します。結果の「EXTERNAL-IP」には、長いホスト名が表示されると思います。これがロードバランサーのホスト名です。

```
$ kubectl get service
NAME         TYPE           CLUSTER-IP     EXTERNAL-IP                                                                    PORT(S)        AGE
kubernetes   ClusterIP      10.100.0.1     <none>                                                                         443/TCP        5h17m
my-service   LoadBalancer   10.100.40.63   ad4b8cec15801427a8d66e156e587da2-1364726001.ap-northeast-1.elb.amazonaws.com   80:32102/TCP   9m10s
```

### [5] ブラウザでアクセスして確認する

手順［4］で確認したロードバランサーのホスト名をブラウザで開いて、接続確認します。コンテンツが見えるはずです（**図表9-57**）。「cart.php」も開き、「カゴの中身」を模したプログラムのほうも動くことを確認しましょう（**図表9-58**）。すでに説明したように、EKS環境のLoadBalancerではsessionAffinity: ClientIPが利用できないため、何度かリロードすると、別のPodに接続され、カゴの中身がなくなることも確認しましょう。

**memo** 手順［4］で確認したロードバランサーの作成には、少し時間がかかります。そのため直後にブラウザでアクセスしたときには、まだロードバランサーが準備できておらず、接続できない旨のエラーが発生することがあります。

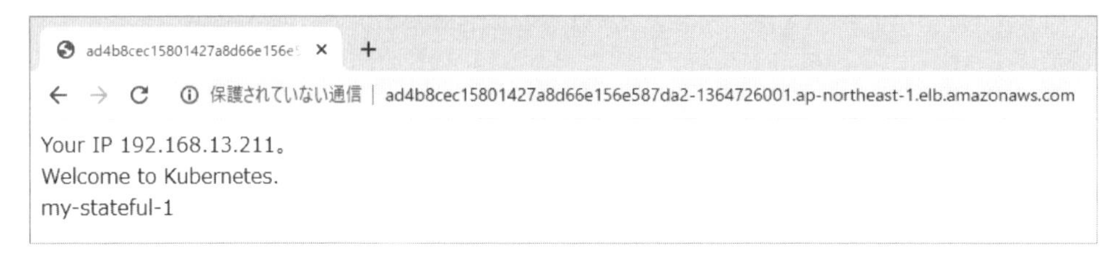


図表9-58　index.phpの確認

### [6] 実験の終了

以上で実験は終了です。これまで作成してきたオブジェクトを削除します。

```
$ kubectl delete -f statefulset.eks.yaml -f persistent.yaml
service "my-service" deleted
statefulset.apps "my-stateful" deleted
persistentvolume "my-volume" deleted
persistentvolumeclaim "my-volume-claim" deleted
```

### [7] 動的に作られたPersistentVolumeClaimの削除

Podの作成に伴って動的に作られたPersistentVolumeClaimやPersistentVolumeは削除されません。これらは手作業で削除してください。

```
$ kubectl get pvc
NAME                          STATUS   VOLUME                                     CAPACITY   ACCESS MODES   STORAGECLASS   AGE
my-volume-session-my-stateful-0   Bound    pvc-96d08c28-fe4f-4cd3-9831-18a18e799019   1Gi        RWO            gp2            19m
my-volume-session-my-stateful-1   Bound    pvc-1448b7cb-f02a-4e4c-ab8f-45926dcca99a   1Gi        RWO            gp2            19m
my-volume-session-my-stateful-2   Bound    pvc-21af4919-4b1d-4cc3-9092-4e14d8230b5d   1Gi        RWO            gp2            18m
```

1つひとつ削除するのは面倒です。実は、どれか1つdescribeするとわかるのですが、これはラベルとして「app」というキーに「my-app」という値を設定しています（実際、リスト9-14にその指定があります）。

```
$ kubectl describe pvc my-volume-session-my-stateful-0
Name:          my-volume-session-my-stateful-0
Namespace:     default
StorageClass:  gp2
Status:        Bound
Volume:        pvc-96d08c28-fe4f-4cd3-9831-18a18e799019
Labels:        app=my-app
…略…
```

このようなときは、kubectlコマンドの--selectorというオプションを使って、次のようにまとめて削除できます。

```
$ kubectl delete pvc --selector app=my-app
persistentvolumeclaim "my-volume-session-my-stateful-0" deleted
persistentvolumeclaim "my-volume-session-my-stateful-1" deleted
persistentvolumeclaim "my-volume-session-my-stateful-2" deleted
```

## 9-14-7 EKSの後始末

すべての実験が終わったら、EKSを削除しておきましょう。削除は簡単で、次のようにdeleteオプションを指定して、eksctlコマンドを実行します。

```
$ eksctl delete cluster --name my-cluster --region ap-northeast-1
```

次のようなメッセージが表示されて、すべて削除されます。削除には、10分程度の時間がかかります。

```
[?]  eksctl version 0.18.0
[?]  using region ap-northeast-1
[?]  deleting EKS cluster "my-cluster"
[?]  deleted 0 Fargate profile(s)
[?]  kubeconfig has been updated
[?]  cleaning up LoadBalancer services
[?]  2 sequential tasks: { delete nodegroup "ng-1cda179d", delete cluster control plane "my-cluster" [async] }
[?]  will delete stack "eksctl-my-cluster-nodegroup-ng-1cda179d"
[?]  waiting for stack "eksctl-my-cluster-nodegroup-ng-1cda179d" to get deleted
[?]  will delete stack "eksctl-my-cluster-cluster"
[?]  all cluster resources were deleted
```

削除が完了したら、念のため、AWSマネジメントコンソールのEC2コンソールから、インスタンスが削除されていることを確認してください。もし削除されていないようなら、CloudFormationから、該当のリソースを削除してください（コラム「途中で止めてしまってやり直せなくなったときは」（p.434）を参照）。

# 9-15まとめ

やや駆け足ではありましたが、Kubernetesを使ったコンテナ運用について説明してきました。

(1)Kubernetes

Kubernetesは複数台のサーバー（マルチノード）でコンテナを運用するときに使うオーケストレーションツールの1つです。

(2) マスターノードとワーカーノード

マスターノードとはKubernetesクラウドを管理するコンピューター、ワーカーノードはコンテナなどを実行するコンピューターです。

(3)Minikube

シングルノードで実行できるKubernetes環境です。

(4)Amazon EKS

AWSで提供されているKubernetes環境です。eksctlコマンドを使って、Kubernetesクラスターを作ります。

(5)kubectl

Kubernetesを操作するには、kubectlコマンドを使います。

(6)Pod

Kubernetesでは、Podという単位でコンテナを動かします。Podには、1つ以上のコンテナとボリュームを含めることができます。コンテナのイメージは、Docker HubやAmazon ECRなどのレジストリに登録されているものを使います。

(7)Service

配下に同一構成のPodを配置したロードバランサーに相当する機能です。

(8)PersistentVolumeとPersistentVolumeClaim

データを永続化するときには、PersistentVolumeとして物理的なディスクを確保し、PersistentVolumeClaimを通じてPod内のコンテナにマウントします。この仕組みは、Kubernetesシステムによって違うので、利用する際には、対応状況を確認するようにしてください。

本書で説明した内容は、コンテナ運用のさわりに過ぎませんが、基本的なことは、概ね、網羅したつもりです。コンテナ運用に興味がある人は、ここで習得した知識をベースに、Kubernetesに関する、さまざまな情報を入手してみてください。なお、Kubernetesに関する情報には、Kubernetesに共通の情報と、Amazon EKSなど特定の環境に依存したノウハウに大きく分かれます。Kubernetesは、共通化されたシステムだとはいえ、環境によって、一部、実装されていない機能があるなどの差異もあります。すでに、どのKubernetesシステムで運用するのかが決まっているのであれば、それを考慮に入れて設計するようにしましょう。

**著者プロフィール**

**大澤 文孝**（おおさわ ふみたか）

テクニカル・ライター、プログラマ／システムエンジニア。専門はWebシステム。情報処理技術者（「情報セキュリティスペシャリスト」「ネットワークスペシャリスト」）。Webシステム、データベースシステムを中心とした記事を多数発表。作曲と電子工作も嗜む。
主な著書は次の通り。（共著）『Amazon Web Services 基礎からのネットワーク＆サーバー構築　改訂3版』（日経BP）、『ゼロからわかる Amazon Web Services超入門』（技術評論社）、『いちばんやさしい Python 入門教室』（ソーテック社）、『ちゃんと使える力を身につける　Webとプログラミングのきほんのきほん』（マイナビ出版）、『Amazon Web Servicesネットワーク入門』（インプレス）、（共著）『Arduino Groveではじめるカンタン電子工作』（工学社）

**浅居 尚**（あさい しょう）

静岡大学大学院理工学研究科修士卒。システムエンジニア。情報処理技術者（「情報セキュリティスペシャリスト」「ネットワークスペシャリスト」）。企業プロジェクトにおけるサーバ構築・運用に従事。最近では、電子証明書を使用したセキュリティシステムの運用業務を担当。DockerやRPA（ロボットによる業務自動化技術）などにも取り組んでいる。
主な著書は次の通り。『自宅ではじめるDocker入門』（工学社）、（共著）『Arduino Groveではじめるカンタン電子工作』（工学社）、（共著）『RPAツールで業務改善! UiPath入門 アプリ操作編』（秀和システム）

さわって学ぶクラウドインフラ
**docker 基礎からのコンテナ構築**

2020年 6 月15日　第1版第1刷発行
2023年 4 月21日　　　　第4刷発行

著　　者　大澤 文孝、浅居 尚
発 行 者　森重 和春
発　　行　株式会社日経BP
発　　売　株式会社日経BPマーケティング
　　　　　〒105-8308　東京都港区虎ノ門4-3-12
装丁・制作　マップス
編　　集　松山 貴之
印刷・製本　図書印刷

Printed in Japan
ISBN978-4-296-10642-4


本書籍に関するお問い合わせ、ご連絡は下記にて承ります。
https://nkbp.jp/booksQA